FRANK GRAHAM jr.

SEIT DEM ‚STUMMEN FRÜHLING'

FRANK GRAHAM jr.

SEIT DEM ‚STUMMEN FRÜHLING'

BIEDERSTEIN VERLAG MÜNCHEN

Aus dem Amerikanischen von Margaret Auer
Titel der Originalausgabe: Since Silent Spring

ISBN 3 7642 0139 8

Umschlagentwurf: Peter Schünemann, München

Gesamtherstellung: Graphische Werkstätten Kösel, Kempten (Allgäu)
Printed in Germany

FÜR CHARLES H. CALLISON

INHALTSVERZEICHNIS

VIERTER TEIL · DIE UNSICHEREN VERTEIDIGER

FÜNFTER TEIL · EIN LICHT AM ENDE DES WEGES

SECHSTER TEIL · ANHANG

EINLEITUNG UND DANK

In diesem Buch soll versucht werden, Rachel Carsons ‚Silent Spring' seinen Platz im Zeitgeschehen zuzuweisen und aufzuzeichnen, welchen Verlauf der Streit um die Schädlingsbekämpfungsmittel nahm, auf den ihr Werk so großen Einfluß hatte. Ich schreibe für den Laien, hoffe aber, daß auch der Fachmann hie und da auf für ihn neues Material stoßen wird. Nicht ausführlich eingegangen bin ich auf die ersten Mißerfolge mit Pestiziden oder die ersten Untersuchungen, die ernsthafte Männer und Frauen bewogen, darauf zu dringen, daß die Maßnahmen zur Schädlingsbekämpfung in den USA einmal genauer unter die Lupe genommen würden. Dieses Gebiet ist bereits von Rachel Carson und drei anderen Naturwissenschaftlern behandelt worden: von Robert L. Rudd in ‚Pesticides and the Living Landscape'[1] (Madison 1967), von Kenneth Mellanby in ‚Pesticides and Pollution'[2] (London 1967) und von C. J. Briejèr in ‚Silberne Schleier' (Leiden 1967).

Die Art der Angriffe, welche die chemische, Pestizide herstellende Industrie gegen den ‚Stummen Frühling' führte, macht es leider notwendig, hier eindeutig etwas richtigzustellen: Wie Rachel Carson weiß auch ich nur allzugut, welche Verheerungen bestimmte Insekten anrichten können. Ich fordere daher keineswegs, daß wir die Welt Schadinsekten ausliefern, sondern, daß wir uns genau überlegen, welche Waffen wir gegen sie anwenden. Ich verwahre mich nachdrücklich gegen die törichte Vorstellung, daß wir gezwungen seien, zwischen „Vögeln und Menschen" zu entscheiden.

[1] Pestizide und Naturlandschaft

[2] Pestizide und Verunreinigung

Ohne die Unterstützung hilfsbereiter Frauen und Männer hätte ich dieses Buch nicht schreiben können. Gewiß bin letzten Endes ich selbst für die Richtigkeit der Angaben verantwortlich, aber ich bin sehr dankbar für die nützlichen Vorschläge aller, die das ganze Manuskript oder Teile davon gelesen haben: Shirley Briggs, Clarence Cottam, William H. Drury junior, Paul Knight, Donald I. Mount und Marie Rodell.

Ebenso zu Dank verpflichtet bin ich jenen, die mir mit Rat und Tat bei der Sammlung von Material beistanden. Es sind dies: Spencer Appolonio, Enrique Beltran, George G. Berg, John J. Biesele, S. C. Billings, John E. Blodgett, Robert C. Boardman, Dale F. Bray, C. J. Briejèr, Virginia Brodine, William L. Brown junior, Maria Buchinger, Marshall Burk, Charles H. Callison, C. H. D. Clarke, Roland C. Clement, Peter J. Conder, Stephen Collins, Stanley Cramp, Dorothy Davis, Ruth G. Desmond, Robert C. Dorion, Robert L. Dow, Eugene H. Dustman, Frank Egler, Eugene M. Farkas, John L. George, Richard H. Goodwin, E. Raymond Hall, Evelyn Hanna, Alfred L. Hawkes, Joseph J. Hickey, Paul Howard, Lee Jens, Raymond E. Johnson, J. A. Keith, Eugene E. Kenega, Robert A. Lafleur, Robert E. Light, Hon. Catherine May, H. Mendelssohn, Donald H. Messersmith, John P. Milton, Charles E. Mohr, N. W. Moore, Allen H. Morgan, Darrell Morrow, Raymond Mostek, David O'Meara, Christopher M. Packard, Colin Platt, Hon. Abraham Ribicoff, Mary T. Richards, E. D. Rolbag, Robert L. Rudd, Peter Scott, Ruth Scott, Rt. Hon. Lord Shackleton, William Shawn, Ronald T. Speers, Marjorie Spock, Murray Stein, Edward A. Steinhaus, Lucille F. Stickel, William Stickel, F. J. Trembley, William M. Upholt, dem verstorbenen William Vogt, Sue Bryan White, Carroll M. Williams, George M. Woodwell, Charles F. Wurster junior und Victor J. Yannacone junior.

Schließlich möchte ich noch Marie Rodell, die Rachel Carsons literarischen Nachlaß verwaltet, dafür danken, daß sie mir die Abhandlungen und den Briefwechsel von Miss Carson zur Verfügung stellte; ebenso Ellen Strout, die einen großen Teil des Manuskriptes mit der Maschine schrieb, und meiner Frau, die mich bei der Aufgabe, Nachforschungen für dieses Buch anzustellen und es zu schreiben, immer wieder tatkräftig unterstützte und ermutigte.

Frank Graham junior

VORWORT

Schauplatz ist die Jahresversammlung irgendeiner Naturschutzorganisation eines Staates der USA. Im Konferenzsaal eines alten, aber prunkvoll renovierten Hotels hat man Feldstühle aufgestellt; auf ihnen sitzen, mehr oder weniger aufmerksam zuhörend, die Menschen, die wir hier zu sehen erwarten – einige Biologen, der Besitzer eines Jagdlagers, mehrere Damen vom örtlichen Gartenklub, ein Arzt, ein Fernsehansager – der ein kurzes Interview mit einem der Gastredner aufzunehmen hofft –, eine zusammengewürfelte Gruppe von Vogelkennern und Wanderern, von Lehrern und Naturphotographen, vielleicht auch noch ein paar Geschäftsleute im Ruhestand, die im Hotel wohnen und in den Konferenzsaal geschlüpft sind, weil sie sich für eine Stunde kostenlose Unterhaltung erhoffen.

Verschiedene Aufsätze sind vorgelesen worden, man hat Beifall geklatscht und sie wieder vergessen. Die üblichen Themen – Tagebau, Straßenbau, Luftverunreinigung, das Ausbaggern und Aufschütten von Feuchtlandgebieten – sind breitgetreten worden, um die üblichen Leute zu tadeln. Dann werden Schädlingsbekämpfungsmittel erwähnt. Die Zuhörer wachen auf. Vielleicht drei Viertel der Menschen im Raum können einen chlorierten Kohlenwasserstoff nicht von einem Mittel für Sonnenbräune unterscheiden, aber plötzlich gehört die Beteiligung des Publikums zum Programm. Jemand stellt eine Frage, ein anderer macht eine Bemerkung. Und mit fast rhythmischer Regelmäßigkeit kehren in der folgenden Diskussion bestimmte Worte wieder: DDT ... Der stumme Frühling ... Nahrungsketten ... Rachel Carson.

Die abstrakten Begriffe des Naturschutzes sind zu lebendigen Vorstellungen geworden. Schönheit und Verunreinigung, Erhaltung und Raubbau bekommen für die Zuhörer einen neuen, sehr realen Sinn. Nebenbei bemerkt, erregt bei einer Zusammenkunft von Farmern oder von Fachleuten für Schädlingsbekämpfung die Erwähnung von Rachel Carsons Namen ein ähnlich gesteigertes Interesse, allerdings gewöhnlich begleitet von schallendem Gelächter, das die innere Unsicherheit verrät.

Bei den Vertretern des Naturschutzes ist die Reaktion jedoch nicht nur emotional, nicht romantische Verklärung des Andenkens an eine liebe und gute, leider schon gestorbene Frau, oder der Wunsch, eine strittige Frage auf einen einfachen Nenner zu bringen. Wahrscheinlich wurde das Interesse dieser Menschen an Pestizidfragen ursprünglich von Rachel Carson und deren Werk ‚Der stumme Frühling' geweckt, und diese Namen bringen eine gleichgestimmte Saite zum Schwingen. Wenn sich Amerika jemals für eine vernünftige, einheitlich geordnete, das heißt die gesamte Umwelt einbeziehende Naturschutzpolitik entscheidet, dann muß das Verdienst dafür großenteils Rachel Carson zugeschrieben werden. Sie hat mehr getan, als die Allgemeinheit warnend auf ein schwieriges und gefährliches Problem hinzuweisen. Sie enthüllte zum ersten Mal öffentlich die – selbst für viele Naturwissenschaftler neuen – tatsächlichen Beziehungen zwischen modernen Chemikalien und der gesamten Umwelt. Gesonderte, einzelne Umweltprobleme gibt es nicht, betonte Rachel Carson. Sie faßte – für die Naturwissenschaftler, die Öffentlichkeit und die Regierung – den ganzen Fragenkomplex zusammen.

„Es steht außer Zweifel", erklärt ein Experte in der Regierung, „daß ‚Der stumme Frühling' die Bundesregierung veranlaßte, etliche Jahre früher gegen die Verunreinigung von Luft und Wasser und gegen Pestizide vorzugehen, als sie sonst eingegriffen hätte."

‚Der stumme Frühling' ist durch seinen Einfluß, seine literarische Qualität und weltweite Berühmtheit – drei Eigenschaften, die dem Buch auch bereitwillig von den Kritikern zugestanden werden – zu einem klassischen Werk geworden; er besitzt aber noch nicht die Unangreifbarkeit, die man meist mit einem solchen Werk verbindet. Er bleibt ein überaus lebendiges Dokument und somit den Angriffen ausgesetzt, die alles Lebendige durchzukämpfen hat. Immer noch wird von hoher Stelle aus förmlich mit Steinen danach geworfen. So sagte zum Beispiel ein Beamter des Landwirtschaftsministeriums von Kanada auf einer Konferenz über den Kampf gegen die Verunreinigung der Umwelt:

„Die wütende Aufregung, die sich in den letzten Jahren über die mögliche ‚Verunreinigung' der Umwelt durch Pestizide erhob, ist schwer zu begreifen. Sie entstand weitgehend erst nach der Veröffentlichung von ‚Der stumme Frühling'. Dieses Buch hat zwar insofern seinen Zweck erfüllt, als es zu einer Überprüfung der Frage anregte, ob man über die Rückstände von Pestiziden und deren Beständigkeit im Boden ausreichend informiert sei, aber viele Behauptungen darin waren falsch, und viele Schlüsse, die gezogen wurden, stützten sich mehr auf Emotionen als auf eine stichhaltige wissenschaftliche Logik."

Obwohl derartige Ansichten heutzutage nicht selten sind, ist es faktisch unmöglich, einen hervorragenden, ökologisch denkenden Naturwissenschaftler zu finden, der sich ihnen anschließen würde. Rückstände von Pestiziden sind weltweit verbreitet. Wir definieren Verunreinigung als eine Vergiftung der Umwelt, die Lebensprozesse stört, und selbst aus den entferntesten Gebieten liegt Beweismaterial dafür vor, daß zwischen beständigen, fettlöslichen Pestiziden und solchen Störungen ein Zusammenhang besteht. Obwohl die Regierung warnend darauf hingewiesen hat, daß diese beständigen Pestizide allmählich ausgeschaltet werden müßten, lassen wir sie in alljährlich noch steigenden Mengen in die Umwelt eindringen.[1]

Seit Rachel Carsons Tod im Jahre 1964 ist es zunehmend wichtiger geworden, daß die Fragen, die sie aufgeworfen hat, der Öffentlichkeit immer wieder vor Augen geführt werden. Es ist ja schön und gut, daß diese Fragen den Lesern von wissenschaftlichen Publikationen und Naturschutz-Veröffentlichungen immer gegenwärtig bleiben. Die endgültigen Entscheidungen über unsere Zukunft wird aber eine viel breitere Öffentlichkeit treffen. Auf diesem wie auch auf anderen Gebieten sind solche Entscheidungen zu wichtig, als daß man sie ausschließlich in die Hände von Fachleuten legen dürfte. Dr. René Dubos von der Rockefeller-Universität vergleicht die Zeit vor hundert Jahren mit heute:

[1] Unter die allgemeine Kategorie des Begriffes Pestizide oder Schädlingsbekämpfungsmittel fallen Spezialmittel wie Insektizide gegen Insekten, Rodentizide gegen Nagetiere, Fungizide gegen Pilze, Mitizide gegen Milben und Herbizide, die Pflanzen, vor allem Unkraut, vernichten. Soweit diese Mittel dazu verwendet werden, Pflanzen vor Schädlingen zu schützen, bezeichnet man sie auch als Pflanzenschutzmittel.

„In der zweiten Hälfte des neunzehnten Jahrhunderts war es der von aufgeklärten Laien organisierte Druck der Öffentlichkeit, durch den Umweltprobleme auf einen Platz in der vordersten Front wissenschaftlicher Bemühung rückten. Ich glaube, daß heute genau die gleiche Situation besteht. Wir werden bald eine Umweltkrise erleben, falls nicht eine vom ganzen Volk getragene Bewegung erzwingt, daß staatliche Institutionen und die Vertreter der Naturwissenschaft in erster Linie auf die Erforschung und Bekämpfung jener Kräfte dringen, die die Erde schnell zu einer für das menschliche Leben untauglichen Stätte machen."

Das Drama hat bereits begonnen. Der Chemiker hat seine Verbindungen zusammengebraut, die Regierung hat deren Anwendung genehmigt und der Farmer, der Forstmann, ja auch der Kleingärtner haben sie überall verbreitet. Aber war das nun gut oder schlecht? Und wenn es gut und schlecht zugleich war, läßt sich eine sichere Grundlage finden, um das eine gegen das andere – den Nutzen gegen den Schaden – abzuwägen?

„Obwohl die durch den Fortschritt der Naturwissenschaft geschaffenen akuten Probleme ihren Ursprung in wissenschaftlichen Kenntnissen und technischen Hochleistungen – und Fehlschlägen – haben, lassen sie sich nur durch moralische Beurteilung und politische Entscheidung lösen", schreibt Barry Commoner von der Washington-Universität in St. Louis.

Es wird besser um die Welt bestellt sein, wenn wir alle begreifen, daß Naturwissenschaft und Technik an sich nichts mit moralischer Beurteilung zu tun haben. Die Entscheidungen müssen von einer informierten Öffentlichkeit getroffen werden. Diese ist ihrerseits wiederum einer, wie der Ökologe Frank E. Egler sagt, „Flut von fundierten und anfechtbaren Kenntnissen" preisgegeben. Das anfechtbare Wissen, mit dem die Allgemeinheit heute bombardiert wird, ist das Resultat einer absichtlichen Verdrehung, teils aber auch einer ‚Spezialisierung'; denn die Fachleute haben ein Problem – das der Gesunderhaltung der Umwelt –, das sinnlos wird, wenn man es nicht als komplexes Ganzes betrachtet, in Spezialfragen zerstückelt.

Als Reporter und Anhänger des Naturschutzgedankens sehe ich die jüngste Geschichte der üblichen Verfahren und Vorschriften in der Pestizidanwendung als ein Problem der Unterrichtung der Öffentlichkeit. Das Erscheinen von ‚Der stumme Frühling' im Jahre 1962 kennzeichnet das Ende der internen Auseinandersetzung auf diesem Gebiet. Rachel

Carson holte die Tatsachen, die der Öffentlichkeit schon längst hätten enthüllt werden sollen, aus ihren Verstecken hervor; sie durchbrach die Informationsschranke. Vieles in der dann folgenden Geschichte der Pestizidpolitik ist eine Reaktion – pro und contra – auf Rachel Carsons Urteil. Ihre Kritiker scheinen ebenso wirkungsvoll wie ihre Freunde darauf hingearbeitet zu haben, daß der Einfluß von ‚Der stumme Frühling' lebendig blieb. Mein Buch wird die Entstehung dieses Werkes zu schildern versuchen, ebenso den Aufruhr, der auf die Veröffentlichung folgte, und die verschiedenen Bücher, Dokumente, Propagandaschriften, Regierungsberichte, Forschungsarbeiten und andere Äußerungen der „Flut von fundierten und anfechtbaren naturwissenschaftlichen Kenntnissen", die in unserer Zeit die Politik der Schädlingsbekämpfung beeinflußt haben.

Da die starke Wirkung von Rachel Carsons Werk auf fast jede Phase dieser Politik offenkundig ist, wäre keine Untersuchung darüber vollständig, die nicht auch Informationen über den Werdegang dieser Frau miteinbezieht. Ich habe nicht versucht, eine förmliche Biographie zu schreiben oder auch nur einen Nachruf. Doch habe ich in die Anfangskapitel einige wesentliche biographische Einzelheiten hineinverwoben, um dem Leser zu einem besseren Verständnis einer ungewöhnlichen Frau und eines ungewöhnlichen Buches zu verhelfen.

Schon an dieser Stelle muß ich eine warnende Bemerkung einfügen: Die meisten von Rachel Carsons Kritikern stützten sich in ihren Hauptargumenten auf unsichere Grundlagen, weil sie die These dieser Frau nicht begriffen, ja in manchen Fällen nicht einmal ihr Buch gelesen hatten! ‚Der stumme Frühling' verallgemeinert keineswegs allzu stark, wie diese Leute sich eingebildet hatten. Rachel Carson zog nicht gegen die Anwendung von allen chemischen Pestiziden zu Felde; und sie hielt den Mißbrauch bestimmter Pestizide nicht für die alleinige Ursache der Übel, die sie beschrieb. Das sind wesentliche Punkte. Chemische Schädlingsbekämpfungsmittel wird es bei uns auch in Zukunft noch eine gute Weile geben. Die Liste ihrer Leistungen ist lang und es wäre unklug, alle Symptome einer kranken Umwelt – ob es sich nun um das Verschwinden des Weißkopfseeadlers aus Teilen seines Verbreitungsgebietes oder um das zunehmende Vorkommen von Krebs beim Menschen handelt – ausschließlich der Allgegenwart von Rückständen dieser Mittel zuzuschreiben.

Ebensowenig ist dies einfach ein Streit zwischen ‚guten Menschen' und ‚Bösewichtern'. Viele pflichttreue Staatsbeamte und viele anständige Geschäftsleute begreifen nicht, worum es bei der wütenden Auseinandersetzung überhaupt geht.

Die Kontroverse um das Buch ‚Der stumme Frühling' – und letzten Endes um alle Naturschutzmaßnahmen – entspringt einer Meinungsverschiedenheit über Werte. Zweifellos hat Rachel Carsons Weltanschauung den Kern ihrer Beweisführung bestimmt. Aber das gleiche gilt auch für ihre Kritiker. „Eine Seele erkennt man an dem, was ihr Befriedigung gewährt", hat einmal jemand gesagt. Viele von uns halten sich nun lieber an die Werte, die sich in Rachel Carsons Seele widerspiegeln, als an diejenigen anderer Leute, bei denen jede Entscheidung auf rein wirtschaftlichen Gesichtspunkten beruht.

Schließlich sollte man wohl auch bedenken, daß mit dem Buch ‚Der stumme Frühling' noch nicht das letzte Wort gesprochen worden ist. Die Warnungen, die es äußerte, sind immer noch gültig, während die Fragen, die es aufwarf, in beunruhigender Weise offenbleiben.

„Eine große Anzahl von Fragen über die Umwelt, in der wir alle leben, ist noch unbeantwortet", schreibt Dr. Virginia Apgar von der Nationalen Stiftung der ‚Pfennigparade'[2]. „Und es werden noch andere hinzukommen, da neue Arzneimittel, neue Chemikalien wie etwa Pestizide und Fungizide, zunehmende Verunreinigung und der Wandel der gesellschaftlichen Sitten weiterhin unsere Umwelt verändern. Vier Gefahren – Pillen, Pestizide, Psychedelika wie LSD und Haschisch und die allgemeine Verunreinigung der Umwelt – werfen Fragen auf, von denen wir erst zu vermuten beginnen, daß man sie stellen sollte – Fragen, die umweltbedingte, angeborene Mißbildungen betreffen."

Die Probleme sind schwierig, aber die Öffentlichkeit wird sich schließlich doch mit ihnen befassen müssen. Die Propaganda, die uns weismachen will, es gebe überhaupt keine Schädlingsbekämpfungsprobleme, jedenfalls keine, denen nicht durch ‚sorgsame Anwendung' dieser hochentwickelten chemischen Verbindungen abgeholfen werden könne, verwirrt die Öffentlichkeit nur. Sie verschiebt die Entscheidungen, die wir heute treffen sollten, in die Zukunft.

[2] National Foundation – March of Dimes

ERSTER TEIL

DIE KONTROVERSE

I. DIE ENTSTEHUNGSGESCHICHTE

„Ein großer Geist hat instinktiv die Fesseln abgeschüttelt und sich geweigert, das rein wissenschaftliche Bild der Natur als vollkommen hinzunehmen ... Es ist Miss Carsons besondere Gabe, naturwissenschaftliche Kenntnisse mit dem Geist dichterischer Bewußtheit zu verschmelzen und uns so wieder ein echtes Weltverständnis zu vermitteln." *Henry Beston*

Rachel Carsons ‚Der stumme Frühling' kann als einer jener glücklichen Fälle gelten, in denen Thema und Autor so eng verbunden sind, daß ein Werk von literarischem Interesse entsteht, das zugleich starken Einfluß auf eine wichtige Auseinandersetzung innerhalb der Gesellschaft hat. Ein anderes Beispiel dafür ist Harriet Beecher Stowes ‚Onkel Toms Hütte'. Rachel Carsons Thema – die unbeschränkte Überschwemmung der Umwelt mit chemischen Schädlingsbekämpfungsmitteln – hatte schon eine ganze Weile in bestimmten Kreisen der Öffentlichkeit ernste Besorgnis erregt; aber konkrete Einzelheiten darüber blieben spärlich. Rachel Carson war in einzigartiger Weise gerüstet, das Thema wie auch die Einzelheiten zu behandeln. Sie war eine Frau, die eine strenge naturwissenschaftliche Ausbildung, beachtlichen literarischen Ruhm, ein hohes Maß an persönlicher Integrität und ein sehr feines poetisches Empfinden besaß.

Rachel Carsons Leben war streng geordnet, dennoch fanden sich häufiger als sonst üblich Zeiten der Muße zur freien Entfaltung des menschlichen Geistes. Sie verbrachte eine anscheinend einsame Kindheit außerhalb der Stadt Springdale am Alleghany-Fluß in Pennsylvanien. Dort kam sie als jüngstes Kind von Robert Warden Carson und der geborenen Maria Frazier McLean am 27. Mai 1907 zur Welt. In den Wäldern rings um das Haus der Familie machte sie als Kind lange Spaziergänge, oft mit ihrer Mutter, die eine gütige Frau mit einer tiefen Achtung vor den Geschöpfen der Wildnis war und fast während des ganzen Lebens ihre Gefährtin blieb.

Das westliche Pennsylvanien ist weit von jeder Küste entfernt. Aber schon als junges Mädchen und ehe sie ihn überhaupt gesehen hatte, fühlte Rachel Carson sich stark zu dem großen Ozean hingezogen. Besonders bewunderte sie die Gedichte von John Masefield und war fasziniert von „der tobenden Gischt, dem verwehten Schaum und den schreienden Möwen". Als sie in das staatliche College für Frauen [1] eintrat, hatte sie die Absicht, Schriftstellerin zu werden.

Im zweiten Studienjahr nahm sie an dem vorgeschriebenen Biologiekurs teil. Alles, was sie in der freien Natur interessierte – die Wälder, das Meer, die Vielfalt der Lebewesen –, verschmolz in diesem Studienfach zu einer Einheit. Im dritten Jahr besuchte sie weitere naturwissenschaftliche Kurse und im vierten, nachdem sie sich dazu entschieden hatte, noch jene Kurse, die verlangt wurden, wenn man Biologie als Hauptfach wählte. Zugleich begann sie Deutsch zu studieren, um sich auf die Arbeit für das erste Examen als Graduierte vorzubereiten. Sie ging dann auf die John Hopkins-Universität, wo sie unter H. S. Jennings und Raymond Pearl Genetik studierte, und später in die Meeresbiologischen Laboratorien [2] in Woodshole, Massachussetts, wo sie zum ersten Mal die See erblickte.

Rachel Carsons Leben schien klar umrissen vor ihr zu liegen. Die Magisterwürde, die sie erworben hatte – ihre verschiedenen Doktortitel wurden ihr später ehrenhalber verliehen –, führte Anfang der dreißiger Jahre unmittelbar zu einer Lehrtätigkeit, zuerst an der John Hopkins-Universität und dann an der Universität von Maryland. Aber es waren schwierige Jahre. Die Gehälter waren in der Zeit der Wirtschaftskrise niedrig. Im Jahre 1936 machte sie eine Prüfung für den Staatsdienst und nahm eine Stellung beim Amt für Fischerei der Vereinigten Staaten [3] an,

[1] Pennsylvania State College for Women
[2] Marine Biological Laboratories
[3] United States Bureau of Fisheries

das später eine Abteilung der Betreuungsstelle für Fische und Wildtiere[4] wurde. Auch weiterhin hielt sie gelegentlich Abendkurse für Biologie an der Universität von Maryland.

Aber trotz ihres strengen Stundenplanes hatte sie den Wunsch zu schreiben nie ganz aufgegeben. „Schließlich dämmerte es mir", sagte sie einmal, „daß ich mir, als ich Biologin geworden war, etwas verschafft hatte, über das ich schreiben konnte." Die Zeitschrift ‚Sun' in Baltimore nahm mehrere kürzere Aufsätze von ihr an und für das Amt für Fischerei verfaßte sie 1937 die Einführung zu einer Reihe von Radioprogrammen über das Leben im Meer. Ihre Vorgesetzten fanden diese Einführung sehr gut und drängten Rachel Carson, sie zu einem Aufsatz für eine Zeitschrift zu erweitern. Das tat sie, bot ihn der Zeitschrift ‚Atlantic' an und entschied damit über ihre Zukunft. ‚Undersea'[5] war eine seltene Verbindung von Naturwissenschaft und Poesie. Zu den Lesern des Aufsatzes zählten einflußreiche Schriftsteller wie Hendrik Willem van Loon und Verlagslektoren wie Quincy Howe. Van Loon legte ihr dringend nahe, ein Buch über das Meer zu schreiben. Wertvoller noch war „der sehr aufregende und schmeichelhafte Brief", wie sie ihn später nannte, in dem Howe ihr vorschlug, sie solle doch erwägen, ein Buch für ihn und den Verlag Simon and Schuster zu schreiben.

Ihr Leben schien eine Vorbereitung auf diese Aufgabe gewesen zu sein. Sie hatte Masefield, Conrad und Melville gelesen und bewundert. Zu ihren Lieblingsbüchern gehörte H. M. Tomlinsons ‚The Sea and the Jungle'[6] und Henry Bestons ‚The Outermost House'[7]. Nun arbeitete sie untertags in ihrem Beruf für die Regierung und an den Abenden an ihrem Buch. Die damit verbundenen Nachforschungen faszinierten sie; sie zog es vor, sich ihr Material aus Originalquellen zu verschaffen, ein Verfahren, das sie ihr Leben lang beibehielt. Oft schob sie das Schreiben auf, weil sie sich noch mehr in das Forschungsmaterial vertiefte. „Ich schreibe langsam und genieße die anregende Beschäftigung mit der Forschung weit mehr als die Plackerei, ein Manuskript zustande zu bringen."

[4] Fish and Wildlife Service
[5] ‚Unter Wasser'
[6] ‚Das Meer und der Dschungel'
[7] ‚Das äußerste Haus'

Wenn ihr das Schreiben schwerfiel, so lag das nicht daran, daß sie mehr Naturwissenschaftlerin als Schriftstellerin war. Wie auch Joseph Conrad, hatte sie ein Gefühl der Verzweiflung, wenn sie vor einem leeren Blatt Papier saß und das Bewußtsein, „Kugel- und Kettenfessel der eigenen Persönlichkeit bis ans Ende zu schleppen".

Ihr Buch ‚Under the Sea Wind'[8] erschien Ende 1941. Es wurde mit viel Beifall aufgenommen und die Kritiker entdeckten sogleich jene Qualitäten, die Rachel Carson später berühmt machten.

„Es hat viele Fehler", sagte sie Jahre später über ‚Under the Sea Wind'. „Manche davon hätten größeres Wissen und größere Reife ausgleichen können, aber ich bezweifle, daß ein Schriftsteller jemals die Frische eines ersten Buches wiedererlangt."

Die Kriegsjahre verbrachte Rachel Carson zunächst in ihrem Amt in Washington und später in Chicago, wohin damals viele Biologen versetzt wurden, um Armeebehörden Platz zu machen. Sie wirkte an den Veröffentlichungen der Betreuungsstelle für Fische und Wildtiere mit eigenen Arbeiten, als Schriftleiterin und schließlich Hauptschriftleiterin mit. Auf ihrem eigenen Arbeitsgebiet, der Biologie, und besonders in der Ozeanographie, ereigneten sich wichtige Dinge, die allerdings von den Geschehnissen des Krieges in den Schatten gestellt wurden. Die Fortschritte der Naturwissenschaft im Treibhaus des Krieges könnte man wohl zu Recht mit dem krankhaften Wachstum von Lebewesen unter anomalen Bedingungen vergleichen; Fruchtbarkeit geht dabei manchmal unmerklich in wuchernde Mißbildung über. Entdeckungen, für die im Frieden die Menschen Jahrzehnte gebraucht hätten, drängten sich im Zweiten Weltkrieg in ein paar kurzen Jahren zusammen. Hunderte von Berichten, von denen viele unter die Kriegsbestimmungen fielen, liefen über Rachel Carsons Schreibtisch. Sie wußte, daß diese Kenntnisse über die Weltmeere nach dem Kriege ausgewertet werden mußten.

Sie bekam auch Informationen zu Gesicht, die stärker beunruhigten – Nachrichten über die eindrucksvollen Leistungen bestimmter Chemikalien, die nahe verwandt mit den tödlichen Nervengasen waren. Eine davon, das DDT, hatte Wunder vollbracht – es unterdrückte in Italien unter Soldaten wie auch Zivilisten Typhusepidemien. Doch als Biologin

[8] ‚Unter dem Meereswind'

hegte Rachel Carson Zweifel an diesem ‚Retter der Menschheit' und seinen endgültigen Wirkungen auf lebende Geschöpfe. Aber über dieses Thema wie über die anderen ließ sich, solange der Krieg währte und die Daten unvollständig waren, nur wenig schreiben.

An den Wochenenden zwängte sie sich mit Shirley Briggs, einer Mitarbeiterin an der Betreuungsstelle für Fische und Wildtiere, in ihren altersschwachen Wagen, und die beiden durchstreiften die Landschaft außerhalb Washingtons, um Vögel zu beobachten. Der unvermeidliche Zusammenbruch des Wagens drohte ihren Ausflügen für eine Weile ein Ende zu bereiten. Doch niemand, der im Washington der Kriegszeit Interesse an der Beobachtung der Vogelwelt hatte, mußte diese Liebhaberei aufgeben, nur weil es an Hilfsbereitschaft fehlte. In der Stadt wimmelte es von erfahrenen ‚Vogelkennern', Männern, die für Kriegsaufgaben dorthin geholt worden waren, darunter Roger Tory Peterson, Irston R. Barnes und Louis J. Halle. Die Audubon-Gesellschaft der Naturforscher [9] in den zentralen Atlantikstaaten erlebte eine Wiedergeburt. Rachel Carson und Shirley Briggs gehörten dieser Gruppe an und schlossen, während sie ihre Beobachtungsgabe in der freien Natur schärften, viele bleibende Freundschaften.

Nach dem Kriege gab Rachel Carson wieder die Veröffentlichungen der Betreuungsstelle für Fische und Wildtiere heraus. „Sie achtete pedantisch auf Genauigkeit, aber auch auf lesbare Prosa und wurde wütend über manches dumme Zeug, das unbedeutendere Schriftsteller ihr vorlegten", erzählte eine ihrer Freundinnen. „Aber sie verlor nach außen hin nie die Ruhe, ließ sich durch nichts erschüttern."

Unterdessen sammelte sie für sich persönlich das Material, das im Kriege durch die Forschung auf allen Weltmeeren zusammengetragen worden war. Der Gedanke, ein weiteres Buch zu schreiben, hatte sie gepackt. Nun war ein großer Wissensstoff vorhanden, aber sie kam mit der Arbeit nur langsam voran.

„Es dauerte Jahre, bis ich lernte, meine Texte gleich in die Maschine zu schreiben", sagte sie später, „und selbst jetzt schreibe ich schwierige Stellen mit der Hand, wenn mir die Worte nicht gleich einfallen. Manchmal schrieb ich fast die ganze Nacht hindurch und schlief erst am Morgen."

[9] Audubon Naturalist Society

Im Jahre 1950 wurden die einzelnen Kapitel ihres Buches verschiedenen Zeitschriften zum Vorabdruck angeboten. Ein Kapitel, ‚Die Geburt einer Insel', erschien zuerst im ‚Atlantic Naturalist', später in der ‚Yale Review' und gewann in jenem Jahr den George Westinghouse-Preis für naturwissenschaftliche Schriften[10]. ‚The New Yorker' kaufte neun Kapitel und veröffentlichte sie im Juni 1951 gekürzt in drei Fortsetzungen unter dem Titel ‚Profile of the Sea'[11]. Aber nicht einmal die ersten begeisterten Urteile über diese Kapitel vermochten Rachel Carson – oder die Öffentlichkeit – auf den ungeheuren Erfolg des Buches vorzubereiten. Als die Oxford University Press im gleichen Jahr ‚Geheimnisse des Meeres' herausbrachte, wurde Rachel Carson eine literarische Berühmtheit.

‚The New York Times' urteilte über ihr Buch: „Große Dichter von Homer bis zu Masefield haben sich bemüht, das tiefe Geheimnis und die unendliche Faszination des Ozeans zu beschwören. Aber der zarten, sanften Miss Carson scheint das am besten gelungen zu sein. Ein- oder zweimal in einer Generation wird der Welt ein Naturwissenschaftler mit einer genialen schriftstellerischen Begabung geschenkt. Mit ‚Geheimnisse des Meeres' hat Miss Carson ein klassisches Werk geschaffen."

Ihr Buch wurde vom ‚Book-of the Month-Club' unter die Auswahlbände aufgenommen; es erschien im Auszug in ‚Reader's Digest'; es wurde in 33 Sprachen übersetzt. „Die Ausgaben füllen ein schönes Regal", meinte Rachel Carson. „Die in einigen der orientalischen Sprachen gedruckten sehen aus wie eine Sammlung von Tapetenmustern." In den USA blieb ‚Geheimnisse des Meeres' 86 Wochen auf der Bestsellerliste.

Als Rachel Carson im Jahre 1951 den Preis für Sachbücher[12] entgegennahm, ging sie kurz auf die Komplimente ein, mit denen man ihre Prosa bedacht hatte: „Wenn sich in meinem Buch über das Meer Poesie findet, so nicht deshalb, weil ich sie absichtlich hineingelegt habe, sondern weil niemand ohne Poesie wahrheitsgetreu über das Meer schreiben könnte."

Diesem Triumph folgte ein weiterer, als ‚Under the Sea Wind' sich

[10] George Westinghouse Science Writing Award

[11] ‚Kurzbiographie des Meeres'

[12] National Book Award for Non-Fiction

in der Neuauflage von 1952 auf den Bestsellerlisten sogleich zu ‚Geheimnisse des Meeres' gesellte.

Vor der Veröffentlichung dieses Buches hatte Rachel Carson sich von ihrem Posten bei der Betreuungsstelle für Fische und Wildtiere beurlauben lassen. Ein Guggenheim-Stipendium, um das sie sich beworben hatte, um ihre Studien auf dem Gebiet der Meeresbiologie zu betreiben, beseitigte das letzte finanzielle Hindernis, das ihr verwehrt hatte, dem täglichen Einerlei der Büroarbeit zu entrinnen. Als ihr Buch ein Bestseller wurde, zahlte sie das Stipendium zurück. Aber ihr neuer Ruhm brachte andere Belastungen, unter denen diese Frau, der so leidenschaftlich an einem stillen, zurückgezogenen Leben lag, sehr litt. „Je länger ‚Geheimnisse des Meeres' an der Spitze der Liste steht", schrieb sie damals an eine Freundin, „um so größer wird der Druck, unter dem ich durch Briefe, Telefonanrufe und allerlei Störungen stehe. Allein schon für die Mühe, auf eine Weise ‚Nein' zu sagen, die die Leute nicht verärgert, braucht man viel Nervenkraft, und man kann nicht zu allem ‚Nein' sagen."

Als ihre Bücher schließlich die Bestsellerlisten durchlaufen hatten und die literarische Welt die Aufmerksamkeit neueren Sternen zuwandte, konnte Rachel Carson allmählich wieder an ihre Arbeit zurückkehren. In dem Haus, das sie außerhalb von Washington mit ihrer kränkelnden Mutter bewohnte, schrieb sie nun auch öfter am Tage, ohne daß es ihr deswegen leichter fiel. Rachel Carson hat nie geheiratet. „Ich hatte keine Zeit dazu", erklärte sie einem Interviewer. Sie war zu höflich, um kurz und bündig zu sagen, daß es ihn nichts angehe. Ihr Lebensstil war fast asketisch. Rundfunk oder Fernsehen interessierten sie nicht. Abends, nach dem Schreiben, das jetzt ihr einziger Beruf war, griff sie zu ihren Lieblingsbüchern, von denen die meisten, wie etwa Thoreaus ‚Journal', Richard Jeffersons Essays über die Natur, Melville, Thomlinson und Beston, auf ihrem Nachttisch lagen. Wenn der Vogelzug im Frühling seinen Höhepunkt erreichte, stand sie oft frühmorgens auf und begab sich in die nahegelegenen Waldgebiete, um die bunten Waldsänger zu beobachten, die auf ihrem Weg zu den Brutplätzen im Norden vorüberflogen.

Abgesehen von der Verbindung mit wenigen nahestehenden Freunden und Verwandten lebte sie ganz ihrer Arbeit. Der Verlag Houghton

Mifflin Company bat sie um ein Buch über die Küstenzone der östlichen USA und die darin vorkommenden Lebewesen. So entstand ‚Am Saum der Gezeiten'. Um Material dafür zu sammeln, verbrachte sie viel Zeit in der Flutzone der Atlantikküste von Maine bis zur Südspitze Floridas. Abenteuerliche Streifzüge, wie sie sie jetzt unternehmen konnte, hatte sie seit den ersten Jahren an der Betreuungsstelle für Fische und Wildtiere, als sie oft in kleinen Booten unterwegs war, nicht mehr gemacht; in Florida bereitete es ihr die größte Freude, den Meeresboden mit einer primitiven Taucherausrüstung zu erkunden. Von weiteren Reisen hielten sie eigentlich nur ihre häuslichen Verpflichtungen ab.

„In nebensächlichen Dingen bin ich eine Enttäuschung für meine Freunde, die meinen, ich müßte eine vollendete Wasserratte sein", gestand sie einmal. „Ich schwimme nur leidlich gut, bin nur mäßig begeistert für Meereskost und halte keine tropischen Fische als Haustiere."

Durch ihre Bücher schien Rachel Carson ein kleines Stückchen von allen Küsten der Welt zu ‚besitzen', aber erst im Jahre 1953 wurde ein solches Fleckchen wirklich ihr Eigentum. Sie kaufte an der Küste von Maine ein Stück Land, das über die Gezeitentümpel, die so lange ihre Aufmerksamkeit gefesselt hatten, hinausblickte. Dieser Besitz wurde nicht nur ihr zweites Heim, sondern brachte ihr auch im letzten Jahrzehnt ihres Lebens viel Freude mit neuen Freunden und Erlebnissen. Ein Brief wie der folgende, den sie 1954 an Henry Beston schrieb – sie hatte ihn nie kennengelernt –, offenbart ihre Schüchternheit und Güte und verrät, was ihr Befriedigung gewährte. Der Brief war, wie sie Beston erklärte, schon seit mindestens 20 Jahren überfällig:

„So lange ist es etwa her, daß ich in einem Winkel der ‚Pratt Library' in Baltimore ‚The Outermost House' entdeckte. Ich zögere, wenn ich nun ungefähr angeben sollte, wie oft ich das Buch seither gelesen habe, aber ich zögere nicht zu erklären, daß mir nur wenige andere Bücher einfallen, die mir ein so inniges und beständiges Vergnügen bereitet haben oder auf die ich mit solcher Gewißheit zurückgreifen kann, daß ich sie von neuem mit dem ursprünglichen Genuß lesen werde.

Während ich ‚Under the Sea Wind' schrieb, verbrachte ich einen Teil des Sommers in Woodshole; ich fuhr eines Tages auch nach Eastham und wanderte zum Strand hinunter, um das kleine Haus und die Umgegend zu finden, die mir durch die Seiten Ihres Buches so vertraut waren. Nach diesem beglückenden Erlebnis wollte ich Ihnen schreiben, schob es aber auf. Dann sandte mir vor etwa einem Jahr jemand einen Zeitungsausschnitt mit Ihrer Besprechung von ‚Under the Sea Wind' (ich hatte sie bei ihrem Erscheinen übersehen). Nun möchte ich Ihnen jetzt, wenn auch verspätet, sagen, daß ich sie für die schönste, verständnisvollste und aufs tiefste befriedigende Rezension hielt, die mir zu Gesicht gekommen war, und wegen meiner Einstellung zu ‚The Outermost House' war ich so dankbar, daß gerade Sie sie geschrieben hatten.

Vor kurzem erwarb ich bei Southport ein Stückchen der Küste von Maine und baute dort ein Landhaus, das über die Sheepscot Bay hinausblickt; im letzten Sommer bewohnten wir – meine Mutter und ich – es zum ersten Mal und verbrachten ein paar Tage dort. Als ich Anfang dieser Woche in New York war, rief ich Carl Buchheiser (von der Nationalen Audubon-Gesellschaft) an, um ihn zu fragen, ob die Weidendrosseln schon um diese Zeit singen und wo. Er riet mir sogleich, Sie nach den Standorten zu fragen. Für mich ist der Gesang der Weidendrosseln eine der ergreifendsten Vogelstimmen, und ich würde sie gern in Maine wieder hören."

Fast vier Jahre nachdem sie mit den Forschungsarbeiten dafür begonnen hatte, näherte sich Rachel Carson dem Ende ihres neuen Buches. Doch immer noch rang sie mit Stilproblemen. Anfang 1955 schrieb sie ihrem Verleger: „Es muß überarbeitet werden. Das gilt besonders für die Stellen über den flachen Grund um die Korallenriffe – sie stehen nicht im Einklang mit dem übrigen Buch. Ich bemühe mich noch allzu hart, Informationen mitzuteilen. Diesen Abschnitt möchte ich umschreiben, entweder als Bericht von meiner Entdeckung und Erforschung des Gebietes oder, falls ich die unpersönliche Form wähle, indem ich das Leben der Geschöpfe in ihren verschiedenartigen Wechselbeziehungen ablaufen lasse."

‚Am Saum der Gezeiten' wurde dann doch noch im Jahre 1955 veröffentlicht, nachdem Teile davon in ‚The New Yorker' erschienen waren. Die Rezensionen bestätigten Rachel Carsons Stellung als eine der besten Schriftstellerinnen Amerikas. Wiederum kam es zu lästigen Unterbrechungen, man beanspruchte ihre Zeit, man bedrängte sie in einer Weise, die sie empfindlich in ihrer Zurückgezogenheit störte. Zu den Forderungen, die sie bedrückten, gehörten auch Ansuchen von Fabrikanten, die ihren Namen als Reklame für allerlei Erzeugnisse verwenden wollten; sie weigerte sich bis an ihr Lebensende, derartige Genehmigungen zu erteilen. Viel leichter zu erfüllen und erfreulicher waren für sie Bitten ihrer Freunde, auf die sie nie zu antworten versäumte. Edwin Way Teale bat sie um ihre Hilfe bei der Bestimmung einiger unbekannter Wasserpflanzen, die er in einem Manuskript erwähnt hatte; sie erwiderte mit einer langen Erörterung über eine unbedeutende botanische Einzelheit, brach dann aber ab mit der Bemerkung: „... und nun fange ich schon wieder an wie die Autorin von ‚Am Saum der Gezeiten' zu reden."

Erfreulich waren auch Briefe von völlig Fremden, die ihrer Dankbarkeit für das Vergnügen, das sie ihnen bereitet hatte, Ausdruck gaben. Nur wenige Schriftsteller unserer Zeit haben die Fähigkeit gehabt, Herz und Verstand ihrer Leser so vollkommen gefangenzunehmen wie Rachel Carson. Eine Frau schrieb ihr, um ihr die Benützung eines Strandhauses am Golf von Mexiko anzubieten:

„Ich versichere Ihnen, es kommt von Herzen", schrieb diese Frau. „Ich möchte nur gern, daß Sie Zeit haben, den Strand zu studieren und Dinge finden, die ich nie gefunden habe."

Die nächsten Jahre waren eine Übergangszeit, persönlichen Dingen auf eine so intensive Weise gewidmet, daß selbst ihre Arbeit in den Hintergrund trat. Sie und ihre Mutter zogen in ein neues Haus auf einem großen bewaldeten Grundstück in Silver Springs in Maryland, gut drei Kilometer von Washington entfernt. Sie baute das Haus nach eigenen Plänen, „da ich nicht imstande war, irgend etwas zu finden, das mir alle Besonderheiten bot, die ich brauche". Das Landhaus in West Southport baute sie ebenfalls aus. Auch als Schriftstellerin war sie gesucht. Redakteure und Verleger wollten Artikel und Bücher haben. Seit der Vollendung von ‚Am Saum der Gezeiten' hatte sie sich mit der Absicht getragen, ein Buch über Evolution zu schreiben („... es könnte sich als das wichtigste Buch, das ich geschrieben habe, erweisen", erzählte sie einer Freundin). Während sie sich in Gedanken damit beschäftigte, verwandelte sich die ursprüngliche Idee in den Plan für ein Buch über die Ökologie des Menschen. Aber dieses Buch, das der Verlag Harper and Brothers hätte herausbringen sollen, wurde nie geschrieben.

Im Jahre 1956 verfaßte sie einen Aufsatz für ‚Woman's Home Companion' mit dem Titel ‚Help Your Child to Wonder'[13]. Der Artikel stützte sich auf Erfahrungen, die sie in der freien Natur mit ihrem vier Jahre alten Großneffen Roger Christie gemacht hatte. Sie hing sehr an diesem Kind, dessen Vater mehrere Jahre zuvor gestorben war. Auf langen Spaziergängen durch die Wälder oder beim Besuch eines Weihers vermittelte sie dem Jungen etwas von ihrer Liebe zur Natur, aber auch von ihrem Wissen. Als Rogers Mutter 1957 starb, adoptierte sie ihn, und er lebte von nun an bei ihr in dem großen Backsteinhaus in Silver Springs.

Es drängte sie, mit der Arbeit an einem neuen Buch zu beginnen. Eine Zeitlang erwog sie, die in ihrem Artikel für ‚Woman's Home Companion' skizzierten Gedanken weiter auszuführen; tatsächlich hätte sie sich nie die Zeit genommen, den Artikel zu schreiben, hätte sie ihn nicht als den Kern eines künftigen Buches angesehen, das jedoch nie geschrieben wurde; aber nach ihrem Tode wurde der Aufsatz in der kaum veränderten ursprünglichen Fassung von Harper and Row nachgedruckt.[14]

Als das Jahr 1958 anbrach, fühlte sie sich als Naturwissenschaftlerin und als scharf beobachtender Mensch beunruhigt von dem, was in der Welt um sie vorging. Das Leben selbst schien ihr bedroht, und daher gingen auch ihre Vorstellungen über das Leben in die Brüche. Sie brachte einige ihrer Besorgnisse zu Papier:

„Ich bin lange Zeit innerlich gehemmt gewesen, in erster Linie, weil ich nicht wußte, was ich nun eigentlich über das Leben sagen sollte, aber auch aus einem Grund, der sich schwerer erklären läßt. Natürlich weiß inzwischen jeder, daß die ganze Welt der Naturwissenschaft durch Geschehnisse etwa während des letzten Jahrzehnts revolutioniert worden ist. Bald nachdem die Atomwissenschaft begründet worden war, begann sich dies, wie ich annehme, auch auf mein Denken auszuwirken. Manche Gedanken, die mir kamen, waren für mich so wenig anziehend, daß ich sie gänzlich ablehnte, denn die alten Vorstellungen, besonders wenn sie einem gefühls- und verstandesmäßig teuer sind, sterben nur schwer. Es war angenehm, etwa zu glauben, daß vieles in der Natur dem störenden

[13] ‚Hilf deinem Kind, Wunder zu erleben'

[14] Das Buch hatte den Titel ‚A Sense of Wonder' – ‚Ein Gefühl für das Wunderbare'.

Zugriff des Menschen ewig unerreichbar sein werde: Er mochte die Wälder dem Erdboden gleichmachen und die Flüsse eindämmen, aber Wolken, Regen und Wind waren in Gottes Hand. Es war tröstlich anzunehmen, daß der Strom des Lebens durch die Zeit, einerlei in welcher von Gott vorgeschriebenen Richtung, weiterfließen werde, ohne vom Menschen – einem Tropfen dieses Stromes – gestört zu werden. Tröstlich der Gedanke, daß, wie die materielle Umwelt das Leben auch gestalten mochte, dieses Leben niemals die Macht erlangen werde, die materielle Welt drastisch zu verändern oder gar zu zerstören.

Solange ich über derlei Dinge überhaupt nachgedacht habe, sind diese Überzeugungen ein Stück von mir gewesen. Sie auch nur vage bedroht zu wissen, war so furchtbar, daß ich mein Denken dagegen verschloß, mich weigerte, anzuerkennen, was ich doch gar nicht übersehen konnte. Aber das nützt nichts, und jetzt habe ich Augen und Verstand geöffnet. Was ich sehe, mag mir nicht gefallen, aber es zu ignorieren, hilft nichts, und es ist mehr als sinnlos, die alten ‚ewigen Wahrheiten', die ebensowenig ewig sind wie die Berge der Dichter, zu wiederholen. So scheint es an der Zeit zu sein, daß jemand vom Leben im Lichte der Wahrheit – so wie sie sich uns jetzt zeigt – schreibt. Und ich denke, das könnte das Buch sein, das ich schreiben sollte – wenigstens die neuen Ideen andeuten, nicht sie erschöpfend behandeln. Das könnte wahrscheinlich keiner; ich kann es bestimmt nicht.

Meinem Gefühl nach läßt sich noch immer viel vorbringen zugunsten meines alten Glaubens, daß der Mensch, wenn er dem ‚neuen Himmel und der neuen Erde' oder falls man so will, dem ‚Universum des Raumzeitalters' nun näherstrebt, dies mehr mit Demut als mit Anmaßung tun muß. Und neben der Demut ist, glaube ich, immer noch Raum für das Staunen."

Diese Gedanken hatten Rachel Carson schon lange bewegt. Als sie während des Krieges noch für die Betreuungsstelle für Fische und Wildtiere arbeitete, hatte sie von den ersten Untersuchungen erfahren, mit denen man die endgültigen Wirkungen von DDT auf die Umwelt feststellen wollte. Obwohl manche Biologen Befürchtungen geäußert hatten, ließen diese sich durch nichts eindeutig bestätigen. Was man für die besonderen Vorzüge von DDT hielt, genügte, die Mängel zu verschleiern. Weil DDT in der Umwelt nicht zerfällt, sondern in seinem giftigen Zustand jahrelang, vielleicht sogar Jahrzehnte bestehen bleibt, schien es für den Farmer oder Forstmann, der es nur gelegentlich auf seinen Ländereien anzuwenden brauchte, wundervoll geeignet. Gleichzeitig ist es nicht so hochgiftig für Tiere wie viele andere Pestizide, und es schien daher in jeder Hinsicht für Arten, die keine Schädlinge waren, relativ unschädlich zu sein.

Da DDT billig und leicht herzustellen ist, wurde es zum meistgebrauchten der neuen chemischen Insektizide. Man hat es daher auch am gründlichsten von allen untersucht. Auf Grund dieser nur kurzfristigen Prüfung bejubelte man DDT als ‚Retter der Menschheit', und die übrigen Chemikalien hielten, sozusagen an seine Rockschöße geklammert, mit dem Attest ‚ohne Befund' ebenfalls ihren Einzug.[15]

Die ersten Zweifel an DDT erhoben sich vielleicht, als man entdeckte, daß die Stubenfliege gefeit dagegen geworden war. Heute sind bereits über 150 Schädlingsarten gegen DDT resistent, wie man das nennt. Insekten entwickeln auf verschiedene Weise, hauptsächlich durch Bildung von entgiftenden Enzymen in ihrem Körper, Resistenz gegen Chemikalien.[16] Eine Reihe von Naturwissenschaftlern, darunter V. B. Wigglesworth schon in Jahre 1945, sagen einen gefährlichen Einfluß von beständigen Pestiziden auf die Umwelt voraus.

[15] DDT gehört zu den organischen synthetischen Insektiziden der Gruppe der chlorierten Kohlenwasserstoffe; viele von ihnen stehen bei Biologen, Ökologen und Naturschutzanhängern in äußerst schlechtem Ruf. Ein charakteristisches Merkmal dieser ‚harten' Pestizide ist ihre Beständigkeit. Sie zerfallen in der Umwelt nicht, sondern bleiben meist im Kreislauf durch Futterketten – etwa von Fallaub über Würmer in Vögeln wie Wanderdrosseln usw. – erhalten; da sie fettlöslich sind, sammeln sie sich in hohen Konzentrationen in den Geweben jener Tiere an, die an der Spitze der Futterkette stehen. Trotz gründlicher Forschungsarbeit weiß selbst heute noch niemand ganz genau, wie die chlorierten Kohlenwasserstoffe ihre vernichtende Wirkung ausüben, aber es ist bekannt, daß sie das Zentralnervensystem angreifen. Einige andere Chemikalien dieser Gruppe sind neben DDT noch Aldrin, Dieldrin, Endrin, Chlordan, Heptachlor und Toxaphen (siehe auch ‚Der stumme Frühling' S. 16–25). Zu den anderen Hauptgruppen chemischer Pestizide gehören die äußerst giftigen, aber weniger beständigen organischen Phosphate wie Parathion, Malathion usw. und Carbamate wie etwa Carbaryl.

[16] Siehe auch ‚Der stumme Frühling', S. 259–272

Nach 1950 begannen Naturwissenschaftler beunruhigende Tatsachen über die Wirkungen von DDT auf die ,Nahrungskette der Lebewesen' zu enthüllen. Kurz gesagt, hing dies mit der verhängnisvollen Neigung von DDT zusammen, sich in den Fettgeweben wildlebender Tiere anzureichern. Das klassische Beispiel dafür trat 1957 im Clear Lake in Kalifornien auf. Wie man feststellte, enthielten 1 Million Teile Wasser nur 0,02 Teile DDD, ein dem DDT in Zusammensetzung und Wirkung ähnliches Insektizid. Mikroskopische Pflanzen und Tiere speicherten Rückstände von 5 Teilen pro Million, Fische jedoch, die große Mengen der mikroskopisch kleinen Organismen fraßen, konzentrierten diese Rückstände bis zu 2000 Teilen pro Million. Die Westtaucher des Sees, die sich von diesen Fischen ernährten, verendeten in Scharen.

Ein Jahr später veröffentlichte Roy Barker vom Illinois' Natural History Survey [17] in Urbana seine Warnung. Er wies darin auf den verwickelten Kreislauf der Geschehnisse hin, durch den die Wanderdrossel, wenn sie Regenwürmer frißt, vergiftet wird. Die Regenwürmer haben ihrerseits DDT aus den Blättern unter Ulmen aufgenommen, die man zur Bekämpfung des sogenannten Ulmensterbens damit besprüht hatte. Roland C. Clement, ein Vizepräsident der Audubon-Gesellschaft, hat später das Schicksal der Warnung Barkers kritisch betrachtet.

„Sie wurde von der Bürokratie größtenteils deshalb zurückgewiesen oder unbeachtet gelassen, weil die verantwortlichen Leute eine solche Folge von Wirkungen auf die Umwelt nicht als eine Angelegenheit betrachteten, die sie unmittelbar anging; sie hielten Vögel für ,Dinge' von geringerer Wichtigkeit, statt sie als das anzuerkennen, was sie sind, als Lebewesen, die empfindlich und schnell reagierend Gesundheit und Beschaffenheit der Umwelt, zu der auch der Mensch gehört, anzeigen."

Wie viele andere Biologen wußte Rachel Carson von diesen unheilvollen Berichten. Doch erfahrene Biologen sind auch nur Menschen; sie lesen, sie hören, sie werden jedoch nicht immer zum Handeln aufgerüttelt, bis dann das drohende Grollen ihrem eigenen Bereich näherrückt. Für Rachel Carson kam dieser Augenblick mit einem Brief von Mrs. Olga Huckins, einer Freundin, die unter dem Namen Olga Owens für

[17] Eine Institution, die sich mit allen Fragen der ,Naturgeschichte' von Illinois befaßt.

die Bostoner ‚Post' geschrieben hatte. Mrs. Huckins und ihr Mann, ein Bauingenieur, unterhielten auf 0,8 Hektar eingezäuntem Waldland hinter ihrem Haus in Duxbur, Massachusetts, einen Vogelschutzpark mit einem kleinen Teich. Im Jahre 1957 entsandte der Staat in Verbindung mit einem Moskito-Bekämpfungsprogramm Flugzeuge, die über Sümpfen in der Gegend von Plymouth und Barnstable sprühten.

Aber Flugzeuge, die tödliche Pestizide gegen Moskitos versprühen, treffen ihre Ziele auch nicht sicherer als Bomber, die Spreng- und Napalmbomben auf ‚militärische Einrichtungen' abwerfen. Unschuldige, die zufällig in der Nähe sind, werden oft ebenso schwer getroffen. Die Sprühflugzeuge flogen wiederholt kreuz und quer über den Huckinsschen Vogelschutzpark und verursachten schwere Verluste unter den Vögeln. Empört darüber, schickte Olga Huckins einen Brief an den Bostoner ‚Herald' und schilderte den Vorfall in allen Einzelheiten. Eine Abschrift des Briefes sandte sie mit einem Begleitschreiben an Rachel Carson. Mehrere Jahre später schrieb Rachel Carson ihr:

„Du verdienst Anerkennung – oder, je nach dem Standpunkt, Tadel – dafür, daß Du meine Aufmerksamkeit wieder auf das Problem lenktest. Aber selbst Du hast, glaube ich, vergessen, daß es nicht nur die Abschrift Deines Briefes an die Zeitung, sondern Dein persönlicher Brief war, der das alles in Gang brachte. Du erzähltest darin, was geschehen war, aber auch von Deinen Empfindungen bei der Aussicht auf erneutes und noch stärkeres Sprühen, und Du batest mich, jemanden in Washington zu suchen, der helfen könnte. Bei der Aufgabe, diesen ‚jemand' zu finden, wurde ich mir erst richtig bewußt, daß ich dieses Buch schreiben müsse."

Rachel Carson war entsetzt über die unbekümmerte Großzügigkeit, mit der man Chemikalien in die Umwelt strömen ließ, und über die fadenscheinigen Rechtfertigungen, die Industrie und Regierung für die uneingeschränkte Anwendung dieser Mittel vorbrachten. Augenscheinlich bildeten die neuen Chemikalien eine ernsthafte Gefahr für einen großen Teil des Naturreiches, das Rachel Carson liebte. Welche Wirkung dieses massive chemische Trommelfeuer letzten Endes auf das Leben des Menschen selbst haben würde, schien niemand zu wissen. Sie erkannte aber, daß sich der Mensch mehr als je zuvor der Erde mit Anmaßung, nicht mit Demut, nahte.

Im Augenblick betrachtete sie dieses besondere Problem nicht als Thema ihres nächsten Buches. Ihr schwebte dafür immer noch das viel umfassendere Thema ‚Mensch und Ökologie' vor. Aber für einen Teil, der dessen allgemeinen Hintergrund behandelte, begann sie Beweismaterial über die Verwüstung zu sammeln, die der Mensch durch die verschwenderische Anwendung von Pestiziden in seiner gesamten Umwelt verbreitete. Anfang 1958 erfuhr sie, daß ‚Reader's Digest' erwog, einen Artikel über Vorteile des Sprühens aus der Luft, besonders in den von Schwammspinnern heimgesuchten Gebieten, zu bringen.

„Wenn das wahr ist", schrieb sie DeWitt Wallace, dem Chefredakteur der Zeitschrift, „kann ich mich nicht enthalten, Sie aufmerksam zu machen auf die ungeheure Gefahr, die in diesen rapid anwachsenden Projekten der Insektenbekämpfung mit Giften – ebenso für wildlebende Tiere wie auch, was noch beängstigender ist, für die Volksgesundheit – liegt, besonders, wenn diese Gifte so weithin und so blindlings von Flugzeugen aus verstreut werden."

Sie teilte Wallace noch viele Tatsachen mit, auf die sich ihre Warnung stützte. Der Aufsatz wurde nicht veröffentlicht; doch wie wir später sehen werden, war dies erst der Anfang der merkwürdig ambivalenten Haltung, die ‚Reader's Digest' gegenüber dem Problem der chemischen Schädlingsbekämpfung einnahm.

Aber noch war Rachel Carson nicht überzeugt, daß sie ihre anderen Pläne zurückstellen müsse, um den Kampf gegen den Mißbrauch der Pestizide weiterzuführen. Sie hatte sich jedoch lebhaft für einen Prozeß interessiert, in dem eine Anzahl von prominenten Bewohnern der Kreise Nassau und Suffolk auf Long Island, darunter Archibald B. Roosevelt und der Ornithologe Robert Cushman Murphy, Klage erhoben hatten, um zu verhindern, daß Bundes- und Staatsbehörden ihre Grundstücke zur Bekämpfung des Schwammspinners mit DDT sprühten.

Die Klage wurde schließlich abgewiesen. Noch hatte niemand ausreichende Forschung betrieben, um den Zusammenhang zwischen den sprühenden Flugzeugen und einer vergifteten Umwelt eindeutig festzustellen. Als Beamte der Landwirtschaftsministerien von Bund und Staat sich am massiven Angriff der Industrie auf das Beweismaterial beteiligten, vermochten die Kläger weder die Naturwissenschaftler noch die Unterlagen beizubringen, um ihren Fall vor Gericht zu verteidigen. Rachel

Carson betrachtete jedoch den Prozeß von Long Island von Anfang an als klassisches Beispiel für den Kampf des Bürgers, seine Umwelt sauber und gesund zu erhalten. Sie erkannte auch, daß man in weiteren Kreisen für diesen Kampf werben müsse; hier konnte ein sachkundiger und geachteter Schriftsteller unermeßlich viel dazu beitragen, daß die Öffentlichkeit gewarnt wurde vor den Gefahren, denen sie ausgesetzt war.

Zuerst versuchte sie E. B. White für das Vorhaben zu interessieren. Die Gründe für ihre Wahl waren klar. White, in der Redaktion von ‚The New Yorker' tätig, war einer der besten Schriftsteller Amerikas. Überdies hatte er in einer Folge von Reportagen, die im ‚New Yorker' unter dem Titel ‚These Precious Days'[18] erschienen, häufig seine Empörung über die Plünderung der Naturschätze Amerikas geäußert. Am 3. Februar 1958 schrieb Rachel Carson an White, schilderte in großen Zügen das Anliegen der Kläger von Long Island und deutete an, daß die Gerichtsverhandlung einen interessanten Artikel für ‚The New Yorker' abgeben würde.

„Es würde mich über alle Maßen freuen", schrieb sie, „wenn Sie sich bewogen fühlten, gegen diesen Unsinn – ein allerdings viel zu mildes Wort – selbst zur Feder zu greifen. Riesiges Tatsachenmaterial liegt bereit und jeder, der vor der Öffentlichkeit das Wort ergreifen will, kann sich darauf stützen – ich werde mich glücklich schätzen, die Unterlagen zu liefern."

White schrieb ihr aus Maine, wo er damals lebte, und erklärte, er könne sich mit der Aufgabe nicht befassen, ob sie nicht vielleicht erwägen wolle, die Arbeit selbst zu übernehmen. William Shawn, der Herausgeber von ‚The New Yorker' werde sich bestimmt gern mit ihr über einen solchen Auftrag unterhalten. White schloß:

„Meiner Ansicht nach ist das gewaltige Thema der Verunreinigung, von dem diese Schwammspinner-Affäre nur ein kleiner Teil ist, für jedermann von größtem Interesse und höchster Wichtigkeit. Das Übel fängt in der Küche an und erstreckt sich bis zum Jupiter und Mars. Immer ist dabei eine spezielle Gruppe oder ein Spezialinteresse vertreten, aber nie die Erde selbst."

Damit war Rachel Carsons Lebensweg in den ihr noch verbleibenden

[18] ‚Diese lausigen Zeiten'

Jahren bestimmt. Dieser Mann, der selbst nicht zu einem Kreuzzug bereit war, hatte für sie den Entschluß gefaßt. Niemand anderer schien in Sicht zu sein, der die Arbeit auf sich nehmen konnte; bestimmt aber niemand mit den gleichen Fähigkeiten wie sie – der gleichen naturwissenschaftlichen Ausbildung und leidenschaftlichen Naturliebe, dem gleichen Rang innerhalb der amerikanischen Literatur.

Eine Weile noch zauderte sie und hoffte, ihre ursprünglichen Pläne auszuführen. Sie sprach darüber mit Marie Rodell, ihrer Agentin, mit Paul Brooks, dem Editor bei Houghton Mifflin, und mit William Shawn. „Wie Sie wissen", sagte sie, „hatte ich verschiedene andere Pläne. Doch habe ich das Gefühl, daß ich mich damit beschäftigen sollte. Wenn ich einen Aufsatz für eine Zeitschrift, der auch als ein Kapitel eines Buches über diesen Gegenstand dienen würde, verfassen kann, vielleicht noch eine Einleitung, und mich überdies als Herausgeberin betätige, wäre dies wahrscheinlich alles, was ich dabei unternehmen müßte."

Jeder, der davon hörte, war begeistert, daß sie sich an einem solchen Werk beteiligen wollte. Sie wurde von dem Enthusiasmus mitgerissen und willigte schließlich ein, ein kurzes Buch über das Thema zu schreiben. Vor der Veröffentlichung bei Houghton Mifflin sollten Auszüge im ‚New Yorker' erscheinen. Die Betonung lag ihrer Meinung nach auf dem Wort ‚kurz'. Sie hatte bereits sehr viel Material gesammelt. Ihre Forschungsarbeit beabsichtigte sie so schnell wie möglich abzuschließen und dann ebenso schnell das Buch zu schreiben, damit sie mit ihren größeren Vorhaben vorankommen konnte. „Ich hoffe, meine Arbeit über die chemische Vergiftung der Umwelt durch Insektizide im Sommer zu vollenden", schrieb sie im Frühling 1958 einer Freundin.

II. MÜHSAME VORARBEITEN. DIE SYNTHESE DER FAKTEN

Rachel Carson machte sich sogleich an die Arbeit an ihrem Buch. Eine Zeitlang benützten die Verlagsleute und sie den Arbeitstitel ‚Control of Nature', aber sehr bald bekam sie das Gefühl, daß der Titel zu eng gefaßt war.

Obwohl die Suche nach Material in Bereiche der Naturwissenschaft führte, die ihr nicht vertraut waren, merkte Rachel Carson bald, daß ihre frühere Arbeit es ihr überraschend leicht machte, Verbindung mit maßgebenden Leuten aufzunehmen. Im April schrieb sie an C. J. Briejèr, den Leiter des Niederländischen Pflanzenschutzdienstes, und bat ihn um Auskunft über die Resistenz von Insekten. Sie stellte sich ihm vor: „In meinen Büchern – einige davon auch in Holland erschienen – habe ich mich mit dem Meer beschäftigt" und schloß mit der bei ihr gewohnten Aufforderung: „Ich wäre sehr dankbar, wenn Sie mit Luftpost antworteten, da mir bis zum Abschluß der Arbeit nicht viel Zeit bleibt."

Briejèr sandte ihr die Information, um die sie gebeten hatte, sehr schnell. „Ihr Name ist in unserem Land wohlbekannt", versicherte er ihr, „ebenso Ihr glänzend geschriebenes Buch ‚Geheimnisse des Meeres'." Wissenschaftler wie Briejèr sollten ihr während der bevorstehenden langen und mühevollen Arbeit eine ungemein große Hilfe sein.

Als der Sommer anbrach, wurde Rachel Carson sich zunehmend bewußt, daß tatsächlich noch eine höchst schwierige Aufgabe vor ihr lag. Jede Information, die sie ausfindig machte, schien zu einem Dutzend weiterer Informationen zu führen.

Sie gelangte zu der Überzeugung, daß das volle Ausmaß des Schrekkens überhaupt noch nicht richtig eingeschätzt wurde – nicht einmal von ihr selbst. Die Nachforschungen erwiesen sich als äußerst kompliziert, da sie sich auf viele neue Arbeiten in der Biologie und Chemie erstreckten. (Trotzdem wurden Entscheidungen, bei denen es um Leben oder Tod ging, auf diesem Gebiet auch weiterhin oft von ungebildeten, ungelernten Arbeitern getroffen!) Die Auswertung des Materials erforderte die Kenntnisse eines voll ausgebildeten Naturwissenschaftlers, denn bislang war noch wenig davon in einer für die Öffentlichkeit verständlichen Weise bekanntgemacht worden.

Im Geiste sah Rachel Carson ihr Buch klar vor sich. Es mußte die Naturwissenschaft als Grundlage benutzen, aber über die eng gestreckten Grenzen des Denkens mittelmäßiger Naturwissenschaftler, das die Welt in den gegenwärtigen Sumpf hineingezogen hatte, hinausgehen. Es durfte weder in verschwommene mystische Vorstellungen ausarten noch Gebrauch machen von den gefühlvollen Argumenten extremer Gruppen – die sich Rachel Carson immer vom Leibe zu halten versuchte. Trotzdem mußte es durch innere Anteilnahme und Mitgefühl, ohne die selbst die besten Wissenschaftler der Welt ihre Menschlichkeit einbüßen, eine neue Dimension erhalten. Rachel Carson wußte, daß ihr Buch ebenso überzeugen wie informieren, daß es wissenschaftliche Fakten mit eindringlichster Propaganda vereinen mußte. Sie wußte auch, daß sie imstande sein mußte, den naturwissenschaftlichen Fachmann mitzureißen, der häufig ein Risiko scheut, wenn es über die einfachste Form der Auseinandersetzung mit einem Kollegen hinausgeht. Daran dachte sie, als sie alle Alternativen zur Durchtränkung der Umwelt mit Unmengen von chemischen Pestiziden untersuchte. Besonders interessierte sie sich für die biologische Bekämpfung.

„Ich bin überzeugt, daß das alles eine psychologische Seite hat", schrieb sie einem Freund, „daß die Leute, vor allem die Fachleute, sich scheuen, gegen etwas aufzutreten, besonders wenn sie nur einen begründeten Argwohn haben, aber keinen eindeutigen Beweis dafür, daß dieses ‚etwas' falsch ist. So machen sie bei einem Programm mit, über das sie im stillen heftige Zweifel hegen. Daher halte ich es für höchst wichtig, die positiven Alternativen hervorzuheben."

Sie wurde in ihrem Entschluß bestärkt durch bekräftigende Briefe von Naturwissenschaftlern, die von ihrer Arbeit erfahren hatten. Von Dr. Briejèr erhielt sie den ersten von vielen Briefen, die sie in der äußerst schwierigen Zeit, die vor ihr lag, anspor nen sollten.

„Meine biologische Arbeit überzeugte mich", schrieb Briejèr, „daß der Eine, der von Nietzsche für tot und von Sartre für stumm erklärt worden ist, in Wirklichkeit sehr lebendig ist und durch alle Dinge zu uns spricht. Gleichzeitig lehrte mich diese Arbeit, daß wir ohne die Mitarbeit von Würmern, die zusammen mit Nematoden getötet werden, nicht weitermachen könnten ... Ich bin sehr dankbar, daß Sie das Thema aufgegriffen haben, das ich für äußerst wichtig halte. Betrachten Sie jedoch meinen Namen und mein Werk als unwesentlich. Ich bin nur eine von vielen Stimmen, die eine selbstgefällige Naturwissenschaft warnen."

Ermutigenden Zuspruch erhielt sie auch von William Brown junior, dem Kurator für Insekten am Harvard-Museum für vergleichende Zoologie. „Als verantwortliche Leiter für unsere Bekämpfungsprogramme brauchen wir Biologen, aber keine Verwaltungsbeamten und keine Leute, die sofort mit Spritzgeräten zur Hand sind", schrieb er ihr. „Sehen Sie sich nur die Berichte der Regierung über die Bekämpfung des Schwammspinners an; augenscheinlich hat keiner der maßgebenden Männer alle diese Daten gründlich und mit Verstand überprüft."

Aber sie bekam auch ernüchternde Worte zu hören. Von Clarence Cottam, einem der führenden Kenner der Tierwelt Amerikas, stammt die Äußerung: „Ich bin überzeugt, daß Sie der Allgemeinheit einen großen Dienst erweisen werden, wenn ich auch prophezeien möchte, daß Ihr Buch nicht solch ein Bestseller wie ‚Geheimnisse des Meeres' sein wird."

Unter den Wissenschaftlern, mit denen Rachel Carson damals in Fühlung stand, befand sich auch Robert L. Rudd, ein Zoologe an der Universität von Kalifornien, der mehrere wichtige Abhandlungen über Pestizide und deren Wirkungen auf wildlebende Tiere veröffentlicht hatte. Jeder der beiden war überrascht, als er erfuhr, daß der andere an einem Buch über Pestizide arbeitete. Im Frühling 1958 schrieb Rachel Carson an Rudd:

„Das sollte keinem von uns Sorgen bereiten, denn ich habe schon vor langer Zeit eingesehen, daß es nicht darauf ankommt, wie viele Leute über die gleiche Sache schreiben; jeder wird seinen eigenen Beitrag leisten. Als weniger erfahrene Schriftstellerin hätte ich vor ein paar Jahren meinen Plan, ‚Geheimnisse des Meeres' zu schreiben, beinahe aufgegeben, nur weil damals noch zwei andere Bücher über das Meer herauskamen." Da Rudd mit seiner Familie einen Ausflug nach New Brunswick vorhatte, lud sie ihn dann ein, bei ihr in West Southport vorbeizukommen: „Vielleicht gefallen Ihnen auch meine Gezeitentümpel, obwohl Ihre großartiger sind."

Rudd und seine Familie nahmen die Einladung an. Rachel Carson und er genossen das Zusammensein, bei dem sie ihre Vorhaben erörterten. Rudds Buch erschien erst zwei Jahre nach dem von Rachel Carson.

Neue Nahrung erhielt Rachel Carsons Besorgnis, als sich im Jahre 1958 unter den Vertretern des Naturschutzes und den Naturwissenschaftlern die Nachricht über den Fortschritt des ‚Feuerameisen-Programms' des US-Landwirtschaftsministeriums verbreitete. Die Feuerameise ist ein Insekt, das bald nach dem Ersten Weltkrieg, offensichtlich von Südamerika aus, die Vereinigten Staaten erreichte. Allmählich hatte diese Ameise sich durch die meisten Südstaaten ausgebreitet, ohne übertrieben große Beunruhigung zu verursachen. Schlimmstenfalls betrachtete man sie als lästiges Übel. Im Jahre 1957 unternahm dann das Landwirtschaftsministerium einen mächtigen Propagandafeldzug gegen die Feuerameise, beginnend mit Mitteilungen an die Presse, Zeitungsartikeln und Filmen. Dem Feuerhagel von Worten folgte in einem Feldzug zur ‚Ausrottung' der Feuerameise eine tödliche Breitseite, bestehend aus Dieldrin und Heptachlor, zwei der am stärksten wirkenden von den lange haltbaren chlorierten Kohlenwasserstoffen. Rachel Carson hat später (‚Der stumme Frühling', S. 158 ff.) anschaulich über die Unsummen von vergeudetem Geld und über die Unzahl von hingeschlachteten wildlebenden Tieren bei dem nutzlosen Angriff auf dieses Insekt berichtet. Aber sogar im Jahre 1958 wurden die Ausmaße des Fiaskos schon offenbar. Fachleute für Wildhege und Naturschutz waren entsetzt.

„Getrieben von der Erkenntnis, daß das Buch bitter benötigt wird, beeile ich mich so sehr ich kann", schrieb Rachel Carson einem Freund.

Sie war nicht „lächerlich besorgt" um wildlebende Geschöpfe, wie einige ihrer Verleumder meinten. Bis an ihr Lebensende blieb sie eine leidenschaftliche Gegnerin von Plänen zur Raubtierbekämpfung. Sie hielt eine Katze, obwohl sie wußte, daß diese einige der wildlebenden Vögel und Säugetiere, die sie so gerne um ihr Haus hatte, umbringen werde. „Ich bedaure den Verlust eines Vogels, aber ich bin nicht empört darüber", erklärte sie. Es war das Riesenausmaß der Zerstörung und deren unberechenbare Folgen, die sie dazu trieben, ihr Buch zu vollenden.

Doch die Sorge um ihre Familie verzögerte ihre Arbeit. Rachel Carson war nicht die „Naturanbeterin" als die man sie in den Beilagen der Sonntagszeitungen beschrieb. Sie war eine Frau mittleren Alters, der dringende Familienverpflichtungen oblagen. Roger, ihr Adoptivsohn, hatte das Schulalter erreicht und beanspruchte ein gut Teil ihrer Zeit. Im September 1958 kam er in die erste Klasse. Und in den Herbstmonaten, nach ihrer Rückkehr aus Maine, war sie in Sorge um ihre Mutter, die im Sterben lag und der sie immer besonders eng verbunden gewesen war. Rachel Carson arbeitete nun nur sporadisch, da sie ständig zum Krankenhaus fuhr. Im Dezember starb ihre Mutter.

Es dauerte einige Wochen, ehe Rachel Carson wieder an die Arbeit ging. Sie hoffte noch immer, daß sie das Buch – das nun den neuen Titel ‚Man against the Earth'[1] hatte – bis zum Ende des nächsten Sommers beenden und daß es Anfang 1960 in den Buchhandlungen liegen werde. An William Shawn schrieb sie, daß es „bestenfalls ‚halbgar' geworden wäre", wenn sie beabsichtigt hätte, es früher zu vollenden. Sie fügte hinzu: „Ich habe das tröstliche Gefühl, daß das, was ich nun vorlegen kann, eine Synthese weit verstreuter Tatsachen ist, die bislang noch nicht in Beziehung zueinander gebracht wurden. Jetzt ist es möglich, Schritt für Schritt ein wirklich verdammendes Beweismaterial gegen die Anwendung der Chemikalien, die man uns derzeit zumutet, zusammenzustellen.

Inzwischen hatte sie mit Naturwissenschaftlern in allen Staaten der USA und in ganz Europa Verbindung aufgenommen. Sie hatte eine ungeheure Forschungsaufgabe bewältigt und Tausende von wissenschaftlichen Abhandlungen und Aufsätzen durchgesehen. Nur ein geringer Teil dieses Materials war für sie von wirklichem Nutzen, aber in anderen Abhandlungen fand sie Anhaltspunkte, die sie veranlaßten, in neuen Richtungen weiterzuschürfen. Die umfangreiche Lektüre verriet ihr auch, wessen Ideen und Kenntnisse am stichhaltigsten waren und wer ihr daher bei der Stoffsammlung am besten behilflich sein konnte. Von ihrem Haus in Silver Springs sandte sie Hunderte von Briefen in die Welt. Trotzdem scheute sie davor zurück, mehr als einer Handvoll Menschen das ganze Ausmaß ihres Vorhabens zu enthüllen.

[1] ‚Der Mensch, Gegner der Erde'

Einer dieser Menschen, denen sie vertraute, war Clarence Cottam, einst ihr Vorgesetzter in der Betreuungsstelle für Fische und Wildtiere, nun Direktor der Welder-Stiftung für Wildtiere[2] in Sinton in Texas. Er war einer der in weitesten Kreisen hochgeachteten Fachleute für die Hege von Wildtieren, und er hatte Rachel Carsons Befürchtungen über den Umfang des Schadens, der durch verschwenderische Anwendung von Pestiziden der Umwelt zugefügt wurde, bereits bestätigt. Cottam diente Rachel Carson nicht nur als Quelle für wertvolle Informationen sondern war in den Jahren, in denen sie an ihrem Buch arbeitete, auch ihr Berater.

Anfang 1959 äußerte sie Cottam gegenüber einiges von ihrer Besorgnis. „Wie Sie wissen, ist die ganze Angelegenheit so explosiv und der Druck auf der anderen Seite so gewaltig und riesengroß, daß ich es bei weitem für klüger erachte, die Sache, soweit ich kann, für mich zu behalten, bis ich bereit bin, auf der ganzen Linie zum Angriff anzutreten."

Sie wußte, daß sie sich, als sie zur Feder griff, um ehrlich über dieses Problem zu schreiben, gewissermaßen in einen Krieg gestürzt hatte. Freunde hatten sie bereits gewarnt, daß sie keinen Vierteldollar von der chemischen Industrie erwarten dürfe, aber damit rechnete sie auch nicht. Doch selbst sie als ehemalige Regierungsangestellte und erfahrene Wissenschaftlerin war erstaunt über die Haltung, der sie bei Regierungsstellen, ja selbst bei anerkannten medizinischen Organisationen begegnete.

In den chemischen Pestiziden hatte das Landwirtschaftsministerium der USA ein fesselndes neues Spielzeug gefunden, mit dem es stolz prunkte. Bot sich keine Gelegenheit dazu, schuf es eben eine, wie etwa für sein berüchtigtes Feuerameisen-Programm. Die von diesem Ministerium erarbeiteten ‚Ausrottungsprogramme mit Pestiziden' hat Roland C. Clement von der Audubon-Gesellschaft treffend verglichen mit der ‚Overkill' genannten Rüstungspolitik, die sich in der Hortung von einsatzbereiten Atomwaffen durch das Militär offenbart. „Verbunden mit der überaus hohen Produktionskapazität der chemischen Industrie und der rührigen Geschäftstüchtigkeit eines freien Unternehmertums droht dieser Einsatz von Pestiziden die Landschaft zu vergiften, den

[2] Welder Wildlife Foundation

Farmer immer mehr davon abhängig und den Verbraucher nahezu hilflos zu machen", stelle Clement fest.

Um diese Flut von Pestiziden zu rechtfertigen, manipulierte das Landwirtschaftsministerium der USA auf höchst merkwürdige Weise mit Tatsachen und Zahlen; wie Cottam hervorhob, hatte es nur wenige Jahre zuvor den jährlichen Verlust an Feldfrüchten durch Insekten auf 10 Prozent der Ernte geschätzt; Ende der fünfziger Jahre bezifferte es diesen Verlust trotz eines eineinhalb Jahrzehnte dauernden heftigen Angriffs mit chemischen Insektiziden auf 25 Prozent! Und während die Programme des Ministeriums zur Ausrottung bestimmter Insekten mit chemischen Pestiziden grandiose Mißerfolge waren, wurde der wirklich schädliche sogenannte Schraubenwurm – eine auf Vieh parasitisch lebende Fliegenmade – in den südöstlichen Staaten der USA durch die Sterilisierung der Fliegenmännchen, also durch eine biologische Bekämpfung, ausgemerzt.

Damals war das Landwirtschaftsministerium – und das galt für alle seine Stellen – äußerst empfindlich; stets abwehrbereit, nahm es alle Bekämpfungsprogramme in Schutz. William L. Brown in Cornell hatte Rachel Carson vor der Schwierigkeit gewarnt, Informationen von der Abteilung zur Bekämpfung von Pflanzenschädlingen [3] zu erhalten.

„Eine der Schwierigkeiten ist", schrieb er, „daß die Regierungsstellen, die sich mit der einschlägigen Forschungsarbeit befassen, entweder an sich wortkarg oder daß ihre Beamten mehr oder weniger an ihre Schweigepflicht gebunden sind. Wahrscheinlich ist es für Sie leichter als für mich, herauszubekommen, was in Beltsville, Washington und Moorestown [4] vorgeht. Mich hat man als ‚Unruhestifter' gebrandmarkt, und man verhält sich mir gegenüber geradezu lächerlich vorsichtig." Rachel Carson antwortete darauf: „Ich bin überzeugt, daß ich, wenn mein Buch herausgekommen ist, sogar noch weniger beliebt bei der Abteilung sein werde als Sie."

Mittlerweile erfuhr sie selbst, wie widerstrebend Beamte des Land-

[3] Plant Pest Control Division

[4] Das Forschungszentrum des Landwirtschaftsministeriums liegt in Beltsville in Maryland und der landwirtschaftliche Forschungsdienst hat eine Forschungs- und Verwaltungsstelle in Moorestown in New Jersey.

wirtschaftsministeriums sein konnten, wenn sie Leuten, auf deren Wohlwollen sie nicht zählen durften, Auskunft über ihre Insektenbekämpfungsprogramme geben sollten. Ein Beamter in Texas, den sie um Auskunft über das Feuerameisen-Programm ersucht hatte, leugnete, daß irgendwelche ernsten Verluste an Wildtieren den betreffenden Insektiziden zugeschrieben werden könnten. Dann fügte er hinzu: „Da Sie an dieser Sache offensichtlich lebhaft interessiert sind, wüßte ich gern, mit wem Sie bei der Vorbereitung Ihres Berichtes zusammenarbeiten."

Mitteilungen, die von hilfsbereiten Biologen eintrafen, zeigten, daß sich das Mißtrauen des Landwirtschaftsministeriums sogar gegen andere Regierungsstellen richtete. „Vertreter des Ministeriums haben durchweg die Entdeckungen der Biologen geschmälert und jeden bemerkenswerten Schaden an Fischen und Wildtieren als unbedeutend hingestellt", sagte ein hoher Beamter der Betreuungsstelle für Fische und Wildtiere damals. Und ein Angestellter des Amtes für Fischerei und Jagd in Texas [5] schrieb über die dortigen Vertreter des Landwirtschaftsministeriums: „Die leichtfertige Art, mit der sie über alle Probleme hinweggingen, widerte mich an. Sie steht jedoch in Einklang mit allem, was ich sonst noch in diesem Jahre erlebte, wenn ich mit der Abteilung für Schädlingsbekämpfung des Landwirtschaftsministeriums zu tun hatte. Man weigerte sich, mir Auskunft über Pläne für neue zur Behandlung mit Pestiziden vorgesehene Gebiete zu geben und behauptete, man sei überzeugt, daß keine bedeutsame Schädigung von Wildtieren vorkomme und daher keine weitere Überprüfung nötig sei."

Ein Biologe der US-Betreuungsstelle für Fische und Wildtiere berichtete, wie staatlich angestellte Entomologen in Georgia versucht hatten, ihm die Arbeit in diesem Staat unmöglich zu machen. Der Biologe hatte die Todsünde begangen, das Feuerameisen-Programm im Südosten anzuzweifeln. Außerdem berichtete er von drei anderen Fällen – von Biologen in Florida und Alabama, „denen die Leute von der Bekämpfungsstelle entweder gedroht oder gegen die sie tatsächlich Klage erhoben haben." Und ein Biologe vom Amt für Jagd und Fischerei in Tennessee [6] schrieb ihr von einem Vorfall, der sich ereignete, als die Abteilung für

[5] Texas Fish and Game Commission

[6] Tennessee Game and Fish Commission

Pflanzenbau [7] Körnchen mit 10 Prozent Dieldringehalt im Verhältnis von 33,6 Kilo pro Hektar zur Bekämpfung des Japanischen Käfers anwendete. Die Körnchen wurden so blindlings verstreut, daß sie in einem Park in der Nähe von Knoxville Picknick-Tische bedeckten. Eltern und Kindern mußte von den Biologen empfohlen werden, die Tische abzuwischen, ehe sie ihr Essen darauf anrichteten.

Wie so viele andere Briefe, die Rachel Carson während dieser Zeit erhielt – man hätte von einer ‚McCarthy-Ära der Naturschutzbewegung' sprechen können –, endete auch der Brief dieses Biologen mit der Bitte, ungenannt zu bleiben: „Ich wäre Ihnen sehr verbunden, wenn diese Information nicht in einer Weise verwendet würde, die unsere Beziehungen zur Abteilung für Pflanzenbau gefährden könnte."

Aber Rachel Carson besaß sogar innerhalb des Landwirtschaftsministeriums Freunde. Nach ihrem Tod bat ein Beamter des Ministeriums ihre literarische Agentin um Rückgabe aller Auskünfte enthaltender Briefe, die er ihr in jenen Jahren geschrieben hatte; er verbrannte sie umgehend. Das ist in gewissem Sinne bedauerlich. Während wir geneigt sind, uns das Landwirtschaftsministerium als einen Teil der Ordnungsmacht der Regierung vorzustellen, ist es in Wirklichkeit eine Art Zweigstelle unserer Lebensmittelindustrie. Es wäre für künftige Generationen tröstlich gewesen zu wissen, daß in jener schändlichen Zeit innerhalb des Ministeriums noch ein Mensch mit gesundem Verstand existierte.

Im Innenministerium regierten ebenfalls Männer, die sich selbst nur als Diener – oder Partner – mächtiger Geschäftsleute ansahen. In den höchsten Stellen äußerte sich diese Haltung darin, daß man unsere Naturschätze einfach als Objekte betrachtete, die auf den Markt geworfen werden konnten; innerhalb des Amtes für Sportfischerei und Wildtiere [8] dokumentierte sie sich in der Vorherrschaft jener Leute, die für Raubtierbekämpfung eintraten und ihre Giftköder und Stahlfallen auf Geheiß von Viehfarmern und Schafzüchtern gebrauchten.[9] Kritiker innerhalb und außerhalb der Behörde wurden als ‚subversive Elemente' gebrandmarkt, die dem Geist freien Unternehmertums feindlich gesinnt waren.

[7] Division of Plant Industry

[8] Bureau of Sports Fisheries and Wildlife

[9] Siehe 16. Kapitel

Theoretisch hätte das Amt in den fünfziger Jahren ausgedehnte Untersuchungen über die Wirkungen von neuen Pestiziden auf Fische und Wildtiere durchführen sollen. Aber das war nicht der Fall.

„Die für die Fischerei zuständigen Leute waren nicht daran interessiert", meint John L. George, der damals als Biologe in diesem Amt tätig war. „Sie fanden damals, daß ‚Übervölkerung' der Gewässer das Fischereiproblem sei, und ich glaube, daß sie die Wirkungen der neuen Pestizide sogar begrüßten. ‚Vielleicht werden Pestizide uns von manchen Fischen befreien', sagte einer von ihnen – und das war nur halb scherzhaft gemeint." Das Patuxent-Forschungszentrum des Amtes in Laurel in Maryland, das Mittelpunkt von Untersuchungen im großen Maßstab hätte sein können, wurde zur Untätigkeit verurteilt. Die Stellen für die Raubtierbekämpfung, die sich nur damit befaßten, Kojoten, Präriehunde und Pumas auszurotten, trafen die Entscheidungen und erhielten die Gelder. Naturwissenschaftler wie James B. DeWitt, der Leiter der Forschungsarbeiten über Wildtiere und Pestizide, schlug sich mühsam mit einem Jahresbudget von 52 000 Dollar durch.

„Wir hätten Nahrungsketten studieren und andere lebenswichtige Arbeiten vornehmen müssen", erklärt John George, damals DeWitts Assistent, der mit den Freilandbeobachtungen beauftragt war. „Immerhin führte Dr. DeWitt aufschlußreiche Forschungsarbeiten mit in Gehegen gehaltenen Virginischen Baumwachteln und Jagdfasanen durch und trug so zur Feststellung der chronischen Giftigkeit beständiger Schädlingsbekämpfungsmittel bei. Und ich schlug 1958 eine Forschungsarbeit über den Weißkopfseeadler vor. Aber wir bekamen weder Geld noch schenkte man uns Gehör."

Die offizielle Vertretung der Ärzteschaft zeigte sich ebenfalls von einer wenig ermutigenden Seite. In einem Schreiben an Clarence Cottam im Jahre 1959 wies Rachel Carson auf einige ausgezeichnete Broschüren der Amerikanischen Medizinischen Gesellschaft [10] über die Gefahren von Pestiziden hin. „Der Standpunkt der Gesellschaft selbst erscheint höchst zweideutig", schrieb sie. „Ich habe den Eindruck, daß sie sich, wenn aufgefordert, Stellung zu nehmen, neutral verhält oder sogar etwas nach der falschen Seite neigt. Persönlich schlage ich vor, sich nicht

[10] American Medical Association

darum zu kümmern und viele ihrer Feststellungen zu zitieren, was eine vernichtende Wirkung haben dürfte."

Diesen Eindruck bestätigte eine Anzahl von Ärzten, mit denen sie in Verbindung stand. Ein Arzt aus Illinois schrieb ihr: „Ich muß Ihnen beipflichten, daß sich der Ärztestand wahrscheinlich noch nicht der Bedeutung des Gebrauchs giftiger Substanzen wie der Insektizide und Herbizide bewußt ist. Auch wissen die Beamten vom Gesundheitsdienst leider nicht immer so gut über die Bedeutung dieser gefährlichen Substanzen Bescheid wie sie es sollten." Der Mann mißbilligte eine Gesetzesvorlage, die eine Beschränkung von Pestiziden angestrebt hatte und in Illinois auch angenommen worden war. „Aber man hat sie nun so gründlich abgeändert, daß sie im wesentlichen zu einem Gesetz über Etikettierungen geworden ist."

Ungefähr um diese Zeit erhielt Rachel Carson von einer unerwarteten Seite Unterstützung. Im Juni 1959 erschien im ‚Reader's Digest' ein Artikel, der die übliche Anwendung von Schädlingsbekämpfungsmitteln stark kritisierte und sie als „einen Fehlschlag im Krieg gegen Insekten" bezeichnete. Der Artikel, von Redakteur Robert S. Strother verfaßt, erwähnte viele der alarmierenden Vorfälle, die Rachel Carson zur Arbeit an ihrem Buch bewogen hatten. Die Herausgeber von ‚Reader's Digest' betonten das in ihrer Anmerkung zu dem Artikel: „Wachsendes Beweismaterial deutet darauf hin, daß massives Sprühen mit Pestiziden vom Flugzeug aus mehr Schaden als Nutzen bringen könnte. Bis die vollständigen Ergebnisse bekannt sind, sollten alle, die es angeht, die Warnung ‚Handle mit Vorsicht' beherzigen." Dies war die Schlußfolgerung, die drei Jahre später, als ‚Der stumme Frühling' erschien, auch Rachel Carson zog, allerdings mit viel ausführlicheren und auf neuesten Forschungsergebnissen beruhenden Informationen; aber inzwischen hatte ‚Reader's Digest' eine merkwürdige Sinnesänderung durchgemacht. Im Jahre 1959 erhielten die Herausgeber viele Zuschriften, die sie zu dem erwähnten Artikel beglückwünschten, aber von zwei verschiedenen Beamten des Landwirtschaftsministeriums kamen Briefe, die von „Übertreibungen" und „falschen Informationen" sprachen, es freilich vermieden, auf einen der Hauptpunkte des Artikels einzugehen.

Rachel Carsons Pläne, ihr Buch im Sommer 1959 zu vollenden, waren inzwischen zunichte gemacht worden. Jeden Tag eröffneten sich neue

Möglichkeiten, weiterzuforschen. Briefe übermittelten ihr Anhaltspunkte, denen man nachgehen und Fakten, die man überprüfen mußte. Mitten in alledem zog sie sich im Juni eine Streptokokkeninfektion zu, durch die sich ihre Abreise nach Maine verzögerte. Zwar gelangte sie mit Roger schließlich doch noch nach West Southport, aber die Krankheit schleppte sich durch den ganzen Sommer hin. Die Arbeit ging nur langsam voran. Erst spät im Jahr war Rachel Carson endlich imstande, sich von einem Teil ihrer Bürde zu befreien, da sie genau die Hilfe fand, die sie gesucht hatte. Mrs. Jeanne Davis, die Frau eines Arztes, der dem Staatlichen Gesundheitsdienst angehörte, hatte an der Universität von Rochester und an der medizinischen Fakultät von Harvard mit Medizinern gearbeitet und war vertraut mit fachwissenschaftlichen Veröffentlichungen. Als Rachel Carsons Sekretärin nahm sie ihr viel von der Korrespondenz ab und spielte so eine wichtige Rolle bei der zunehmend schwierigeren Aufgabe, das Buch zum Abschluß zu bringen.

Zu diesem Zeitpunkt fing Rachel Carson überhaupt erst an, ihr Buch zusammenzustellen, wobei sie kleine, willkürlich herausgegriffene Teile der Geschichte bearbeitete, nicht aber einen zusammenhängenden Entwurf niederschrieb. Sie hatte das erste Kapitel bereits ‚vollendet' (das allerdings später völlig neu gefaßt werden sollte). Dann ging sie zu einem Thema über, das ihr Interesse immer mehr gefangennahm – zu den krebserzeugenden Eigenschaften chemischer Schädlingsbekämpfungsmittel. Vorher hatte sie lediglich beabsichtigt, dieses Thema innerhalb eines zusammenfassenden Kapitels über ‚Gefahren für den Menschen' zu behandeln. Jetzt erkannte sie, daß es ein ganzes, vielleicht sogar mehrere Kapitel ihres Buches füllen mußte.

Am Jahresende war sie immer noch weit von der Vollendung ihres Buches entfernt.

„Alles, was mich aufrecht hält", schrieb sie dem Verlagslektor, „ist, glaube ich, eine gelassene innere Überzeugung, daß das Buch, wenn es endlich fertig ist, auf einem unerschütterlichen Fundament aufgebaut sein wird. Das ist außerordentlich wichtig. Allzu viele Leute haben – aus den besten Beweggründen – überstürzt Behauptungen ohne entsprechende Bestätigung aufgestellt und so die bestmögliche Zielscheibe für die Gegner geliefert. Darüber werden wir uns keine Sorgen zu machen brauchen."

In der Annahme, daß ihre gesundheitlichen Beschwerden verhältnismäßig unbedeutend seien, arbeitete sie während der Sommermonate weiter. Aber im Herbst erfuhr sie, daß man ihr über ihren Zustand nicht die Wahrheit gesagt hatte. Ein im März des Vorjahres mit einem chirurgischen Eingriff entfernter Tumor war bösartig gewesen. Sie begann sogleich mit Strahlenbehandlungen, dann flog sie zu weiteren Untersuchungen in eine Klinik nach Cleveland. Zu Weihnachten war sie wieder daheim in Silver Springs. „Ich bin vielleicht mehr denn je darauf erpicht, das Buch fertig zu bekommen", schrieb sie von dort an einen Freund und fügte, auf den Christtag anspielend, hinzu: „Wir haben hier einen glücklichen Tag verbracht – wer müßte nicht fröhliche Weihnacht feiern mit einem achtjährigen Jungen, der von Spielsachen des Weltraumzeitalters umgeben ist?"

Obwohl die Veröffentlichung ihres Buches jetzt in weite Ferne gerückt zu sein schien, arbeitete sie weiter an einzelnen Kapiteln. Ein Kapitel über Krebs wurde noch in der Rohfassung fortgeschickt, um es von mehreren Medizinern, darunter auch von Dr. W. Hueper vom Nationalen Krebsinstitut[11], auf seine Richtigkeit überprüfen zu lassen. Auch Kapitel über Herbizide und über die Wirkungen von Massensprühen schloß sie nun ab. Sogar mit einer so diffizilen Einzelheit wie dem Titel befaßte sie sich; frühere Titel waren verworfen worden, und sie neigte jetzt zu ‚Dissent in Favor of Man'[12].

Während dieser schwierigen Monate wurde sie aufrecht gehalten durch die Zuneigung ihrer Freunde und die Überzeugung, daß sie eine wichtige Arbeit zu vollenden hatte. Aber auch jede Post schien eine ermutigende Mitteilung zu bringen. Von der Universität von Texas kam ein Brief von John Biesele, Professor der Zoologie, einem Wissenschaftler, den sie nur dem Namen nach kannte: „Ich war hocherfreut, als ich erfuhr, daß Sie an einem Buch über dieses Thema arbeiten, weil Ihre schriftstellerische Fähigkeit und der Anklang, den Sie beim Publikum finden, im Endergebnis schwer in die Waagschale fallen werden. Meiner Meinung nach muß etwas getan werden, um der verstärkten ‚Erziehung der Öffentlichkeit', die einige geschäftstüchtige Erzeuger chemischer Pesti-

[11] National Cancer Institute

[12] ‚Ketzerische Meinung dem Menschen zuliebe'

zide im letzten Herbst in einer Ausgabe der ‚Chemical and Engineering News' empfohlen haben, entgegenzuwirken."

Es kamen auch Briefe, die hochinteressante Informationen enthielten. Durch die Betreuungsstelle für Fische und Wildtiere in Denver erfuhr sie, daß, wie man entdeckt hatte, Meeresfische, darunter Makrelen wie Butterfische, signifikante Spuren von DDT enthielten. Von DDT in Meeresfischen hatte sie bisher noch nichts gehört und bat daher um weitere Auskunft.

„Diese Fische wurden anscheinend auf einem Fischmarkt gekauft", hieß es in der Antwort. „Wir nehmen an, daß das DDT beim Verpacken in einer Fabrik aufgenommen wurde." Damals ahnte man noch nicht, in welchem Ausmaß DDT unsere Umwelt durchdrungen hat und sich selbst in den lebenswichtigen Organen von Fischen und Vögeln der Antarktis anhäuft.

Als Rachel Carson im Sommer 1961 nach Maine aufbrach, hatte sie bereits über drei Jahre an ihrem Buch gearbeitet. Sie war geradezu verzweifelt bestrebt, es im Druck zu sehen. Denn nichts hatte sich geändert, wodurch ihre Befürchtungen hinsichtlich der Folgen des Gebrauchs von chemischen Pestiziden beschwichtigt worden wären. Das Landwirtschaftsministerium schien durch sein Feuerameisen-Programm keineswegs eines Besseren belehrt worden zu sein, sondern drängte tatsächlich nach wie vor auf die Ausrottung dieser relativ unbedeutenden Plagegeister. Die Werbung der Industrie nahm ständig zu, desgleichen der Verkauf von Pestiziden und als Folge davon der tödliche Nebel, der die Nation wie der Aschenregen eines unerschöpflichen Vulkans einhüllte.

Damit soll nicht behauptet werden, daß nicht bei manchen Stellen auch die Besorgnis wuchs. Zweifel an der Weisheit der Art, wie die Pestizide angewandt wurden, hatten sich ausgebreitet, und nicht nur ein paar Biologen und Naturschutzanhänger sondern auch viele andere Bürger innerhalb und außerhalb der Regierung waren jetzt skeptisch. In der ‚Special Message on Natural Resources'[13], die Präsident Kennedy am 23. Februar 1961 an den Kongreß sandte, rief er zu größerer Übereinstimmung und Koordination in den leitenden Stellen auf – „ohne die gegenwärtigen Konflikte von Behörden und Interessen". Der Präsident

[13] ‚Sonderbotschaft über Naturschätze'

wies darauf hin, daß „eine Behörde die Anwendung chemischer Pestizide fördert, obwohl sie Singvögel und Flugwild gefährden, deren Erhaltung von einer anderen Behörde befürwortet wird".

Mehrere Monate später schrieb John V. Lindsay, damals Kongreßmitglied aus New York, an den Landwirtschaftsminister und fragte, ob nicht eine neue Gesetzgebung erforderlich sei, um die Verunreinigung der Umwelt zu bekämpfen. Er erhielt von Frank J. Welch, einem Abteilungsleiter des Ministeriums, die Antwort, daß das bestehende Gesetz die Interessen der Öffentlichkeit angemessen schütze und eine zusätzliche Gesetzgebung sich erübrige.

Die allgemeinen Befürchtungen der Bevölkerung wurden auch in der Presse offen besprochen. So war in Zeitungen von Maine die Anwendung von Pestiziden erörtert worden. Rachel Carson widerstrebte es, ihre „Munition", wie sie es nannte, vor allen Leuten auszubreiten, ehe sie sie in ihrem Buch veröffentlichte. Doch im August wurde sie durch Artikel im ‚Boothbay Register' bewogen, an diese Lokalzeitung einen Brief zu schreiben, in dem sie es nachdrücklich als Schwachsinn bezeichnete, wenn man versuche, von Insekten übertragene Krankheiten wie das Ulmensterben durch Massensprühprogramme zu bekämpfen. Ihr Brief wurde von interessierten Bürgern aufgegriffen und fand im ganzen Land große Beachtung.

„Für eine kleine Lokalzeitung zu schreiben, erschien mir harmlos, aber das täuscht, und ich hätte es wissen müssen", meinte sie nachher. Darum ließ sie sich auch, so groß die Versuchung war, nicht in einen Streit hineinziehen, der in jenem Herbst auf den ersten Seiten der ‚New York Times' über die Schädlichkeit von Pestiziden ausbrach.

Im Winter 1961/62 war sie ganz verzagt, weil eine Staphylokokken-Infektion sie an der Arbeit hinderte.

„Fast der einzige Vorteil, den ich in diesem ganzen Erlebnis sehen kann, ist der, daß ich in der langen Zeit, in der ich nicht an der Arbeit bleiben konnte, vielleicht einen größeren Abstand zu den Dingen gewonnen habe und sie mir in richtiger Perspektive erscheinen, etwas, worum ich immer gerungen, was ich jedoch meinem Gefühl nach nicht erreicht hatte. Nun bemühe ich mich, herauszufinden, wie ich alles einfacher, vielleicht auch kürzer und mit weniger erschöpfenden Einzelheiten schreiben kann."

Dieser Teil ihrer Aufgabe wurde immer problematischer. Das Material war überwältigend im Umfang und oft kompliziert in den Einzelheiten. Wie konnte sie der großen Masse der naturwissenschaftlich nicht geschulten Leser, die letzten Endes den moralischen Druck ausüben mußten, um vernünftigere Methoden herbeizuführen, die Geschichte verständlich machen? Wie konnte sie chlorierte Kohlenwasserstoffe unwiderstehlich interessant schildern? Sie kam zu dem Schluß, daß dies fast unaufhörliches Schreiben und Umschreiben erforderte.

III. EINE HÖCHST MERKWÜRDIGE ANGELEGENHEIT

Anfang 1962 schrieb Clarence Cottam an Rachel Carson: „Ich bin überzeugt, daß Sie der Allgemeinheit einen außerordentlichen Dienst erweisen." Er hatte ihr – nebst einigen Vorschlägen für Korrekturen und Ergänzungen – jene Teile ihres Manuskriptes zurückgesandt, die Probleme wildlebender Tiere behandelten. „Dennoch möchte ich Sie darauf vorbereiten, daß meiner Überzeugung nach ein paar Leute Sie lächerlich machen und verdammen werden. Tatsachen werden manchen eingefleischten Schädlingsbekämpfern und denen, die beträchtliche finanzielle Unterstützung von Pestiziderzeugern erhalten, dabei nicht im Wege stehen."

Für Cottams Vorahnung war reichlich Grund vorhanden. Er steckte damals selbst bis zu den Ohren in einer beunruhigenden Affäre, bei der es ebenfalls um die Anwendung chemischer Pestizide ging. Da diese Episode weitgehend die Aufnahme, die dem Buch ‚Der stumme Frühling' von Fachleuten zuteil wurde, ja sogar den ganzen folgenden Streit um die Pestizide erklärt, lohnt es sich, ihre Vorgeschichte kurz zu betrachten. Die Angelegenheit betraf die hochangesehene Nationale Akademie der Wissenschaften und den mit ihr verbundenen Nationalen Forschungsrat[1].

Diese gemeinnützige, private Organisation von hervorragenden Wissenschaftlern wurde im Jahre 1863 gegründet. Sie widmet sich der ‚Förderung der Wissenschaft zum Wohle der Allgemeinheit' und muß ihren Satzungen zufolge auf Ansuchen der Regierung der USA als offizieller Berater in wissenschaftlichen Angelegenheiten dienen. Gemäß ihrer Tra-

[1] National Academy of Sciences – National Research Council (NAS - NCR)

dition, ihrer Mitgliederzahl und ihren Verbindungen zur Regierung sollten, wie man glauben würde, die Akademie der Wissenschaften und der Forschungsrat imstande sein, über jeden beliebigen Gegenstand, den sie zum Objekt einer Untersuchung machen, mit Autorität zu sprechen.

Für das waghalsige Unternehmen der Akademie, sich mit Pestiziden zu befassen, war zum Teil Cottam verantwortlich. Wie viele andere Biologen war er Ende der fünfziger Jahre über das Feuerameisen-Programm des Landwirtschaftsministeriums höchst besorgt gewesen. Immer wieder hörte er Kollegen von den unheilvollen Folgen des Programms berichten. Noch beängstigender waren Briefe von Männern, die er als fähige Biologen kannte und die ihm mitteilten, daß landwirtschaftliche Bundes- und Staatsbehörden ihre Entlassung oder Versetzung zu erreichen suchten, weil sie gegen das Programm opponierten. Dagegen verwahrte sich Cottam in einem Gespräch mit Ezra Taft Benson, der damals Landwirtschaftsminister war.

„Ich erklärte Benson, ich sei überzeugt, daß er und seine Behörde binnen weniger Jahre heftig kritisiert werden würden", berichtet Cottam. „Ich sagte ihm, daß meiner Meinung nach das Feuerameisen-Programm eine Schande für das Ministerium sei, weil es nicht wissenschaftlich durchgeführt werde, und ich drang darauf, daß er von einer unabhängigen Stelle eine objektive Untersuchung darüber anstellen lassen solle."

Als Antwort darauf beauftragte das Landwirtschaftsministerium Harlow B. Mills, einen Biologen vom Illinois Natural History Survey, die ungünstigen Auswirkungen des Programms auf Wildtiere zu untersuchen. Cottam erfuhr von Freunden, die den Bericht sahen, daß Mills, obwohl er dem Landwirtschaftsministerium keineswegs feindlich gegenüberstand, von dessen Feuerameisen-Programm nicht begeistert war. Cottam schrieb an Minister Benson um eine Abschrift des Berichtes.

„Man versicherte mir, daß ich ihn sehen könne, wenn ich ihn vertraulich behandelte", erzählt Cottam. „Ich erklärte, daß ich unter diesen Bedingungen den Bericht nicht zu sehen wünschte, da ich ihn ja verwerten wolle. So wurde er zu den Akten gelegt und durfte nie veröffentlicht werden, weil er Nachteiliges über das Landwirtschaftsministerium enthielt."

Nichts war geklärt worden. Als sich in der Öffentlichkeit ein Tumult gegen das Feuerameisen-Programm aber ebenso gegen mehrere andere großangelegte Vorhaben zur ‚Ausrottung' von Insekten erhob, legte Minister Benson das Problem der Akademie der Wissenschaften in den Schoß. Im Sommer 1960 wurde von der Akademie beschlossen, einen Ausschuß für Schädlingsbekämpfung und ihre Beziehung zu wildlebenden Tieren [2] zu bilden. Er setzte sich aus sieben Mitgliedern zusammen, die mehrere Zweige der Naturwissenschaften und die Industrie vertraten. Vorsitzender war I. L. Baldwin, Professor für landwirtschaftliche Bakteriologie an der Universität von Wisconsin.

Der Ausschuß beauftragte seinerseits drei Unterausschüsse, von denen jeder aus acht Mitgliedern bestand, das Tatsachenmaterial zu dem ganzen Problem der Wirkungen von chemischen Pestiziden auf Wildtiere sorgfältig zu studieren. Keiner der Männer, die sich im Ausschuß oder dessen Unterausschüssen betätigten, war übrigens Mitglied der Akademie. Jeder Unterausschuß wurde gebeten, einen Teil der beabsichtigten dreiteiligen Studie vorzulegen. Bezahlt werden sollte das Projekt durch Beiträge von der chemischen Industrie, von Naturschutzorganisationen und Bundesbehörden. Die Themen lauteten:

1. Teil: Beurteilung des Problemkreises Pestizide – Wildtiere [3]
2. Teil: Methode und Verfahren der Schädlingsbekämpfung [4]
3. Teil: Notwendige Forschungsarbeiten [5]

Zwei Jahre später – aber ehe noch der dritte Teil des Berichtes überhaupt vollendet war – betonte Baldwin, der Vorsitzende des Ausschusses, in seiner ungünstigen Besprechung von ‚Der stumme Frühling' in der Zeitschrift ‚Science' den Erfolg des kühnen Unternehmens. „Die Unterausschüsse", schrieb er, „haben das verfügbare Beweismaterial sorgfältig und kritisch überprüft und eine Reihe von Berichten mit geeigneten Empfehlungen veröffentlicht. Diese Berichte sind nicht dramatisch geschrieben und nicht als Bestseller gedacht. Sie sind jedoch das Ergebnis gründlicher, von einer großen Gruppe von Naturwissenschaftlern durchgeführten Analysen, und sie enthalten wohlabgewogene Ur-

[2] Pestcontrol and Wildlife Relationships
[3] Evaluation of Pestizide-Wildlife Problems
[4] Policy and Procedures for Pest Control
[5] Research Needs

teile auf Gebieten, auf denen gefühlvolle Appelle über ein vernünftiges, auf reale Gegebenheiten gestütztes Urteil das Übergewicht zu bekommen drohen."

Wie genau traf nun die Beschreibung des Ausschußvorsitzenden auf das Werk seiner Gruppe zu? Sehen wir uns einmal die Berichte an und die Kommentare der Biologen, die sie besprachen. Da die Ausschußberichte sich mit den Wirkungen von Chemikalien auf wildlebende Tiere befassen, setzt man voraus, daß Biologen befähigt wären, sich das verläßlichste Urteil über das Problem zu bilden. Doch wie ein Kritiker bemerkte, „beherrschten Landwirte und Entomologen" die Unterausschüsse.

Das ganze Vorhaben wäre glatt vonstatten gegangen, hätte man nicht Cottam zum Mitglied des dritten Unterausschusses ernannt. Er war unglücklich über den Verlauf der Untersuchungen, aber er stand damit nicht allein da. Außenstehende hörten, daß es in allen drei Unterausschüssen häufig über Inhalt und Schlußfolgerungen des Berichtes Zank und Streit gegeben hatte. Bald wurde offenbar, daß die Ergebnisse nicht in der erhofften Einstimmigkeit, sondern mit einem Kompromiß zwischen den verschiedenen Parteien zustande kommen würden.

Die Schwierigkeit lag in den widerstreitenden Ansichten der Mitglieder des Unterausschusses. Viele dieser Männer traten an die Untersuchung in der festen Überzeugung heran, daß Schädlingsbekämpfungsmittel eine echte Wohltat für den Menschen und dessen Umwelt seien. Andere glaubten, daß sie in erster Linie zusammengekommen seien, um diese Vorstellung zu überprüfen. Für die letztgenannte Gruppe spiegelte sich in der Ernennung von W. H. Larrimer zum geschäftsführenden Leiter des Ausschusses dessen von Anfang an vorhandene Parteilichkeit wider.

„Erstens war Dr. Larrimer von beherrschendem Einfluß bei der Entscheidung über die Methoden und Schlußfolgerungen", erinnert sich Cottam. „Er hatte die längste Zeit in der Abteilung für Schädlingsbekämpfung des Landwirtschaftsministeriums gearbeitet und sich besonders mit DDT und anderen chlorierten Kohlenwasserstoffen beschäftigt. Er war felsenfest überzeugt, daß die Anwendung irgendeiner dieser Chemikalien keine schlimmen Folgen haben könnte."

Interessant war auch die Geschichte von George C. Decker, der zum

Vorsitzenden des mit der ‚Beurteilung des Problemkreises Pestizide–Wildtiere' beauftragten Ausschusses ernannt worden war. Decker, ein Fachmann für angewandte Entomologie vom Illinois Natural History Survey, war ein sehr fähiger Wissenschaftler. Er hatte den amerikanischen Landwirtschaftsministerium als Berater und Mitarbeiter in der Insektenbekämpfung und häufig auch verschiedenen chemischen Betrieben als sachverständiger Ratgeber gedient. Es war Decker, der in einer Besprechung des Buches ‚Der stumme Frühling' für die ‚Chemical World News' erklären sollte: „Ich betrachte es als utopischen Roman, den man genauso lesen sollte wie man das Fernsehprogramm ‚Twilight Zone'[6] ansieht." Cottam machte jedoch darauf aufmerksam, daß Deckers Standpunkt in den sechziger Jahren scharf von jenem abwich, den er zehn Jahre zuvor vertreten hatte. 1950 hatte Decker vor der Jahresversammlung der Unterabteilung der Amerikanischen Gesellschaft in der Wirtschaft tätiger Entomologen[7] folgendes ausgeführt:

„Chemische Bekämpfung von Insekten ist nur eine Phase der Insektenbekämpfung; es hat jedoch den Anschein, daß das dringende Verlangen nach Information über neue Insektizide uns alle dazu verleitet hat, uns auf Kosten unserer anderen Forschungsarbeit mit Schwung auf die Mode gewordene, großangelegte Untersuchung von Insektiziden zu verlegen... Ich glaube ... (wie) manche unserer berühmten Vorgänger (gesagt haben), daß der Mensch als vernunftbegabtes und intelligentes Wesen fähig sein sollte, Insekten zu überlisten und sich nicht völlig auf die chemische Kriegführung gegen sie zu verlassen... Insektizide sind äußerst nützlich, um Feldfrüchte vor unmittelbar drohendem Schaden zu schützen, aber von nur geringer Wirksamkeit, wenn es darum geht, die Insektenfülle von einem Jahr zum anderen zu beeinflussen... Insektizide sind Waffen, die einen Brand bekämpfen aber nicht verhüten können... Ihre Anwendung, einmal begonnen, wird zur Gewohnheit, da ihre weitere Anwendung immer notwendiger wird. Obwohl die Früchte in kleinen Hausgärten und in nicht gesprühten Obstgärten meist wurmig sind, werden sie selten so schlimm von Schädlingen befallen wie die Äpfel auf ein paar Kontrollbäumen einer Handelsplantage

[6] Zwielichtzone
[7] American Association of Economic Entomologists

im ersten Jahr, in dem man sie nicht mehr bewirtschaftet... Nahezu alles, was wir jemals mit Insektiziden erreicht haben, war der Schutz der Jahresernte... Mir scheint auf der Hand zu liegen, daß wir den Gebrauch von Chemikalien nicht als einen Ersatz für vernünftige Kulturmethoden und andere biologische Bekämpfungsmaßnahmen ansehen sollen und dürfen. Man hat uns ausgiebig davor gewarnt, daß viele der neuen Insektizide das biologische Gleichgewicht in einem Gebiet stören können und dies auch oft tun; und während wir die Bekämpfung eines Schädlings wirksamer zu gestalten trachten, führen wir dadurch das Massenauftreten eines geringen Schädlings herbei, das sich um so vernichtender auswirkt... Wenn Insektizide richtig angewendet werden, sind sie sehr wertvolle Hilfsmittel, aber wie die Atombomben könnten sie, unvernünftig und falsch gebraucht, zu unserem Untergang führen. Wie mir scheint, befinden wir uns in der Lage eines Betrunkenen, der sich in einem Wagen mit starkem Motor einem Haltesignal nähert und flott weiterfährt. Wir sollten lieber nüchtern werden und nach Anzeichen von Gefahr Ausschau halten, ehe wir weitermachen."

Hier hatte man eine imponierend scharfsichtige Erklärung über die Anwendung chemischer Pestizide. Was sich in den dazwischenliegenden Jahren ereignete, führte alles zu einer Anhäufung von weiterem Beweismaterial, das diese Aussage bekräftigte. Trotzdem wurde Decker immer mehr zum Gegner seines früheren Standpunktes.

Bis 1962 hatten sich schließlich die ersten zwei Unterausschüsse über ihre Berichte geeinigt. Sie sollten unter dem kuriosen Titel ‚Grundregeln' veröffentlicht werden. Man kam überein, daß in keinem Bericht etwas erscheinen sollte, was nicht einstimmig im betreffenden Unterausschuß gebilligt worden war. Aus der endgültigen Fassung wurde jede Tatsache oder Schlußfolgerung gestrichen, die für irgendein Mitglied des Unterausschusses unannehmbar war. Eine anders denkende Minorität durfte keinen Bericht schreiben. Trotz der internen Debatten wurden die zwei Berichte noch einigermaßen rechtzeitig herausgebracht. Zwei Mitglieder der Unterausschüsse erzählten Cottam jedoch, an dem Bericht sei, nachdem sie ihn bereits unterschrieben hätten, noch einiges geändert worden.

Der dritte Teil des Berichtes blieb in der Diskussion stecken. In der energischen Opposition gegen die ganz auf Pestizide ausgerichteten Schlußfolgerungen verbündete sich mit Cottam auch Dr. Clarence Tarzwell vom Staatlichen Gesundheitsdienst der USA. Beide glaubten, daß Larrimer ungerechtfertigterweise den Ton des Berichtes beeinflußte.

„Larrimer erhob so heftig Einspruch gegen meine Folgerungen und kritischen Bemerkungen, daß er schriftlich und mündlich erklärte, er werde sie nicht gelten lassen", erinnert sich Cottam. „Er betonte, wieviel Leben durch DDT gerettet worden sei und wieviel Geld man dadurch gespart habe. Ich bezeichnete alle seine Erklärungen als schlichten puren Unsinn ohne wissenschaftliche Grundlage. Ich beschwerte mich dann bei dem Vorsitzenden des Gesamtausschusses und fragte, warum ein Unterausschuß gewählt worden sei, wenn der geschäftsführende Staatssekretär uns vorschreiben wolle, welche Schlußfolgerungen wir zu ziehen hätten und wie die Arbeit des Unterausschusses weitergeführt werden sollte."

Als 1962 die ersten zwei Berichte veröffentlicht wurden, war Cottam empört. Das gleiche galt für eine Anzahl anderer Biologen. Roland C. Clement schrieb im ‚Audubon Magazine':

„Bedenkt man die Autorität, die dahintersteht, sind diese zwei Berichte äußerst enttäuschend... Das Ganze ist eine verallgemeinerte und durch nichts belegte Behauptung. Weit davon entfernt, das Problem ernstlich anzupacken, scheint man viel wichtiges Beweismaterial außer acht zu lassen und bringt nur eine sanfte Ermahnung zu mehr Vorsicht im künftigen Gebrauch von Pestiziden zuwege. Dies zeigt entweder, daß man im Ausschuß unfähig ist, ökologische Zusammenhänge zu sehen, oder es beweist – was wahrscheinlicher ist –, daß die Gesichtspunkte der Befürworter einer Pestizidanwendung innerhalb des Ausschusses fast ganz den Ausschlag gegeben haben."

Frank Egler, der im ‚Atlantic Naturalist' schrieb, war sogar noch schärfer in seiner Kritik:

„Diese offiziellen Bekanntmachungen dürfen nicht als wissenschaftliche Beiträge gewertet werden. Sie haben den Stil von Veröffentlichungen eines geschulten Pressechefs der Industrie und sind nur darauf angelegt, bestimmte Bevölkerungsgruppen, die Unruhe stifteten, zu besänftigen... Es ist ein sehr heikles Problem, daß Industriebetriebe auf Naturwissenschaftler, die als Berater auf ihrer Lohnliste stehen, durch Forschungsbeihilfen oder auf andere Weise Einfluß ausüben. Dieses Problem ist im Zusammenhang mit den Berichten zur Sprache gebracht worden. Ich bin nicht darüber erstaunt, daß ein solcher Einfluß existiert, sondern darüber, daß andere Naturwissenschaftler so naiv und weltfremd sind, es einfach nicht glauben zu wollen. Der Leser sollte zumindest von solchen Zusammenhängen wissen, wenn er die Schlüsse, die am Ende gezogen werden, richtig bewerten will."

Welchen Eindruck machen diese Berichte nun tatsächlich auf den interessierten Leser?

Als erstes bemerkt er, daß sie zwar vorgeben, wissenschaftliche Dokumente zu sein, aber keinerlei Nachweis der benützten Quellen enthalten. Es wäre durchaus verständlich, wenn er sich verwundert fragte, ob ein anonymer Handlanger sie in einem Zug verfaßt hat, ohne sich auf Aufzeichnungen oder Quellenmaterial zu stützen. Durchweg wird nicht unterschieden zwischen den vielen Arten von Schädlingsbekämpfungsmitteln, deren relativer Giftigkeit und wechselnder Wirkung unter wechselnden Bedingungen.

Schlägt man den ersten Teil auf, der sich mit der ‚Beurteilung des Problemkreises Pestizide–Wildtiere' befaßt, und betrachtet das Inhaltsverzeichnis, erhält man eine Lektion in gezielter Beeinflussung der Öffentlichkeit. Die ersten sieben Seiten der achtundzwanzigseitigen Broschüre sind einer Einleitung und dem Thema ‚Pestizide, eine moderne Notwendigkeit' gewidmet. Dieser Abschnitt ist eine Lobeshymne auf chemische Schädlingsbekämpfungsmittel. Es fehlt eine klare Angabe der Problemstellung oder der besonderen Probleme, die diese Untersuchung veranlaßt haben.

Der Bericht teilt uns mit, daß ein riesiges Arsenal von neuen Chemikalien „in immer ausgedehnterem Maße zur Anwendung gelangt ist, um den Menschen und die für sein Wohlergehen wesentlichen Pflanzen und Tiere zu schützen". Nicht erwähnt wird die Tatsache, daß diese Chemikalien ohne entsprechende Erprobung im Freiland auf den Markt gebracht worden sind. Der Bericht verrät uns auch nicht, wer zu entscheiden hat, wann der Mensch und seine Tiere Schutz brauchen oder wer das Ausmaß der Anwendung, die Art des anzuwendenden Giftes und dessen Handhabung bestimmt. Ebensowenig wird gesagt, wie wir die Grenze ziehen könnten zwischen dem Menschen, seinen Feldfrüchten und Haustieren einerseits und den übrigen, für sein Wohlergehen vielleicht genauso wichtigen Organismen in der Umwelt andererseits.

Immer wieder werden die Wunderwirkungen der Pestizide hervorgehoben; die Nachteile, einschließlich der Entwicklung resistenter Insekten, werden kaum erwähnt. Das gilt auch für andere zur Wahl stehende Bekämpfungsmethoden. Man findet nur die Behauptung, daß die Entwicklung dieser anderen Methoden mit den Erfordernissen der Landwirte nicht Schritt gehalten habe. Der Bericht hätte auch hinzufügen können, daß die Entwicklung biologischer und in den Anbauformen von Pflanzen begründeter Bekämpfungsmethoden nicht Schritt hielt mit der gewinnbringenden Herstellung und dem durch Werbung geförderten Verkauf von Chemikalien.

Im Gegensatz zu dieser langatmigen Propaganda für die Pestizid-Wunder sind nur zwei Seiten und fünf Zeilen dem Wert und der Bedeutung wildlebender Tiere gewidmet.

Wie Egler in seiner Besprechung schrieb, „wundert man sich, daß dieser Ausschuß überhaupt geschaffen wurde, wenn das alles ist, was zur Verteidigung von Wildtieren gesagt werden kann. Die Tierwelt scheint hier etwas zu sein, das ärgerlicherweise den Schädlingsbekämpfungsprogrammen im Wege steht." Nicht nur der Platz, den man den Wildtieren einräumt, ist beschränkt, auch die Form, in der man auf ihre Bedeutung hinweist, ist höchst banal. Folgender Abschnitt ist eine wichtige Stelle in dieser ‚gelehrten' Beurteilung wildlebender Tiere in Amerika:

„Ein Überblick über Sportfischerei und Jagd als Freizeitvergnügen von Personen über 12 Jahren zeigte, daß 1960 über 30 Millionen Amerikaner, die an 658 Millionen Tagen jagten und fischten, fast vier Milliarden Dollar dafür ausgegeben haben. Diese Sportsleute stammten aus 20 Millionen Haushalten. Überdies gibt es unzählige Menschen, die sich an den Tieren in der freien Natur erfreuen um des ästhetischen Wertes willen und weil sie eine Quelle der Erholung von den Belastungen und Spannungen des modernen Lebens sind."

Diese Darstellung verrät, daß die Autoren mehr dazu neigen, ein Loblied auf die Pestizide als auf die freilebende Tierwelt anzustimmen. Der letzte Abschnitt der Broschüre befaßt sich mit der Wirkung von Pestiziden auf Wildtiere. Hier könnte das Büchlein seine Daseinsberechtigung beweisen und hätte Gelegenheit, die früheren Mängel auszuwetzen. Freudige Erwartung erwacht im Leser, wenn erklärt wird: „Da alljährlich Tausende von Tonnen Pestizide zur Bekämpfung von Schädlingen eingesetzt werden, darf man wohl schließen, daß die Wirkung auf wildlebende Tiere heute, obschon nicht vernichtend, so doch begründeter Anlaß zur Besorgnis ist.

Aber diese Wirkung ist ebenso schnell wieder dahin. Verschwommene Einschiebsel wie ‚könnte vorkommen', ‚dürfte der Gefahr aussetzen', ‚scheint anzudeuten', ‚unter bestimmten Bedingungen' schwächen die Aussage über Pestizidwirkungen ab. Selbst wenn die Autoren Gefahr für bestimmte Formen von Wildtieren aufs Korn nehmen, macht das Fehlen von Angaben über Dosierungen, Jahreszeiten und Anzahl der betroffenen Tiere den Bericht fast bedeutungslos. Alles wird so stark vereinfacht, als wären die Verfasser unfähig, die verwickelten Vorgänge zu begreifen, die sich abspielen, wenn man die Umwelt im großen Maßstab zu manipulieren versucht. Der Abschnitt schließt, ohne ein einziges Mal die Wirkung von Pestiziden, insbesondere aber von Herbiziden, auf den Lebensraum von Wildtieren zu erwähnen.

Ein flüchtig geschriebener Abschnitt, betitelt ‚Zusammenfassung und Schlußfolgerungen', ist dem Bericht als Anhang beigefügt. Wiederum vernimmt der Leser, daß chemische Schädlingsbekämpfungsmittel unentbehrlich sind, daß der Schaden für die Tierwelt ‚minimal' und, wenn er vorkommt, dem ‚Mißbrauch' von Pestiziden zuzuschreiben ist. Der Bericht hatte zwar vorher nachdrücklich zusätzliche Forschungsarbeit gefordert, aber weder die Erforschung der Wirkungen von Chemikalien auf Wildtiere noch andere zur Auswahl stehende Mittel zur Schädlingsbekämpfung werden auch nur ein einziges Mal erwähnt.

Oberflächlich betrachtet scheint der zweite Bericht über ‚Methode und Verfahren der Schädlingsbekämpfung' eine fachkundigere Arbeit zu sein als sein Vorgänger. Er ist fast doppelt so lang, viel ausführlicher und enthält vernünftige Angaben über notwendige Forschungsarbeit und über die Wichtigkeit einer Zusammenarbeit zwischen verschiedenen Bundes- und Staatsbehörden, um die freilebende Tierwelt vor den Gefahren der Pestizide zu schützen. Trotzdem ist der Bericht eigentlich eine Art Ehrenrettung, weil er sich an die Vorstellung von einer ‚gegebenen Sachlage' klammert. Von einem Verlangen, das gegenwärtige System gründlich zu ändern oder einen auf andersartige Bekämpfungsmethoden gerichteten Vorstoß zu unternehmen, ist nirgends die Rede. Die Tatsache, daß die ganze Untersuchung durch die verhängnisvollen

Methoden und Verfahren des Landwirtschaftsministeriums bei seinen massiven Ausrottungsprogrammen veranlaßt worden ist, wird geflissentlich ignoriert. Statt dessen läßt der Bericht durchblicken, daß von Bundes- und Staatsbeamten geleitete Programme über jeden Tadel erhaben sind. Unsere ‚minimalen' Schwierigkeiten lassen sich auf den kleinen Mann zurückführen, der die Aufschrift auf Pestizidbehältern nicht gelesen hat.

Dazu Franz Eglers Kritik an dem Bericht:

„Es heißt darin sehr oft: ‚Man muß und man soll.' Die offizielle Bekanntmachung schließt mit sieben ‚Vorsichtsmaßregeln' die alle mit den Worten beginnen: ‚Wende ... nicht an, wenn nicht', ‚bevor' oder ähnlichem. Vielleicht bin ich übermäßig naiv, aber ich hatte schlicht den Eindruck, daß das ganze Pestizidproblem, das zur Bildung des Ausschusses, zur ‚wissenschaftlichen Untersuchung' und als Folge davon zu diesen Veröffentlichungen führte, darin bestand, daß diese Vorsichtsmaßregeln in der Praxis nicht befolgt worden sind und nicht befolgt werden konnten. Kurz, nun, da die ‚Vorsichtsmaßregeln' aufgestellt sind, könnte die Arbeit des Ausschusses beginnen!"

Nach der Veröffentlichung der ersten zwei Berichte bemühten sich Cottam und Tarzwell hartnäckig, eine objektive Studie herauszubringen. Zweifellos war der Ausschuß selbst bestürzt über die Verzögerung bei der Abfassung des dritten Teiles. Der geschäftsführende Staatssekretär bat Cottam, zurückzutreten, aber man unternahm keine weiteren Schritte gegen ihn, als er drohte, selbst einen Bericht der Minorität zu veröffentlichen. Der Streit kam den höchsten Stellen der Nationalen Akademie der Wissenschaften zu Ohren. Ein Mitglied des Präsidiums von Akademie und Forschungsrat besuchte Cottam in seinem Haus in Texas und bat ihn dringend, sich nicht beirren zu lassen, wenn ihm so viel an der Form des Berichtes liege.

Schließlich wurde schlecht und recht ein Bericht zusammengestoppelt, den man eineinhalb Jahre nach den beiden anderen und fast ein Jahr nach dem Erscheinen von ‚Der stumme Frühling' unter dem Titel ‚Notwendige Forschungsarbeiten' zur Veröffentlichung freigab. Selbst dann noch wurden, wie Cottam behauptet, nachdem er den Bericht bereits unterzeichnet hatte, Angaben eingefügt, denen er nicht zustimmt. Bei der Untersuchung dieses Berichts kann man sich auf die Einleitung beschränken. Sie ist wirklich offen und ehrlich: „Ursprünglich war beabsichtigt, die verfügbaren sachlichen Informationen über Schädlingsbekämpfung und deren Beziehung zur freilebenden Tierwelt sowie die bereits geleistete und die noch notwendige Forschungsarbeit zu überprüfen und zu beurteilen.

Im Interesse der Kürze wurde jedoch beschlossen, sich auf die Entwicklung eines Forschungsprogramms zu konzentrieren, um künftigen Anforderungen zu genügen."

Was als ein möglicherweise umstrittener, aber wertvoller Bericht begonnen hatte, war vollkommen verwässert worden. Cottam selbst hat das letzte Wort über den dritten Teil gesprochen: „Er ist das Papier nicht wert, auf dem er geschrieben wurde!"

Ich habe hier einen Überblick über die Hintergründe dieses Berichtes gegeben, weil er in dem Ruf steht, eine wichtige wissenschaftliche Studie zu sein. Als solche wurde er von chemischen Handelsgesellschaften vor allem nach der Veröffentlichung von ‚Der stumme Frühling' zitiert. Damals fielen Männer mit einer ähnlichen Weltanschauung wie viele Mitglieder dieser Unterausschüsse geradezu brutal über Rachel Carson her. Es ist interessant festzustellen, daß Cottams Bemühen, einen objektiven Bericht zu verfassen, bereits früh von Dr. Mitchell R. Zavon, einem Mitglied eines der anderen Unterausschüsse, kritisiert wurde. Zavon, außerordentlicher Professor für Arbeitsmedizin am Kettering-Institut und Berater der Shell Chemical Company, entgegnete auf Cottams Befürchtungen, daß Pestizide unsere Umwelt ungünstig veränderten:

„Wir verändern die Natur täglich. Wollen Sie uns glauben machen, daß Sie oder irgend jemand anderer wirklich wissen, welche Methode der Natur gemäß ist? Wir sind Geschöpfe der Natur, und wer soll beurteilen, ob unser zerstörendes Wirken, wie sehr wir es auch beklagen mögen, ein vorherbestimmtes Stück des Entwicklungsweges der Natur auf Erden ist oder nicht."

Welche Ironie, daß gerade jene Naturwissenschaftler, die Zavons Standpunkt teilten, Rachel Carson später wegen ‚Mystizismus' und ‚unwissenschaftlicher Behauptungen' angriffen! Kein Wunder also, daß Cottam sich sorgte, wie ein Teil der wissenschaftlichen Welt das Buch ‚Der stumme Frühling' aufnehmen werde.

Während des Frühlings 1962 arbeitete Rachel Carson fast ununterbrochen an ihrem Manuskript. Immer noch schrieb sie Kapitel teilweise oder völlig um. Mittlerweile war an vielen Stellen bekanntgeworden, daß sie ein ‚wichtiges' Buch vorbereitete.

Endlich war die Titelfrage entschieden worden. Der Verlag hatte ‚Der stumme Frühling' zuerst als Titel für das Kapitel über Vögel vorgeschlagen, später als Titel für das ganze Buch.

Eine Zeitlang erwog ‚The New Yorker', der mit dem Abdruck von Auszügen im Juni zu beginnen beabsichtigte, fünf lange Fortsetzungen zu bringen; William Shawn war von dem Manuskript so beeindruckt, daß er den Text so wenig wie möglich kürzen wollte. Aber Rachel Carson war dagegen. Sie fand, es sei von einem Leserpublikum, das größtenteils naturwissenschaftlich nicht vorgebildet war, zuviel verlangt, über eine Spanne von fünf Wochen einer verwickelten Beweisführung zu folgen.

Man beschloß also, die Kurzfassung des Buches in drei aufeinanderfolgenden Nummern von ‚The New Yorker', beginnend am 16. Juni, zu veröffentlichen. Auf diese Weise würde etwa ein Drittel des Gesamttextes vorabgedruckt werden. Als Buch sollte ‚Der stumme Frühling' dann Ende September bei Houghton Mifflin erscheinen.

IV. DER GEGENANGRIFF

Der stumme Frühling ist zum lautstarken Sommer geworden – unter dieser Überschrift erschien am 22. Juli 1962 ein Artikel in den ‚New York Times'. Noch war ‚Der stumme Frühling' nicht gebunden, aber in der Regierung, in Kreisen der Chemie und Landwirtschaft herrschte bereits heller Aufruhr. Die in ‚The New Yorker' abgedruckte, gekürzte Fassung von Rachel Carsons Buch hatte größeres Aufsehen erregt, als irgend jemand vorher geahnt hätte.

Die Reaktion war ebenso verschiedenartig wie heftig. Freunde schrieben Rachel Carson von weither, aus den Bergen im Nordwesten und aus den Dörfern der Küstenprovinzen, daß das Hauptgesprächsthema ‚Der stumme Frühling' und die chemischen Pestizide zu sein schienen. Die Volksbücherei in Toledo im Staate Ohio bestellte aus Kalifornien eine große Lieferung Marienkäfer und ließ sie auf ihrem Gelände frei, um Blattläuse zu bekämpfen. In Bethlehem in Pennsylvanien schilderten die ‚Globe Times' die Reaktionen des Personals der Landwirtschaftsabteilung in zwei benachbarten Kreisen: „In beiden Kreisbehörden hatte keiner, den wir heute darauf ansprachen, das Buch gelesen, aber alle verurteilten es von Herzen."

Einige chemische Firmen beauftragten angeblich ihre Naturwissenschaftler, die Fortsetzungen Zeile für Zeile durchzusehen, um nach schwachen Stellen zu forschen. Die Nationale Gesellschaft für Agrikulturchemie[1] zog es vor, Rachel Carson nicht direkt anzugreifen. Diese einflußreichen Lobbyisten der Hersteller von Chemikalien erweiterten

[1] National Agricultural Chemicals Association

ihr Public-Relations-Programm und brachten eine Anzahl neuer Broschüren heraus, die nochmals die echten Segnungen chemischer Pestizide beteuerten.

Zumindest eine chemische Firma trat lieber offen zum Kampf an. Am 2. August richtete die Velsicol Chemical Corporation von Chicago einen fünf Seiten langen, eingeschriebenen Brief an Houghton Mifflin; dem Verlag wurde darin nahegelegt, seine Pläne zur Veröffentlichung von ‚Der stumme Frühling' vielleicht doch nochmal zu überdenken, vor allem in Anbetracht der falschen und verunglimpfenden Behauptungen über Chlordan und Heptachlor, zwei chlorierte Kohlenwasserstoffe, die ausschließlich von Velsicol hergestellt wurden. Der Brief war von Louis A. McLean, dem Syndikus von Velsicol, unterzeichnet. Seine Gesinnung verriet sich am deutlichsten in folgendem Abschnitt:

„Die Vertreter der chemischen Industrie in diesem Lande und in Westeuropa müssen sich mit der ehrlichen Meinung von schrulligen Schwärmern für naturreine Nahrung, von Audubon-Gruppen und anderen Leuten auseinandersetzen, daneben aber leider noch mit unheilvollen Einflüssen, deren Angriffe auf die chemische Industrie einen zweifachen Zweck haben: Erstens soll der falsche Eindruck erweckt werden, daß jedes Geschäftsunternehmen habgierig und unmoralisch ist; zweitens soll die Anwendung von Chemikalien für die Landwirtschaft in unserem Lande und in den Ländern Westeuropas reduziert werden, damit unsere Nahrungsversorgung auf den gleichen Stand wie hinter dem ‚Vorhang' im Osten reduziert wird. Viele harmlose Gruppen werden von diesen üblen Klüngeln finanziert und zu Angriffen auf die chemische Industrie aufgehetzt."

Houghton Mifflin bat um nähere Auskunft über die Behauptungen im Buch ‚Der stumme Frühling', gegen die Velsicol etwas einzuwenden hatte. Als der Verlag diese Auskunft von McLean erhielt, ersuchte er einen unabhängigen Toxikologen, das strittige Material zu überprüfen. Als dieser Fachmann für Giftstoffe die Richtigkeit der Behauptungen Rachel Carsons bestätigte, teilte der Verleger der Firma Velsicol mit, daß das Buch wie geplant erscheinen werde. Daraufhin hörte man nichts mehr über die Angelegenheit.

Bei Regierungsstellen jeden Ranges herrschte hinter den Kulissen wilde Betriebsamkeit. Die Kommission der Bundesregierung für die

Überprüfung der Schädlingsbekämpfung[2] – der unfähige Vorläufer des derzeitigen Ausschusses der Bundesregierung für Schädlingsbekämpfung[3] – trat zu einer sorgenvollen Sitzung zusammen. Ein Regierungsbeamter, der als Beobachter an dieser Zusammenkunft teilnahm, erinnerte sich vor kurzem an den unangenehmen Ton, der in ihr herrschte:

„In den Kommentaren wechselten stürmische Angriffe auf den ‚Stummen Frühling' ab mit gehässigen Bemerkungen über Rachel Carson. Ich weiß noch, wie ein bekanntes Mitglied der Kommission sagte: ‚Ich dachte, sie sei eine alte Jungfer, wozu sorgt sie sich dann um die Vererbung?' Einige andere Mitglieder der Kommission fanden das sehr spaßig. Mich ekelte die ganze Sitzung an."

Andernorts wurde das Buch ernster genommen. Das ‚Wall Street Journal' berichtete in seiner Ausgabe vom 3. August: „Minister Freeman hält kriegslüsterne Untergebene im Zaum, die darauf brennen, Rachel Carsons heftige Zweifel an der vermeintlichen Ungefährlichkeit chemischer Insektizide ... schleunigst zu widerlegen. Das Landwirtschaftsministerium stellt sorgfältig Material zusammen, um seine Förderung des Gebrauchs von Insektiziden zu rechtfertigen. Eine indirekte Antwort: Das Ministerium treibt die Arbeit am nicht-chemischen Kampf gegen Ungeziefer voran."

Im Innenministerium erfaßte Minister Stewart Udall ebenfalls die Bedeutung des Buches. Er erkannte, daß das Problem, das es erörterte, bald zu einer Hauptstreitfrage werden würde, und er wollte in der Lage sein, wenn erforderlich, jederzeit einen vernünftigen Standpunkt zu vertreten. Daher beauftragte er einen seiner Mitarbeiter, jede Phase der Veröffentlichung des Buches und die Kontroverse, die es auslöste, zu verfolgen. Im Jahr darauf war ein vernünftiger Standpunkt auch notwendig; Udall hatte vor dem Unterausschuß von Senator Adam Ribicoff, der die Anwendung von Pestiziden untersuchte, auszusagen; er war wahrscheinlich der erste hohe Beamte, der erklärte, daß wir die ganze Umwelt vergiften.

Der Kongreßabgeordnete John V. Lindsay schrieb an Rachel Carson, er halte die Artikel in ‚The New Yorker' für „einen ausführlichen und

[2] Federal Pest Control Review Board
[3] Federal Committee on Pest Control

überzeugenden Beitrag, um der Öffentlichkeit die Gefahren unserer gegenwärtigen Maßnahmen zur Schädlingsbekämpfung zum Bewußtsein zu bringen". Lindsay nahm die letzten Absätze der ersten Fortsetzung in das Kongreßprotokoll auf und schrieb: „Ich wünschte, ich hätte den ganzen Artikel einfügen können."

Die starke Wirkung von ‚Der stumme Frühling' beruhte zum Teil darauf, daß der Vorabdruck zufällig fast unmittelbar nach der Thalidomid-Tragödie[4] erschien. Man hatte entdeckt, daß dieses neue und unzulänglich getestete chemische Beruhigungsmittel, wenn es schwangeren Frauen verabreicht wurde, oft bei deren Kindern schwere körperliche Mißbildungen verursachte. Die Öffentlichkeit wie auch Regierungsstellen waren daher empfänglich für warnende Berichte, die sich mit anderen gefährlichen Chemikalien befaßten. John F. Kennedy, der ‚The New Yorker' regelmäßig las, kannte anscheinend die Auszüge aus Rachel Carsons Buch. Auf einer Pressekonferenz am 29. August im Weißen Haus brachte ein Reporter das Problem zur Sprache.

„Herr Präsident", begann der Reporter, „unter den Naturwissenschaftlern scheint wachsende Besorgnis über die Möglichkeit gefährlicher und weitreichender Nebenwirkungen der Anwendung von DDT und anderen Pestiziden zu herrschen. Haben Sie erwogen, das Landwirtschaftsministerium oder den Staatlichen Gesundheitsdienst[5] zu bitten, diese Frage genauer zu untersuchen?"

„Ja, und ich weiß, daß man dies bereits tut", erwiderte der Präsident. „Besonders natürlich seit Miss Carsons Buch, glaube ich, aber man ist dabei, die Angelegenheit zu prüfen."

Da der Präsident besorgt war, übernahm es die Fachgruppe Biologie des wissenschaftlichen Beratungsausschusses[6], die Anwendung von Pestiziden ernstlich zu studieren. Der Bericht des Ausschusses[7] im folgenden Jahr wurde zu einem Meilenstein in der Suche nach einer befriedigenden Politik der Schädlingsbekämpfung.

Diese und andere Nachrichten sickerten auch bis zu Rachel Carson

[4] Thalidomid ist die amerikanische Bezeichnung für Contergan

[5] Public Health Service

[6] Life Sciences Panel of the President's Advisory Committee

[7] Der Bericht ist auch unter dem Namen Wiesner-Report oder Kennedy-Bericht bekannt.

durch, die sich in ihrem Sommerhaus in Maine ausruhte. Biologen im Süden schrieben ihr von Konferenzen in den örtlichen Außendienststellen des Landwirtschaftsministeriums[8], die angeblich Ausschüsse für Schädlingsbekämpfung bilden wollten; in Wirklichkeit wurden die Konferenzen zu endlosen Debatten zwischen Leuten aus der Landwirtschaft und Vertretern chemischer Handelsgesellschaften über die besten Mittel, der Botschaft des ‚Stummen Frühling' entgegenzuwirken. Aus den Niederlanden schrieb Dr. Briejèr, noch ehe er die Artikel in ‚The New Yorker' überhaupt gesehen hätte, sei er vom Landwirtschaftsminister und vom Außenminister seines Landes um Auskunft darüber bestürmt worden.

„Kommerzielle Interessen sind mächtig", hieß es in seinem Brief. „Die Anwendung von Herbiziden nimmt zu, und es laufen viele Beschwerden über Schäden ein. Leider stehen viele Wissenschaftler auf dem Gebiet des Pflanzenschutzes auf der falschen Seite."

Vorerst war die gegnerische Kritik am ‚Stummen Frühling' größtenteils noch gedämpft. Noch war der Sturm nicht über Rachel Carsons Haupt hereingebrochen, da die chemische Industrie die offizielle Veröffentlichung des Buches abwartete. Denn dann konnte sie ihren Gegenangriff unter dem Deckmantel von Buchbesprechungen in allgemeinen und wissenschaftlichen Zeitschriften führen. Noch waren die meisten Kommentare anerkennend. Ein Arzt schrieb an ‚The New Yorker', daß Rachel Carson tiefe Befriedigung empfinden dürfe, wenn ihr Buch die Beachtung finde, die es verdiene: „Sie wird einen ebenso echten Dienst geleistet haben wie jeder Arzt, der sein Leben ganz den Patienten widmete. Und sie wird eine ‚Praxis' gewonnen haben, die jedermann umfaßt!"

Die Befriedigung Rachel Carsons über diese Aufmerksamkeit wurde beeinträchtigt durch die Bestürzung darüber, daß sie nun eine „umstrittene Persönlichkeit" war. West Southport, wo sie sich einst sicher gefühlt hatte, schien ihr nun Hauptschauplatz zu sein. Am 1. August schrieb sie an ihre Freundin Shirley Briggs in Washington: „Bis jetzt mußte ich noch nicht zu Verkleidungen Zuflucht nehmen, aber ich bin gerade dabei, mein Telefon auf eine Geheimnummer umschalten zu las-

[8] Agricultural Extension Service Offices

sen und selbst mit dieser Vorsichtsmaßnahme, steht mir, glaube ich, eine Invasion der Presse bevor." Am 27. September, dem Tag der Veröffentlichung, waren bereits 40 000 Exemplare vorausbestellt. Dann brach der Sturm los.

Welcher Art war dieses Buch, das einen solchen Aufruhr verursachte? ‚Der stumme Frühling' ist im wesentlichen ein *ökologisches* Buch. Fast alles, was über chemische Pestizide vor diesem Zeitpunkt gesagt worden war, hatte man in *wirtschaftlichen* Begriffen ausgedrückt: Wir brauchen mehr und bessere Pestizide, um größere und bessere Feldfrüchte zu ernten, um den Ackerbau für den Farmer gewinnbringender und bequemer zu machen. – Daß Pestizide sich als eine Goldgrube für die Erzeuger von Chemikalien erwiesen hatten, war das in dieser ‚Formel' nicht angegebene, wesentliche Moment. Die Grundthese war natürlich, daß irgendwelche Beschränkungen für die Massenanwendung dieser ‚ökonomischen Gifte' die Welt der Möglichkeit berauben würde, ihre bedürftigen Millionen zu kleiden und zu speisen.

Die Argumente zugunsten der unbeschränkten Anwendung von Pestiziden waren in der Öffentlichkeit gründlich breitgetreten worden. Rachel Carson packte das Thema von einer anderen Seite an – sie ging aus von der Fülle ihrer Erfahrung in der Biologie und von dem tiefen Mitgefühl für alle Lebewesen. Sie besaß „das ökologische Gewissen" wie Aldo Leopold es genannt hatte. In einer Ansprache, die sie nach der Veröffentlichung von ‚Der stumme Frühling' verfaßte,[9] ging sie auf den eigentlichen Kern der Sache ein:

„In jedem meiner Bücher habe ich darzulegen versucht, daß alles Leben des Planeten in wechselseitiger Beziehung zueinander steht, daß jede Spezies auf ihre eigene Weise an andere gebunden ist und daß alle in Beziehung zur Erde stehen. Das ist das Thema von ‚Geheimnisse des Meeres' und den anderen Büchern über das Meer, und es ist auch die Botschaft, die ‚Der stumme Frühling' verkündet."

Noch deutlicher auf diesen Fall bezogen, fügte sie hinzu:

„Wir sind in unserem Mißbrauch dieses Planeten bereits sehr weit gegangen. Ein gewisses Bewußtsein dieser Probleme lag in der Luft,

[9] Vor Women's National Book Association

aber die Gedanken mußten erst eine feste Form erhalten, die Tatsachen mußten *an einer Stelle* zusammengefaßt werden. Hätte ich das Buch nicht geschrieben, hätten die Gedanken bestimmt in einer anderen Form Ausdruck gefunden. Aber da ich Kenntnis hatte von den Tatsachen, fand ich keine Ruhe, bis ich die Öffentlichkeit auf sie aufmerksam gemacht hatte." Rachel Carson legte ihr Buch ‚Der stumme Frühling' also in Stil und Inhalt darauf an, die Öffentlichkeit durch einen Schock zum tatkräftigen Handeln gegen den Mißbrauch von Pestiziden zu veranlassen. Sie schilderte die Gifte, wies auf die Unfähigkeit hin, biologische Gesetze zu begreifen, ein Versagen, das uns ‚Breitseiten' dieser Gifte gegen die Umwelt abfeuern ließ, und sie schilderte ausführlich die daraus resultierenden Mißerfolge und Katastrophen. Nebenbei bemerkt enthält ihr Buch 55 Seiten mit Angaben ihres Quellenmaterials.

In den Schlußkapiteln forderte Rachel Carson gesteigerte Erforschung besonders der *langfristigen* Wirkungen dieser Gifte auf alle Lebensformen einschließlich des Menschen. Um diesen Massenstrom von Chemikalien, der sich in die Umwelt ergießt, einzuschränken, wird es notwendig sein, schrieb sie, an deren Stelle andere Methoden der Schädlingsbekämpfung zu entwickeln und anzuwenden. Sie forderte vernünftigere Anbaumethoden, um Insekten und andere Schädlinge von Feldfrüchten zu bekämpfen und den selektiveren Gebrauch von Mitteln, die Unkraut vernichten. Besonders war sie an biologischer Bekämpfung interessiert wie etwa am Einsatz von künstlich eingeschleppten Krankheiten oder von räuberischen Arten gegen Schadinsekten sowie an unfruchtbar machenden Mitteln, deren Angriffsziel eine bestimmte Spezies ist.

Vergegenwärtigt man sich die Schmähungen, mit denen ‚Der stumme Frühling' bedacht wurde, muß man sich immer auch bewußt machen, daß Rachel Carson *nicht* den Verzicht auf alle chemischen Schädlingsbekämpfungsmittel verlangte. Sie richtete ihre Anklagen hauptsächlich gegen die lange haltbaren chlorierten Kohlenwasserstoffe, gegen Insektizide wie DDT, deren Wanderung durch die Umwelt nicht aufgehalten werden kann und deren Rückstände, da sie fettlöslich sind, in tierischen Geweben gespeichert und durch Nahrungsketten wieder in Umlauf gebracht werden. Für die anderen, kurzlebigeren Pestizide empfahl sie, gesunden Verstand und Zurückhaltung in der Anwendung walten zu lassen. Gegen Ende des zweiten Kapitels liest man folgende Äußerung:

„Ich trete nicht etwa dafür ein, daß chemische Insektizide niemals verwendet werden dürfen. Ich behaupte aber, daß wir giftige und biologisch stark wirksame Chemikalien wahllos in die Hände von Personen geben, die weitgehend oder völlig ahnungslos sind, welches Unheil sie anrichten können ... Ich behaupte ferner, daß wir den Gebrauch dieser chemischen Stoffe gestattet haben, obwohl vorher nur wenig oder überhaupt nicht untersucht worden ist, wie sie auf den Boden und das Wasser, auf die Geschöpfe der Wildnis und den Menschen selbst wirken. Künftige Generationen werden uns den Mangel an kluger Sorge um die Unversehrtheit der natürlichen Welt, die alles Leben unterhält, wahrscheinlich nicht verzeihen." [10]

Die Art der nachfolgenden Angriffe auf das Buch zeigt, daß deren Urheber diese Worte entweder nicht gelesen oder nicht verstanden haben.

Die chemische und landwirtschaftliche Industrie sah den ‚Stummen Frühling' nicht als eine wissenschaftliche Herausforderung an, sondern als ein Problem der Beeinflussung der öffentlichen Meinung. Die Vorkämpfer dieser Industrie in der wissenschaftlichen Welt – von denen viele in Wirklichkeit bezahlte Berater dieser Industrie waren – griffen das Buch fast auf der gleichen Grundlage an wie Louis Agassiz ein Jahrhundert früher Darwins ‚Ursprung der Arten': „Ein wissenschaftlicher Irrtum, falsch in den Tatsachen, unwissenschaftlich in der Methode und verderblich in seinen Tendenzen."

Viele bedeutende Bücher wären vielleicht einem heftigen Angriff so übermächtiger Feinde zum Opfer gefallen. ‚Der stumme Frühling' hat ihn überstanden und wurde zu einem klassischen Werk der amerikanischen Literatur. Das lag teils an der Unsinnigkeit der Attacken des landwirtschaftlich-chemischen Klüngels, teils daran, daß führende Naturwissenschaftler sich mit Fachkenntnis und Geschick offen für das Buch einsetzten. Die Argumente von Rachel Carsons Kritikern waren hauptsächlich durch eben die Gefühlsbetontheit gekennzeichnet, die man ihr vorwarf, aber auch durch das Widerstreben, auf die strittigen Fragen einzugehen.

Zweifellos ist manche kritische Abhandlung amüsant zu lesen. F. A.

[10] ‚Der stumme Frühling', S. 11 f.

Soraci, Leiter des Landwirtschaftsministeriums von New Jersey, erklärte, als ‚Der stumme Frühling' veröffentlicht wurde, in den ‚Conservation News': „Bei jedem im großen Maßstab durchgeführten Schädlingsbekämpfungsprogramm stehen wir sogleich dem Protest einer laut schreienden, falsch unterrichteten Gruppe unvernünftiger Bürger gegenüber, die für Gleichgewicht in der Natur und ‚organische' Gärtnerei schwärmen, Vogelnarren sind und sich noch nicht davon haben überzeugen lassen, daß Chemikalien für die Landwirtschaft in unserer Wirtschaft einen wichtigen Platz einnehmen."

James Westman, Präsident des Naturschutzamtes[11] in Rutgers, zog es vor, sich in seinem Angriff auf einen zehn Jahre alten Artikel von William F. Foss im ‚New York Conservationist' zu stützen. Er zitierte daraus: „Wie fast jeder weiß, ist DDT – das 1874 entwickelt, aber als Insektizid zum ersten Mal im letzten Krieg benutzt wurde – eine starke Arznei, die unter Umständen für alle Lebensformen gefährlich ist. Das ist auch der Alkohol. Doch seit wir mit den Eigentümlichkeiten des Alkohols vertraut geworden sind, haben wir keine Furcht mehr davor, ihn unseren Bedürfnissen und Zwecken entsprechend zu gebrauchen." Ans Ende dieses Zitats setzte Westman ein „Amen"! Eine derartige Stellungnahme läßt heute Rachel Carson in sehr vorteilhaftem Licht erscheinen.

Es ist eine Ironie, daß viele Angriffe auf sie mit einer Verbeugung vor ihrem ‚eleganten Stil' eingeleitet werden. P. Rothberg, Präsident der Montrose Chemical Corporation of California – die DDT herstellt –, schickte seinen kritischen Bemerkungen eine solche galante Floskel voraus, um dann fortzufahren, daß Rachel Carson nicht „als Naturwissenschaftlerin, sondern vielmehr als fanatische Verfechterin des Kultes vom Gleichgewicht in der Natur" schreibe. Und William B. Bean, Doktor der Medizin, ging in den ‚Archives of Internal Medicine' noch weiter, indem er behauptete, er stehe der guten Sache Rachel Carsons wohlwollend gegenüber. Doch sei ‚Der stumme Frühling' „wissenschaftlich weitgehend wertloses Gewäsch... Was mich immer wieder neugierig machte, ist ihre Mißachtung der üblichen Beweisform, der peinlich genauen Rücksicht auf wissenschaftliche Stichhaltigkeit oder der Mangel jeden Gefühls dafür, daß ihre Aussagen vorurteilslos sein sollten."

11 Department of Wildlife Conservation

Um ihre Mißachtung für Beweise zu zeigen, zitiert er jedoch nur einen einzigen Satz: „Zum ersten Mal in der Weltgeschichte ist nun jedes menschliche Wesen vom Augenblick der Empfängnis bis zum Tode der Berührung mit gefährlichen Stoffen ausgesetzt.“ [12] Dr. Bean fand dies „eine verblüffende Behauptung“. Noch verblüffender waren allerdings seine eigenen beschränkten Ansichten über die Beweglichkeit von DDT-Rückständen. Man hat sie tatsächlich in entlegenen Regionen der Welt entdeckt, wohin Sprühflugzeuge niemals vorgedrungen sind; und man hat sie sogar in der Muttermilch gefunden.

Viele hervorragende Wissenschaftler waren verständlicherweise verwundert über die Form der Angriffe auf das Buch. Robert Cushman Murphy, der berühmte Ornithologe am Amerikanischen Museum für Naturgeschichte, entsinnt sich einer Rundfunkdiskussion mit Thomas Jukes von der American Cyanid Company, an der er teilgenommen hatte. Darin nannte Jukes den ‚Stummen Frühling‘ eine ‚Flunkerei‘. In einem Artikel, den er kurz darauf im ‚American Scientist‘ für einen gelehrten Leserkreis schrieb, sang Jukes ein überschwengliches Loblied auf chemische Insektizide, übte aber keine unmittelbare Kritik an dem Buch, sondern beschränkte seinen Angriff auf einige ziemlich zweifelhafte Äußerungen, die in einem Artikel in ‚The Police Gazette‘ über die Pestizide gemacht worden waren.

Der am weitesten verbreitete Anti-Carson-Artikel aus wissenschaftlichen Zeitschriften stammt von Dr. William J. Darby, einem Spezialisten für Ernährungsfragen an der medizinischen Fakultät der Vanderbilt-Universität, und erschien in ‚Chemical and Engineering News‘: „Ihre Ignoranz oder ihr Vorurteil bei manchen Überlegungen erwecken Zweifel an ihrer Befähigung, ein Verfahren zu beurteilen“, schreibt Dr. Darby. „So deutet sie zum Beispiel an, daß es weder klug noch verantwortungsvoll sei, Pestizide zur Bekämpfung von Krankheiten zu verwenden, deren Überträger Insekten sind.“ Dr. Darby weist – wie die meisten Kritiker des Buches – mit großem Wortaufwand Behauptungen zurück, die Rachel Carson nie aufgestellt hat. Was sie angezweifelt hatte, waren die gesamten Methoden im Kampf gegen die von Insekten übertragenen Krankheiten; sie schloß nicht jede Pestizidanwendung aus.

[12] ‚Der stumme Frühling‘, S. 13

Die chemische Industrie machte gegen die nach ihrer Auffassung von Rachel Carson drohende Gefahr nahezu geschlossen Front. Damals wurde auch behauptet, bestimmte chemische Handelsgesellschaften kündigten an, daß sie in Gärtnerei-Zeitschriften und Zeitungsbeilagen, die den ‚Stummen Frühling' wohlwollend erwähnten, nicht mehr inserieren würden. Ab November 1962 verschickte der Verband der Industriechemiker[13] an Nachrichtenmedien allmonatlich Sonderberichte, die die ‚positive Seite' der Verwendung von Chemikalien hervorhoben. Ähnliches Material wurde etwa 100 000 Privatpersonen zugesandt. Die Nationale Gesellschaft für Agrikulturchemie verdoppelte ihr Public-Relations-Budget. Sie verteilte Tausende von Abschriften der kritischen Besprechungen über den ‚Stummen Frühling'.

Grundgedanke dieser Schriften war: „Eine ernste Bedrohung der laufenden Versorgung mit gesunden, nahrhaften Lebensmitteln zu den derzeitigen niedrigen Preisen ergibt sich aus einem Angstkomplex, der genährt wird durch die jüngste, unbegründete, sensationelle Propaganda auf dem Gebiet chemischer Pflanzenschutzmittel." In den Jahren danach hat die chemische Industrie angesichts selbst der mildesten Kritik immer wieder auf dieses Thema zurückgegriffen.

Ein beträchtlicher Teil des Materials – einschließlich der ‚Informationsmappen', in denen die Antworten in Fragen eingekleidet waren – richtete sich an die Mediziner. In Anbetracht dieses unaufhörlichen Trommelfeuers war es kaum ein Wunder, daß das Nachrichtenblatt der Amerikanischen Medizinischen Gesellschaft im November interessierten Ärzten riet, von den chemischen Handelsgesellschaften Material anzufordern, das ihnen helfen sollte, Fragen ihrer Patienten über Pestizide zu beantworten.

Rachel Carson, die sich durch die Reaktion auf ihr Buch nur wenig aus der Fassung bringen ließ, hielt es trotzdem für notwendig, sich über diese sonderbare Angelegenheit einem Reporter gegenüber offen zu äußern: „Ich kann nicht glauben, daß die Medizinische Gesellschaft ernsthaft annimmt, eine Industrie, für die im Verkauf von Pestiziden 300 Millionen Dollar auf dem Spiel stehen, könne eine objektive Quelle für Angaben über deren Gefahren für die Gesundheit sein."

[13] Manufacturing Chemists Association

Mittlerweile begann sich ein Angriff zu formieren, der auf den ersten Blick von einer anderen Seite zu kommen schien. Er ging von einer Organisation aus, die sich The Nutrition Foundation nannte. Sie war im Jahre 1941 gebildet worden, um Grundlagenforschung und Erziehung auf dem Gebiet der Ernährungswissenschaft zu unterstützen. Im Rahmen ihrer erzieherischen Betätigung stellte sie eine ‚Informationsmappe' über das Thema ‚Der stumme Frühling' zusammen. Die Mappe enthielt eine Verteidigung chemischer Pestizide, die vom College für Landwirtschaft des Staates New York verfaßt war, und mehrere sehr kritische Besprechungen von Rachel Carsons Buch. Eine davon stammte übrigens von I. L. Baldwin, dem Vorsitzenden des Ausschusses für ‚Schädlingsbekämpfung und die Beziehungen zu wildlebenden Tieren'. Ein Begleitbrief zu der Mappe von C. G. King, dem Präsidenten der Nutrition Foundation, betonte die ‚Unabhängigkeit' derjenigen, die den ‚Stummen Frühling' angriffen, und bezeichnete das Buch selbst als „Verdrehung von Tatsachen".

„Das Problem wird dadurch hochgespielt, daß Journalisten und die Anhänger der Autorin unter den Schwärmern für Reformnahrung, den quacksalberischen Gesundheitsaposteln und bestimmten Interessengruppen ihr Buch anpriesen, als wäre es wissenschaftlich einwandfrei und von einer Naturwissenschaftlerin verfaßt."

Ein Mann, der diesen Satz schreiben konnte, sollte nicht mit dem Wort ‚Verdrehung' um sich werfen. King war besonders beunruhigt, weil Rachel Carson seine Bewunderung für die Beweggründe mancher leitender Persönlichkeiten in der Industrie nicht teilte. In seinem Brief erklärte er, er habe viele dieser Männer ‚kennengelernt', aber er hätte noch ein wenig weiter gehen und auf deren Verbindung zu der Nutrition Foundation hinweisen können. Der Foundation gehörten 54 Handelsgesellschaften aus verschiedenen einschlägigen Industriezweigen an, und viele von ihnen waren bei der billigen Produktion ihrer Rohstoffe auf chemische Pestizide angewiesen. Die Präsidenten vieler dieser Gesellschaften hatten ein Amt im Kuratorium der Nutrition Foundation inne. Andererseits hätte King auch erwähnen können, daß Gelder dieser Firmen über die Foundation in Form von Forschungszuschüssen den ernährungswissenschaftlichen Abteilungen vieler berühmter Universitäten zuflossen. Dementsprechend kamen einige der wütendsten Angriffe auf

Rachel Carsons Buch von Ernährungswissenschaftlern der Universität. Wie ein unparteiischer Vertreter dieser Wissenschaftler bemerkte: „Wo der Schuß trifft, fliegen Federn."

Die Informationsmappe der Foundation wurde in weiten Kreisen verbreitet. Auf den Adressenlisten standen Universitätsleute von verschiedenen Disziplinen, Forscher und andere Angehörige des Mitarbeiterstabs von staatlichen landwirtschaftlichen Versuchsstationen, sämtliche Mitglieder der Amerikanischen Gesellschaft für Volksgesundheit[14], Leiterinnen von Frauenorganisationen, Bibliothekare, Fürsorgerinnen sowie Staats-, Kreis- und Gemeindebeamte. Waldaufseher in Connecticut, der Bürgermeister einer kleinen Dorfgemeinde in New Jersey und selbst die Audubon-Gesellschaft eines Ortes in Pennsylvanien erhielten ein Exemplar.

Die Industrie sorgte auch für eine persönliche Note. In den Monaten nach dem Erscheinen von Rachel Carsons Buch organisierte sie Vortragstourneen, und ein besonders aktiver Redner war dabei Robert H. White-Stevens, stellvertretender Direktor für Forschung und Entwicklung in der landwirtschaftlichen Abteilung der American Cyanamid Company. Bis Ende 1962 hielt er 28 Vorträge, pries die großen Vorzüge von Pestiziden und behauptete, daß es im ‚Stummen Frühling' „von krassen Vermutungen und ungeheuerlichen falschen Auslegungen wimmle".

White-Stevens war einer der ersten, der das Beweismaterial für die Vogelsterblichkeit infolge von Pestizidprogrammen zu widerlegen suchte, indem er die Ergebnisse der Vogelzählung heranzog, die alljährlich zu Weihnachten unter der Schirmherrschaft der Audubon-Gesellschaft durchgeführt wurde. Bei diesem zweifelhaften Verfahren, das seither trotz der Warnung der Audubon-Gesellschaft, daß es nicht stichhaltig sei, oftmals angewendet wurde, stützt man sich auf die Zählung um zu ‚beweisen', daß sich die Vogelpopulation der USA seit der Einführung chemischer Insektizide in Wirklichkeit vermehrt. Es ist eine Ironie, daß diejenigen, die Rachel Carsons wissenschaftliches Verfahren anzweifeln, eine Landpartie, die selbst begeisterte Vogelbeobachter als ‚Vogel-Golf' bezeichnen, mit wissenschaftlicher Arbeit gleichsetzen.

Die Anzahl der Beobachter, die an der Vogelzählung teilnehmen und

[14] American Public Health Association

deren Absicht es ist, eine gute Punktzahl zu bekommen, ist in den letzten Jahren gewaltig angestiegen; natürlich ist auch die Anzahl der registrierten Vögel gewaltig gestiegen. Das auffallende Hochschnellen der Wanderdrossel-Zahl für ein besonderes Jahr, das von Wortführern der Industrie oft für ihre Zwecke herausgegriffen wird, erklärte sich fast völlig daraus, daß im Herbst 1960 eine riesige Ansammlung dieser Vögel an einem Rastplatz in Nashville gefunden wurde. In Wahrheit sind die einzigen bei Vogelpopulationen festgestellten nennenswerten Zunahmen in der Gruppe der Stärlinge und Stare zu verzeichnen. Diese Zunahme ist aber hauptsächlich auf landwirtschaftliche Maßnahmen zurückzuführen, auf die Entwässerung von Landstrichen und die Entstehung großer Ackerflächen, die Futter bieten.

Rachel Carson ließ die meisten Angriffe unbeachtet. Einem Freund schrieb sie: „Natürlich ist es immer verlockend, auf diese Dinge zu antworten, aber letztlich überläßt man es, glaube ich, besser dem Gang der Ereignisse, für die Antworten zu sorgen." Über einen Vorfall regte sie sich jedoch auf, weil die Kritik von einem Wissenschaftler stammte, den sie achtete, und sie das Gefühl hatte, daß ein Mißverständnis der Anlaß dazu gewesen sei.

Zu den Wissenschaftlern, die Kapitel zur Überprüfung erhielten, gehörte für das Kapitel über Entstehung von Resistenz verschiedener Insekten gegen Pestizide auch A. W. A. Brown, ein Zoologe an der Universität von Westontario. Zugleich mit dem Kapitel, das am 14. April 1962 an ihn abging, schickte sie ein Resümee ihres Buches. Am 23. April sandte Brown das Kapitel zurück und schrieb ihr, es sei gut gelungen und mache den Gesichtspunkt, auf den sie Wert lege, zweifellos deutlich. Er schlug ein paar Änderungen vor. Höchst besorgt war er über den Titel des Kapitels: ‚Das Grollen einer Lawine'; dies sei ein unpassender Vergleich für die Entwicklung der Insektenresistenz, die eher der Bewegung eines Gletschers als der einer Lawine gleiche.

Als ‚Der stumme Frühling' herauskam, war Brown anscheinend ententsetzt. Sein Unwille entlud sich in den Zeitungen von Toronto, in denen er in einem Interview behauptete, daß die von ihm vorgeschlagenen Änderungen nicht vorgenommen worden seien. Er fand, Rachel Carson habe ihn, als sie ihn zitierte, bei seinen Kollegen in ein schlechtes Licht gesetzt. Die Presse von Toronto zitierte als Ausspruch von ihm, daß

„bestimmte Personen, die sich mit der Tierwelt in der freien Natur befassen und daher ein berechtigtes Interesse haben, Pestizide abzulehnen", Rachel Carson gedrängt hätten, einen extremen Standpunkt einzunehmen. Dies sei einträglich für Miss Carson, aber bitter für manche „fähige Beamte im öffentlichen Dienst", die für das alles büßen müßten.

Der Bericht in der Zeitung veranlaßte zumindest einen hohen kanadischen Beamten, sich zu einer Verteidigung Rachel Carsons aufzuraffen. C. H. D. Clarke, Leiter der Abteilung für Fische und Wildtiere des Ministeriums für Ländereien und Forste [15], schrieb an Brown:

„Ich möchte Ihnen nur sagen, daß wohl jeder vernünftig denkende und fühlende Mensch auf der Welt ein ‚berechtigtes Interesse' an Wildtieren hat und daß wir die Verantwortung auch für das Interesse derer tragen, die noch nicht geboren sind... Wenn sich Miss Carsons Buch gut verkauft, so nur deshalb, weil so viele Menschen ein berechtigtes Interesse an den Tieren der Wildnis haben und sie als anvertrautes Erbe betrachten... Ich kann ebensowenig verstehen, womit Beamte des öffentlichen Dienstes ‚büßen' müssen, wenn nicht mit mehr Achtsamkeit in allem, was sie tun... Meiner Ansicht nach ist es die wichtigste Aufgabe der Ökologie, das Zeitmoment zu berücksichtigen, und alle um die Tierwelt besorgten Leute haben immer wieder nur eines getan: Sie wiesen die Chemiker darauf hin, daß deren besondere Form von Meuchelmord die Folgen nicht vorausbedacht und verhindert hat, und niemand weiß – obwohl wir ein Recht darauf hätten –, welches Ende das alles nehmen wird."

Rachel Carson sah ihren Briefwechsel mit Brown durch und stellte fest, daß sie, abgesehen vom Titel des Kapitels, alle von ihm vorgeschlagenen Änderungen vorgenommen hatte, mit nur einer Ausnahme, einem „unbedeutenden Punkt und keiner Angelegenheit, bei der es um die Richtigkeit von Tatsachen ging". Und an Brown schrieb sie:

„Es tut mir leid zu hören, daß Sie so empfinden, aber ich muß in aller Offenheit sagen, daß der Zeitpunkt, diese Einwände zu äußern, vor einem Jahr war, als das Manuskript vorlag.

Sämtliche Zitate und Ansichten, die Ihnen zugeschrieben wurden, sind veröffentlichten Abhandlungen entnommen, zu denen Ihre Kollegen vermutlich Zugang hatten, darum weiß ich nicht, warum Sie über-

[15] Fish and Wildlife Branch of the Department of Lands and Forests

rascht sind, sie jetzt zu lesen. Sollten Sie in der Zwischenzeit Ihre Meinung in manchem dieser Punkte geändert haben, hätten Sie mich bei der Durchsicht des Manuskripts ersuchen können, derartige Angaben zu streichen und ich hätte Ihre Wünsche selbstverständlich respektiert. Ich finde jedoch in der Korrespondenz kein solches Ansuchen.

Gewiß, ich erinnere mich, daß Sie mit dem Begriff ‚Lawine' nicht einverstanden waren, aber ich muß auf zweierlei hinweisen: Erstens, daß Titel eindeutig Vorrecht des Autors sind und ferner, daß der Satz ausdrücklich Elton (Charles Elton, dem britischen Ökologen) und nicht Ihnen zugeschrieben wurde."

‚Der stumme Frühling' brachte zweifellos sehr viele Leute in Aufregung. Ein Teil der Angriffe wurde natürlich geführt, weil einige dieser Leute glaubten, daß jede noch so geringfügige Beschränkung der verschwenderischen Anwendung von Pestiziden ihnen unausweichlich einen Dollar kosten würde. Aber es gab auch andere, die über bestimmte Gesichtspunkte des Buches ehrlich gekränkt waren. Bis ‚Der stumme Frühling' erschien, überwogen zum Beispiel in jeder öffentlichen Bekanntmachung über Pestizide Litaneien zu deren Lob. Als Rachel Carson es in ihrem Buch unterließ, die Großtaten der Pestizide genauso ausführlich zu behandeln, beschuldigten sie manche ihrer Kollegen, daß sie „unwissenschaftlich" sei.

Aber Rachel Carson sah keinen Anlaß, gerade in diesem Buch Schädlingsbekämpfungsmittel zu verherrlichen. „Ist diese Seite des Problems nicht bereits übermäßig betont worden von einer viele Milliarden umsetzenden Industrie, die dafür die gerissensten Kaufleute und Lobbyisten einsetzt"? fragte Clarence Cottam im ‚Bulletin' des Sierra-Klubs.

Rachel Carsons Absicht war es, den Teil der Geschichte zu erzählen, der noch nicht erzählt worden war. Wie jeder gute Ankläger oder Rechtsanwalt prüfte sie die Hauptpunkte des Falles, ehe sie ihn übernahm. Ihre Leistung hat am besten vielleicht Paul B. Sears, ein emeritierter Professor für Naturschutz in Yale, gewürdigt: „Ganz abgesehen von ihrer üblichen Klarheit in Aufbau und Darstellung ist das Ergebnis eine kurze Zusammenfassung des Sachverhaltes, auf die wohl jeder Anwalt stolz wäre. Wenn irgend etwas den Gerichtshof der öffentlichen Meinung überzeugen kann, dann müßte dieses Buch es vermögen. Rachel Carson hat aber auch einen wichtigen Beitrag zur Ökologie geleistet."

Dieser Gesichtspunkt wurde allerdings von all denen, die nur allzu eifrig nach schwachen Stellen in der Beweisführung suchten, vollkommen übersehen. Wer übrigens glaubt, daß ein ‚echter' Wissenschaftler niemals einem Angriff von seinen Kollegen ausgesetzt ist, kann sich von diesem Irrtum befreien, indem er eine wissenschaftliche Veröffentlichung durchblättert; wahrscheinlich wird sie strotzen von Angriffen auf Andersdenkende. In dem Glauben, daß Rachel Carson ihren wissenschaftlichen Verstand verloren habe, fielen ihre Kritiker förmlich mit Dreschflegeln über sie her. Cottam schreibt: „Miss Carson wurde in herabsetzender Weise als eine Priesterin der Natur, eine Vogel-, Katzen- oder Fischliebhaberin bezeichnet, als fanatische Anhängerin irgendeines mystischen Kultes der Gesetze des Weltalls, denen sich die Kritiker offensichtlich nicht unterworfen wähnten."

Andere Naturwissenschaftler waren zwar gewillt, den einwandfrei belegten Hauptteil des Buches zu akzeptieren, scheiterten aber an dem einleitenden Kapitel. In diesem kurzen ‚Zukunftsmärchen', wie der Titel lautete, ließ Rachel Carson eine Stadt erstehen und unter einem Regen von Schädlingsbekämpfungsmitteln zugrunde gehen.

„Ich kenne keine Gemeinde, der all das Mißgeschick, das ich beschrieben habe, widerfahren ist", schrieb sie. „Doch jedes einzelne dieser unheilvollen Geschehnisse hat sich tatsächlich irgendwo zugetragen, und viele wirklich bestehende Gemeinden haben bereits eine Reihe solcher Unglücksfälle erlitten."

Ebendiese kurze Einleitung veranlaßte manche Kritiker, den ‚Stummen Frühling' in das Regal für utopische Romane zu verbannen.

„Das hat viele Wissenschaftler abgeschreckt", erklärte Roland C. Clement von der Audubon-Gesellschaft. „Das Kapitel ist eine Allegorie. Eine Allegorie ist keine Weissagung, doch gerade damit haben die literarisch nicht vorgebildeten Leser, die alles wörtlich auffassen, sie verwechselt."

Das Kapitel lieferte die Grundlage für eine lange Parodie im ‚Monsanto Magazine', der Hauszeitschrift der Monsanto Chemical Company. Unter dem Titel ‚The Desolate Year' [16] schilderte sie anschaulich die Schrecken, die eine Welt, der es an Pestiziden mangelt, heimsuchen. Die

[16] ‚Das trostlose Jahr'

Public-Relations-Abteilung bei Monsanto begann nach der Veröffentlichung der drei Fortsetzungen in ‚The New Yorker' an der Parodie zu arbeiten. Da die neue Nummer des ‚Monsanto Magazine' erst nach dem für Rachel Carsons Buch vorgesehenen Erscheinungstermin herauskam, legten die Verfasser der Parodie den Text der Geschäftsleitung zur Genehmigung vor und verteilten dann 5000 Fahnenabzüge an Zeitungsredakteure und Buchkritiker im ganzen Land.

„Dies war für uns eine Gelegenheit, zu zeigen, was mit der Public-Relations-Arbeit zu erreichen ist", sagte ein Mann der Firma Monsanto.

Später spottete LaMont C. Cole, Professor der Ökologie in Cornell, über Monsantos verlogene grausige Vision einer Welt ohne Pestizide: „Man läßt sich so leicht einreden, daß es Jahre wie die knapp vor dem Zweiten Weltkrieg unmöglich gegeben haben kann: keine chlorierten Kohlenwasserstoffe, keine organischen Phosphate, keine Zahlungen an Farmer, damit sie die Produktion drosseln, und dennoch – ohne Pestizide! – bereits Ernteüberschüsse!"

Die Behauptung der Industrie, daß die wissenschaftliche Welt den ‚Stummen Frühling' ablehne, wurde widerlegt durch die Zahl der hervorragenden Wissenschaftler, die eindeutig ihre Bewunderung für das Buch aussprachen. Das geschah, obwohl doch der Wissenschaftler gemeinhin als ein Mensch gilt, der sich nicht allzu weit vorwagt, wenn ihn eine Sache nicht unmittelbar angeht; offensichtlich glaubten aber viele Naturwissenschaftler, daß die Verseuchung der Umwelt sie unmittelbar angehe. Robert L. Rudd schrieb Rachel Carson über die Reaktion auf ihr Buch an der Universität von Kalifornien:

„Ich brauche Ihnen nicht zu erzählen, daß ‚Der stumme Frühling' jeden aus dem Häuschen brachte. Die Meinungen darüber gehen an der Universität von Kalifornien ebenso extrem auseinander wie überall. Sie wären dennoch überrascht, wie ungemein viel Zustimmung der Standpunkt, den wir beide einnehmen, bei einigen unserer Spezialisten in der (landwirtschaftlichen) Versuchsstation und bei den naturwissenschaftlichen Disziplinen gefunden hat."

Auf der anderen Seite des Landes erhob Loren Eiseley, der berühmte Anthropologe der Universität von Pennsylvanien, ebenfalls die Stimme zur Verteidigung von Rachel Carson. Er besprach ihr Buch in der ‚Saturday Review' und schrieb: „Wenn ihr jetziges Buch nicht die Schönheit von ‚Geheimnisse des Meeres' besitzt, so deshalb, weil sie es auf dem Höhepunkt ihres Schaffens vorgezogen hat, uns über ein trauriges, unschönes und noch dazu von uns selbst verschuldetes Thema zu unterrichten. ‚Der stumme Frühling' sollte von jedem Amerikaner gelesen werden, der nicht wünscht, daß dieses Buch zur Grabschrift für eine zeitlich nicht mehr sehr weit von uns entfernte Welt wird."

Eine der objektivsten Besprechungen des Buches erschien von dem oben erwähnten LaMont C. Cole im ‚Scientific American'. Seine erschöpfende Prüfung des Werkes erlaubte ihm, die plumpen Angriffe dagegen zunichte zu machen. Von der Kritik in ‚Time' sagte er: „Ohne Beweismaterial anzuführen, verkündet man die Vorzüge von Pestiziden in einer Darstellung, der sich meiner Meinung nach kein verantwortlicher Naturwissenschaftler anschließen würde."

Für die Stellen, an denen ihm ‚Der stumme Frühling' Irrtümer zu enthalten schien, gab Cole detaillierte Begründungen. So bezweifelte er die Angabe auf Seite 14, daß Rotenon und Pyrethrum „einfachere ... Insektizide aus der Vorkriegszeit seien". Pyrethrum ist, wie Cole betonte, eine so komplizierte Substanz, daß „die fähigsten Köpfe der organischen Chemiker an der Analyse scheiterten"; er deutete an, daß vielleicht ihre komplizierte Natur „dafür verantwortlich ist, daß auch die Fähigkeit von Insekten, Resistenz zu entwickeln, daran scheiterte".

Ferner beanstandete Cole, Rachel Carson habe nicht erwähnt, daß „Bienen wahrscheinlich durch moderne Insektizide weniger bedroht sind, als sie es durch die älteren Arsenverbindungen waren". Er bezweifelte auch ihre Behauptung, daß Resistenz unter den Insekten uns veranlasse, nach immer noch stärkeren Giften zu suchen. Die Insekten, die DDT gegenüber resistent geworden sind, erweisen sich in anderer Hinsicht als weniger anpassungsfähig und fallen schwächeren, nicht mit DDT verwandten Pestiziden zum Opfer. „Ich glaube nicht einen Augenblick", schrieb Cole, „daß die Chemikalien ‚Superinsekten' hervorbringen." [17]

[17] Zu den Punkten, die andere Naturwissenschaftler als Irrtümer Rachel Carsons bezeichnet haben, gehört auch die Behauptung, daß Arsen im Schornsteinruß die Ursache von Krebs sei (‚Der stumme Frühling', S. 15); viele, wenn auch nicht alle Naturwissenschaftler glauben, daß die Karzinogene im Ruß hauptsächlich die Teerstoffe sind. Die Rolle des Arsens als stark wirkendes Karzinogen für den Menschen steht jedoch eindeutig fest. Nach Dr. W. C. Hue-

Andererseits betont er: „Sachliche Fehler sind so selten, geringfügig und belanglos für das Hauptthema, daß es unhöflich wäre, ausführlich auf sie einzugehen." Und zum Abschluß seiner Besprechung heißt es: „Sie vermittelt kein Verständnis für die wirklich großen Schwierigkeiten des Problems ... Aber was ich als Vorurteil, Tendenz, und übermäßige Vereinfachung auslege, ist vielleicht gerade das, was erforderlich ist, um einen Bestseller zu schreiben ... Wenn die Botschaft, die ‚Der stumme Frühling' verkündet, in genügend weiten Kreisen gelesen und erörtert wird, könnte uns das zu einer sehr notwendigen Neubeurteilung gegenwärtiger Methoden und Praktiken verhelfen."

‚Der stumme Frühling' war ein großes Unterfangen, wie jedes Werk, das viele Wissenszweige zusammenzufassen versucht, um eine brauchbare Synthese zu schaffen. Rachel Carson erkannte, was die meisten ‚Schädlingsbekämpfungsexperten' nicht erkannt hatten, daß nämlich die vielen Probleme, die durch die Anwendung von Pestiziden in großem Maßstab aufgeworfen werden, mit der einseitigen Anschauung von

per vom Nationalen Krebsinstitut „sollte die jüngste schwere Krebsepidemie, die bei deutschen Winzern infolge der Anwendung von arsenhaltigen Pestiziden zwischen 1920 und 1940 ausbrach und zum Auftreten von multiplem und von vielen Zentren ausgehenden Haut-, Lungen-, Leber-, Speiseröhren-, Kehlkopf-, Nasenhöhlenkrebs usw. führte, vollauf genügen, um in diesem Punkt selbst die berufsmäßigen Skeptiker zu überzeugen."

Rachel Carson scheint auch die Bedrohung der Wanderdrosseln während des wahnsinnigen Angriffs auf den Ulmensplintkäfer übertrieben zu haben. Das zur Bekämpfung dieser Käfergattung – die einen Pilz, die Ursache des Ulmensterbens, überträgt – verwendete DDT hat unter den Wanderdrosseln ungeheuer viele Opfer gefordert, aber Ornithologen sehen keine unmittelbare Möglichkeit, daß die Spezies „in das Dunkel eines endgültigen Unterganges getrieben" werden wird. (S. 101). Bestimmte andere Arten stehen jedoch, wie wir sehen werden, sicherlich vor der Ausrottung.

Vielleicht ist auch ihre Angabe (S. 288), daß Erreger von Insektenkrankheiten „biologisch nicht zu jener Gruppe von Organismen gehören, die bei höheren Tieren oder bei Pflanzen Krankheiten hervorrufen" zu allgemein gehalten. Nach Edward A. Steinhaus vom Zentrum für Pathobiologie der Universität von Kalifornien in Irvine „läßt sich in seltenen Ausnahmefällen vielleicht entdekken, daß Erreger von Insektenkrankheiten auch Krankheiten bei Wirbeltieren hervorrufen; die nachweisliche Infektion des Pferdes mit dem Pilz Entomophthora coronata ist ein solcher typischer Fall".

Spezialisten nicht zu lösen sind. Tatsächlich vergrößert die beschränkte Sicht der ‚Experten' nur noch das Problem. Die Vielfalt der Formen in der Natur verwirrt und blendet selbst Naturwissenschaftler, genauso wie die Fülle der Vegetation in den Urwäldern alle Formen außer den nächstliegenden den Blicken des Menschen entzieht. Es ist für den Spezialisten nur natürlich, sich über einen allgemeinen Überblick zu ärgern. Und eine Verärgerung dieser Art bekam Rachel Carson häufig zu spüren. Robert L. Rudd antwortete solchen Kritikern, als er den ‚Stummen Frühling' in ‚Pacific Discovery', der Zeitschrift der Kalifornischen Akademie der Wissenschaften, besprach.

„Haben sie recht? Ich würde sagen: ‚Ja, zum Teil, wenn das, was man erwartet, eine endgültige Kenntnis jeder Seite des Problems ist. Jedoch besitzt keiner, der das Buch besprochen hat, einschließlich ihrer Kritiker, heute dieses Gesamtwissen...' Meiner Meinung nach ist sie hervorragend qualifiziert, die Tatsachen, die Zusammenschau und die Beweisführung so zu bringen, wie sie es in ‚Der stumme Frühling' tut. Ich stelle ihren Kritikern anheim, es genauso gut zu machen...

‚Der stumme Frühling' ist eine biologische Warnung, eine soziale Denkschrift und eine moralische Mahnung. Den Menschen, der sich der Technik bedient, fordert Rachel Carson beharrlich auf, innezuhalten und sich Rechenschaft über sein Tun abzulegen."

V. DIE AUSEINANDERSETZUNG IN DER ÖFFENTLICHKEIT

Fast unmittelbar nach der Veröffentlichung kam ‚Der stumme Frühling' auf die Bestsellerliste. Bis Dezember waren über 100 000 Exemplare verkauft worden und neben der Ausgabe des Book of the Month-Club gab es noch bei der Verbraucher-Union [1] eine Paperback-Sonderausgabe für ihre Subskribenten.

Zu ihrem Mißbehagen, aber sicherlich nicht zu ihrer Überraschung war die zurückhaltende Rachel Carson zum Mittelpunkt eines öffentlichen Meinungsstreites geworden. Leitartikel in den führenden Zeitungen des Landes waren ihrem Buch im allgemeinen günstig gesinnt, die Artikel und Besprechungen in populären Zeitschriften hingegen nicht. Tonangebend war ein Aufsatz im naturwissenschaftlichen Teil der ‚Time': „Miss Carson hat in Furcht und Unwillen zur Feder gegriffen und der Aufgabe, Lesern Angst einzujagen und sie aufzurütteln, den Vorrang vor literarischer Gestaltung gegeben. Viele Naturwissenschaftler stimmen mit Miss Carson in der Liebe zu wildlebenden Tieren überein, ja sogar in dem mystischen Festhalten am Gleichgewicht in der Natur. Aber sie fürchten, daß ihr gefühlsbetonter und sachlich falscher Erguß ‚Der stumme Frühling' Schaden anrichten könnte, da er die fachlich nicht vorgebildete Öffentlichkeit beunruhigt, den Dingen, die sie liebt, aber keinen Nutzen bringt."

Obwohl spätere Ereignisse diese frühe Darstellung der ‚Time' widerlegten, so haben doch die Redakteure nicht weiter daneben getroffen als die meisten ihrer Kollegen an anderen größeren Zeitschriften. In diesem Falle stand Gott bestimmt nicht auf der Seite ‚der starken Bataillone'. Es

[1] Consumer's Union

waren die verantwortungsvollen Elemente der naturwissenschaftlichen Gemeinschaft, die zu Rachel Carsons Verteidigung antraten und den Sachverhalt richtigzustellen halfen. Roland C. Clement von der Audubon-Gesellschaft charakterisierte den heftigen Angriff auf den ‚Stummen Frühling', indem er auf jene Zeitschriftenartikel hinwies, die sich so sehr der Sache der Pestizide annehmen, „daß keinerlei Anschein von Objektivität mehr übrigbleibt", und erklärte: „Dazu gehört auch der Schwindel von ‚größeren und gesünderen Populationen von Wildtieren nicht trotz Pestiziden, sondern in vielen Fällen gerade wegen ihrer Anwendung'." Diese Falschmeldung übernahm ‚Sports Illustrated' unbesehen von einer Mitarbeiterin der eigenen Redaktion. Unwillkürlich fragt man sich, ob irgendein schlauer Public-Relations-Mann sie der Dame in die Hände spielte ...[2] In ‚The Reader's Digest' erschien damals ein Bericht ‚The Great Pestizide Controversy' [3] von Strohm und Ganschow; bei aufmerksamer Lektüre merkt man bald, daß Autoren, die nicht wissen, wie man sich mit Fragen auseinandersetzt, hier wieder einmal versichern, alles sei ganz in Ordnung.

Rachel Carson schätzte die Unterstützung, die ‚Der stumme Frühling' von hervorragenden Biologen wie Clement, Cottam und Rudd erhielt, sehr hoch; ebenso die Unterstützung von so international bekannten Wissenschaftlern wie LaMont C. Cole, Loren Eiseley, Julian Huxley, Charles Elton und Hermann J. Muller. Erheblich weniger erfreulich für diese Frau, die so hohe Anforderungen an sich selbst stellte, war der Bei-

[2] Interessant ist, daß ‚Time' wie auch ‚Sports Illustrated' die Dinge 1968 in einem ganz anderen Licht sahen. In der Ausgabe vom 10. Mai 1968 schrieb die Redaktion der ‚Time': „Fast mit Sicherheit ist DDT verantwortlich zu machen für die beängstigende Abnahme der einst prächtig gedeihenden Wanderfalken, nördlichen Rotbugbussarde und Gewöhnlichen Nachtreiher ... Eines der wichtigsten Ziele in der Bekämpfung der Verunreinigung sollte es sein, die Einwirkung des Menschen auf andere Geschöpfe ganz beträchtlich zu verringern. So ließe sich etwa der Kampf gegen Insekten tatsächlich weit besser führen ohne chemische Pestizide, die natürliche Feinde des Schädlings wie etwa die Vögel töten. Eine der besten Methoden ist es, die Feinde der Schädlinge zu hegen; auch Feldfrüchte, die widerstandsfähiger gegen Insekten sind, ließen sich entwikkeln." Fast gleichzeitig wies auch ‚Sports Illustrated' in mehreren scharfen Artikeln die Vorstellung zurück, daß DDT für Wildtiere zuträglich sei.

[3] ‚Die große Pestizid-Kontroverse'

fall von einer anderen Seite. Rachel Carson bemühte sich immer, jene schrulligen Ernährungsreformer, Gesundheitsapostel und andere Sektierer, mit denen ihre strengsten Kritiker sie in Verbindung zu bringen suchten, in angemessener Entfernung zu halten. Obwohl oft über grobe Fehler der angewandten Naturwissenschaft beunruhigt, hielt sie doch als Naturwissenschaftlerin viel von der kritischen Betrachtungsweise der Welt. Daher waren ihr die halb mystischen Gruppen, die hinter jeder Anwendung moderner Chemikalien eine mörderische Absicht entdecken, recht unangenehm.

„Sie brachten sie wirklich zur Verzweiflung", erzählte Shirley Briggs. „Rachel war gekränkt, wenn leicht verrückte, engstirnige Schriften ihr Buch priesen – und im allgemeinen aus ganz falschen Gründen."

Diese Abneigung, es mit solchen Außenseitern zu tun zu bekommen, veranlaßte sie wohl auch, gewisse Einladungen oder Auszeichnungen auszuschlagen und nicht auf Banketten zu sprechen, aber viel öfter war ihre mangelnde Gesundheit der Grund dafür. Sie wurde mit Einladungen überhäuft. Eine der wenigen Veranstaltungen, die sie im Winter 1962 besuchte – und das nur, weil enge Freunde sie drängten –, war das Essen des Presseklubs der Frauen [4] am 5. Dezember in Washington. Bei dieser Gelegenheit antwortete sie, was selten geschah, den Kritikern ihres Buches ‚Der stumme Frühling':

„Ein Kritiker fühlte sich beleidigt, weil ich behauptet habe, daß es für Hersteller von Schädlingsbekämpfungsmitteln üblich sei, Forschungsarbeiten über Chemikalien auf den Universitäten zu finanzieren ... Ich kann schwerlich glauben, daß der Kritiker das nicht weiß, denn seine eigene Universität gehört zu den Hochschulen, die solche Zuschüsse erhalten."

Anschließend zitierte sie aus Forschungsarbeiten, die im ‚Journal of Economic Entomology' erschienen waren und in denen die Autoren sich für finanzielle Unterstützung von so bekannten chemischen Firmen wie Shell, Velsicol und Monsanto bedankten.

Natürlich ist es möglich, daß Rachel Carson, wäre sie gesünder gewesen, häufiger zur Verteidigung ihres Buches vom Leder gezogen hätte. Gewiß war sie stolz auf ihr Buch und nahm jeden Versuch, ihre Leistung

[4] Women's National Press Club

herabzusetzen, übel. Ein Vorfall in jenem Winter zeigt, welch leidenschaftlicher Stolz sich bei ihr mit ängstlich besorgter Rücksicht auf ein ungestörtes Privatleben verband. Ein staatlicher Naturschutzbeamter schickte ihr den Abzug seiner Kurzbiographie über sie, die er auf einer Tagung über Pestizide für seinen Vortrag verwenden wollte, und bat um alle notwendigen Korrekturen. Rachel Carson strich mehrere Angaben, die sie zu persönlich fand, etwa, daß sie „einen kleinen Hut trug", die Gewohnheit hatte, ‚Thoreaus Journal' „neben ihre Nachttischlampe" zu legen und in Maryland „mit ihrer Katze lebte". Gegen Ende wurde ‚Der stumme Frühling' erwähnt und behauptet, daß „nur wenige geringfügige Fehler in ihrem jüngsten Buch nachgewiesen worden sind". Sie unterstrich das Wort „Fehler" und schrieb mit Bleistift kurz und bündig: „Welche?" an den Rand.

Aber um diese Zeit hatte ‚Der stumme Frühling' trotz der fortdauernden Angriffe bereits einen ungemein starken Einfluß auf das öffentliche Leben gewonnen. Kandidaten für ein öffentliches Amt schrieben an Rachel Carson und baten sie, ihnen zu raten, welchen Standpunkt sie in der Pestizidfrage einnehmen sollten. Ende 1962 waren in den gesetzgebenden Körperschaften verschiedener Staaten über 40 Gesetzesanträge zur Regelung der Anwendung von Pestiziden eingebracht worden. Kansas und Iowa verabschiedeten Gesetze, die von jedem, der berufsmäßig Pestizide anwandte, eine behördliche Genehmigung verlangten.

„In Connecticut läuft bereits der Antrag, eine gesetzliche Untersuchung von Pestiziden zu fordern. Wenn das glückt, dann einzig und allein weil Sie die Öffentlichkeit für diese dringend erforderliche Reform ‚weichgemacht' haben", schrieb ein Biologe aus diesem Staat an Rachel Carson.

Kenneth M. Birkhead, Mitarbeiter des Landwirtschaftsministers, versicherte dem besorgten Senat, daß das Landwirtschaftsministerium eine Reihe von Schritten unternommen habe, um „bessere Methoden zur Schädlingsbekämpfung zu finden". Die Bekanntmachung des Ministeriums räumte ein, daß „Miss Carson eine klare Schilderung der tatsächlichen und möglichen Gefahren des Mißbrauchs von Pestiziden gibt". Zwar wurde auch hier wieder das Lob der neuen Chemikalien gesungen – „Der jähe Anstieg der Ertragsfähigkeit auf den Farmen der USA im vergangenen Jahrzehnt entspricht der zunehmenden Anwendung chemischer Pestizide" – gleichzeitig jedoch ausdrücklich die erweiterte Forschungsarbeit des Landwirtschaftsministeriums betont, die dazu diene, biologische Bekämpfungsmittel zu entwickeln sowie andere Methoden „zur Bekämpfung von Insekten ohne den Gebrauch von Pestiziden, die schädliche Rückstände hinterlassen".

Solche Erklärungen waren – vor und auch noch nach der Veröffentlichung des ‚Stummen Frühling' – oft lediglich rhetorische Floskeln, um Kritiker der allgemein üblichen Methoden und Praktiken abzulenken. Aber diese Bekanntmachung des Landwirtschaftsministeriums enthielt doch die Botschaft von einer greifbaren, zu einer vernünftigeren Politik der Schädlingsbekämpfung führenden Maßnahme, nämlich die Ankündigung, daß das Ministerium den Kongreß ersuchen werde, das Bundesgesetz für Insektizide, Fungizide und Rodentizide zu verbessern und die sogenannte ‚Protest-Anmeldung' [5] abzuschaffen. Diese Bestimmung des Gesetzes betraf bereits auf dem Markt befindliche Pestizide, die von der Regierung als äußerst gefährlich verurteilt wurden. Der Hersteller des anstößigen Produktes konnte trotzdem sein Erzeugnis auf dem Markt belassen, wenn er einfach an das Landwirtschaftsministerium um Entscheidung appellierte. Erst wenn diese Berufung endgültig entschieden und die gefährliche Eigenschaft des Produktes bestätigt worden war, mußte der Hersteller es aus dem öffentlichen Verkauf zurückziehen. Der Verbesserungsantrag, der das Hintertürchen der ‚Protest-Anmeldung' im Jahre 1964 abschaffte, war ein Meilenstein in der Geschichte der Pestizid-Gesetzgebung. Der Kodex über die Verantwortlichkeit wurde radikal verändert, so daß nun nicht mehr die Regierung verpflichtet war, die Gefährlichkeit zu beweisen, sondern der Hersteller die *Ungefährlichkeit* beweisen mußte.

‚Der stumme Frühling' und seine Botschaft drangen in verschiedene Winkel des amerikanischen Lebens. Irgend jemand verfaßte, natürlich von Rachel Carson nicht dazu ermächtigt, ein Lied ‚Der stumme Frühling' und brachte es auf einer Schallplatte heraus. Sylvia Porter berichtete in ihrer überall in den USA regelmäßig erscheinenden Kolumne, daß Dutzende von „ungefährlichen Insektiziden" unmittelbar nach der Veröffentlichung des Buches eilfertig von geschickten Betrügern zusam-

[5] protest registration

mengebraut wurden. Wundermittel, Schwindler, die sich als Fachleute ausgaben, und Ultraschallgeräte zur Bekämpfung von Nagetieren tauchten in Mengen auf. Miss Porter schilderte den Handel mit einem „nicht giftigen" Kunstdünger, der, wie sich in der Analyse herausstellte, einfach aus einem Anteil grüner Farbe und gewöhnlichem Kunstdünger bestand und „beim ersten Regen in grünen Streifen fortgespült wurde". Gleichzeitig stieg der Verbrauch von einwandfreien aber altmodischen pflanzlichen Schädlingsbekämpfungsmittel wie Pyrethrum und Rotenon.

Ende 1962 schrieb Edwin Way Teale an Rachel Carson: „Zwei Dinge sind hier der wachsenden Legende noch hinzuzufügen. Auf der letzten Versammlung der New Yorker Entomologischen Gesellschaft[6] hörte ich, daß Rachel Carson eine Art Jungfrau von Orleans sei, die ihren Posten in der Betreuungsstelle für Fische und Wildtiere verloren habe, weil sie den Gedanken, das Buch ‚Der stumme Frühling' zu schreiben, nicht habe aufgeben wollen. Auch hörte ich, daß eine Frau in Bucks in Pennsylvanien das Buch las und auf ihren Nachbarn, der sprühte – wobei etwas von dem Mittel auf ihr Grundstück wehte – so wütend wurde, daß sie nicht mehr zu einer Quäker-Versammlung ging, weil sie dort mit ihm hätte sprechen müssen."

Und natürlich fragten Reporter oder Bewunderer, denen es gelang zu Rachel Carson persönlich vorzudringen, unabänderlich: „Und was essen nun Sie?" Worauf Rachel Carson ebenso unabänderlich erwiderte: „Chlorierte Kohlenwasserstoffe, genau wie jeder andere auch."

Zu Frühlingsanfang 1963 schrieb Senator Abraham Ribicoff von Connecticut an einen interessierten Bürger: „Seit Januar habe ich sehr viel über dieses Thema nachgedacht und Miss Carsons Buch gründlich gelesen. Ich sage mir: Was man jetzt braucht, ist eine breit angelegte, vom Kongreß geleitete Überprüfung aller Programme der Bundesregierung, die in Zusammenhang stehen mit Problemen der Umweltgefährdung, einschließlich der Schädlingsbekämpfung, der Luft- und Wasserverunreinigung, der Strahlung und anderer Dinge."

Ribicoff war ein Mitglied des Unterausschusses des Senates für Reorganisation[7], der dafür zuständig war, eine Koordinierung verschiede-

[6] N. Y. Entomological Society

[7] Senate Subcommittee on Reorganisation

ner Programme der Bundesregierung zu vermitteln. Demgemäß schlug er Senator Hubert H. Humphrey, dem Vorsitzenden dieses Unterausschusses, eine solche Überprüfung vor. Humphrey hielt sie ebenfalls für erforderlich und kündigte sie am 4. April an. Er ernannte Ribicoff zum stellvertretenden, für dieses Vorhaben verantwortlichen Vorsitzenden des Unterausschusses.

Während ‚Der stumme Frühling' und die Fragen, die er aufwarf, auf dem Kapitolhügel amtlich zur Debatte gestellt wurden, schienen in der Industrie Zweifel darüber zu herrschen, ob das Buch ein geeignetes Fernsehthema für das Familienprogramm sei. Fred Friendly, leitender Produzent der dokumentarischen Fernsehserie ‚CBS Report' des Columbia Broadcasting System, setzte für den 3. April 1963 die Sendung ‚Der stumme Frühling von Rachel Carson' an. Das erste Anzeichen, daß sie sich als etwas Ungewöhnliches erweisen könnte, erhielt CBS mit einer „noch nie dagewesenen Flut" von bereits vorher eintreffenden Zuschriften. In mehr als 1000 solcher Briefe wurde ein Programm diskutiert, das erst gezeigt werden sollte. Die meisten Briefe sprachen den Wunsch aus, CBS möge die Sendung absetzen. Doch liegt kein Beweis dafür vor, daß diese ‚Anti-Carson-Kampagne' organisiert worden ist.

Dann zogen sich kurz vor dem 3. April drei der fünf Geldgeber des Programms zurück. Standard Brands Inc., die Hersteller verschiedener Nahrungsmittel, sowie Lehn und Fink Products Company, die Erzeuger von Lysol, und die Balston Purina Company, die unter anderem auch Tierfuttermittel herstellt, fanden, daß ‚Der stumme Frühling' „starker Tobak" sei. Standard Brands hielt das Thema für „unvereinbar" mit der Art seiner Erzeugnisse. Ein Sprecher der Firma erklärte, Standard Brands habe sich schon einmal zurückgezogen, und zwar von einem Programm über Stierkampf, der von „Blut und Aufspießen mit den Hörnern" handelte. Lehn und Fink gaben ebenfalls „Unvereinbarkeit" als Grund für eine vorübergehende Trennung von ‚CBS Reports' an. Die Firma übertrug für diesen Abend ihre Schirmherrschaft auf eine Schau über ein sprechendes Pferd. Offenkundig war bei dem Pferd nicht zu befürchten, daß es über eine umstrittene Sache redete!

Zwei Geldgeber, die Kiwi Polish Company und die Brillo Manufacturing Company, blieben bei der Stange. In der Sendung erschienen Rachel Carson sowie Generalstabsarzt Luther Terry, Landwirtschaftsminister Orville L. Freeman, George Larrick, als Bevollmächtigter der Nahrungs- und Arzneimittelprüfstelle[8], John Buckley vom Innenministerium und Robert White-Stevens, Sprecher der Firma American Cyanamid.

Die Reportage ließ erkennen, daß Amerika seine Umwelt mit Pestiziden vollpumpte, ohne die blasseste Ahnung zu haben, wohin das alles führte. Am nächsten Tag erhob sich Abraham Ribicoff im Sitzungssaal des Senates und erklärte seinen Kollegen: „Wie die CBS-Fernsehsendung gestern abend deutlich zeigte, herrscht auf dem gesamten Gebiet der Umweltgefährdung ein erschreckender Mangel an Informationen. Wir stehen vor ernsten Fragen, aber wir wissen jämmerlich wenig Antworten darauf."

Diese Ansicht, die auch Rachel Carson in ihrem Buch entwickelt hatte, wurde im nächsten Monat auf dramatische Weise bestätigt. Eine Fachgruppe des wissenschaftlichen Beratungsausschusses von Präsident Kennedy hatte acht Monate lang an der Untersuchung des Gebrauchs von Pestiziden gearbeitet. Freunde in der Regierung hielten Rachel Carson auf dem laufenden über die Beratungen. Später konnte sie einer Freundin schreiben, daß Präsident Kennedy „sich oft nach dem Fortschritt des Ausschusses erkundigte und zur Eile in der Fertigstellung des Berichtes mahnte".

Rachel Carson befand sich unter den Fachleuten, die eingeladen wurden, um das Pestizidproblem mit dem Ausschuß zu erörtern. Man forderte auch Naturwissenschaftler des Landwirtschaftsministeriums auf und bat die chemische Industrie, Sprecher zu bestimmen, die ihre Seite der Geschichte darlegen sollten.

„Die Leute vom Landwirtschaftsministerium waren sehr darauf gedrillt, auf den apokalyptischen Kampf hinzuweisen, dem sich die Welt gegenübersehen werde, wenn man den Gebrauch von Pestiziden einschränke", erinnerte sich William H. Drury junior, Direktor der Hatheway-Schule für Naturschutzausbildung[9] und Mitglied des Ausschusses. „War man anderer Meinung über Pestizide, gab es für sie nur die Wahl zwischen voller oder überhaupt keiner Anwendung. Wir konnten sie

[8] Food and Drug Administration
[9] Hatheway School of Conservation Education

nicht bewegen, über die Möglichkeit zu debattieren, daß man bestimmte Pestizide zurückzieht oder deren Gebrauch verringert. Die Leute von den chemischen Firmen verhielten sich viel gelassener. Sie sprachen über ihre Sicherheitsmaßnahmen und darüber, daß sie die Bedingungen der Nahrungs- und Arzneimittelprüfstelle erfüllt hätten, sowie über die finanziellen Probleme der Entwicklung eines Pestizids."

Innerhalb des Ausschusses bestand keine grundlegende Meinungsverschiedenheit. Trotz häufiger Versuche von Beamten des Landwirtschaftsministeriums und des Staatlichen Gesundheitsdienstes, den Bericht zu verwässern – was in Einklang mit dem Wunsch stand, freie Hand in der Planung und Ausführung von Bekämpfungsprogrammen zu behalten –, war der Ausschuß stets bestrebt, zu einem überzeugenden Bericht zu gelangen.

Voraussetzung dafür war, daß die Ausschußmitglieder sich eine Auffassung zu eigen machten, die der herkömmlichen Meinung der an der Schädlingsbekämpfung interessierten Kreise widersprach. Der Ausschuß vertrat die Ansicht, daß die landläufige Anwendung chemischer Pestizide, selbst die offiziell genehmigte, stets Gefahren in sich berge. Ferner gab er zu, daß die Naturwissenschaft derzeit nicht über die erforderlichen Kenntnisse verfüge, um das volle Ausmaß dieser Gefahren zu bestimmen. Als die Ausschußmitglieder die endgültige Fassung des Berichtes niederschrieben, betrachteten sie anscheinend den Mangel an Kenntnissen auf manchen Gebieten als ebenso bedeutsam wie die Anhäufung von Tatsachen auf anderen.

So erwies sich der Bericht des wissenschaftlichen Beratungsausschusses als eine kritische Prüfung des Nutzens wie auch der Gefahren von Pestiziden. Da in den meisten vorangegangenen Bekanntmachungen der Regierung die Akzente so schlecht verteilt gewesen waren, erschien dieser Bericht den Naturschutzvertretern ebenso revolutionär wie den Befürwortern der Schädlingsbekämpfung. Rachel Carsons Kritik an den ‚Ausrottungsprogrammen' der Bundesregierung, an der Anwendung beständiger Pestizide und an der mangelnden Sorge um Sicherheit und Schutz des Menschen fanden in ihm ihren Widerhall. Von besonderer Bedeutung für diejenigen, die eine vernünftige Pestizidpolitik gefordert hatten, waren die Empfehlungen des Ausschusses. So hieß es etwa:

„Das Ministerium für Gesundheit, Erziehung und Wohlfahrt sollte mit anderen Stellen zusammenarbeiten, um ein ständiges Meldenetz für die Mengen von Pestizidrückständen in Luft, Wasser, Boden, Menschen, Wildtieren und Fischen zu schaffen.

Das Innenministerium sollte seine Erforschung und Bestimmung der giftigen Wirkungen von Pestiziden auf wildlebende Wirbeltiere und Wirbellose beträchtlich verstärken.

Das Landwirtschaftsministerium sollte seine Anstrengungen verdoppeln, um sowohl selektivere Chemikalien als auch andere Methoden der Schädlingsbekämpfung zu entwickeln.

Alle Regierungsstellen sollten am Schluß eines jeden ihrer im großen Maßstab durchgeführten Schädlingsbekämpfungsprogramme einen Bericht herausgeben, damit andere Wissenschaftler und die Öffentlichkeit selbst feststellen können, wie die Entscheidungen erarbeitet wurden, was erreicht wurde und wie die Behörden ihre Programme rechtfertigen."

Die vielleicht folgenschwerste Nachricht, die der Ausschuß verkündete, war die berühmte ‚Empfehlung Fünf'. Sie lautete:

„Die Anhäufung von Rückständen in der Umwelt soll durch systematische Verminderung des Gebrauchs beständiger Schädlingsbekämpfungsmittel eingeschränkt werden.

Der erste Schritt sollte sein, daß die verschiedenen Behörden der Bundesregierung die weiträumige Anwendung beständiger Schädlingsbekämpfungsmittel einschränken, soweit sie nicht zur Bekämpfung von Krankheitsüberträgern notwendig ist. Die Bundesbehörden sollten, kraft ihrer höheren Position, die einzelnen Staaten zu ähnlichen Aktionen bewegen. Das Endziel sollte es sein, beständige giftige Mittel auszuschalten."

Wie wir sehen werden, ist es im wesentlichen diese Empfehlung, auf die sich besorgte Beamte und Bürger fortan in ihrem Bemühen um Einschränkung des Gebrauchs von DDT und von mit ihm verwandten Chemikalien stützten. Der Bericht des Ausschusses schloß mit der nicht ganz so dramatischen, aber ebenso wichtigen Empfehlung: „Um das Bewußtsein von Vorteilen und Gefahren der Pestizide in der Öffentlichkeit zu stärken, wird empfohlen, daß die zuständigen Ministerien und Behörden des Bundes Programme zur öffentlichen Bildung, in denen die Anwendung und die Giftigkeit von Pestiziden beschrieben werden, in die Wege leiten. Die Allgemeinliteratur und die Erfahrungen der Fachgruppen-Mitglieder lassen erkennen, daß der Öffentlichkeit bis zum Erscheinen von Rachel Carsons ‚Der stumme Frühling' die Giftigkeit der Schädlingsbekämpfungsmittel allgemein unbekannt war. Die Regierung sollte der Allgemeinheit diese Information so zugänglich machen, daß sie sich der Gefahren wie des Nutzens von Schädlingsbekämpfungsmitteln bewußt wird." [10]

Der Bericht des Ausschusses wurde am 15. Mai 1963 veröffentlicht. „Rachel Carson steht gerechtfertigt da", lautete eine Schlagzeile in ‚The Christian Science Monitor'. Eric Sevareid, der Nachrichtenkommentator von CBS, erklärte seinen Zuhörern: „Miss Carson hatte zwei unmittelbare Ziele. Eines war, die Öffentlichkeit zu alarmieren, das zweite, der Regierung ‚einzuheizen'. Das erste Ziel erreichte sie schon vor Monaten. Der Bericht der Fachgruppe des Präsidenten heute abend ist ein glaubhafter Beweis, daß sie auch das zweite erreicht hat."

Fachzeitschriften, von denen viele den ‚Stummen Frühling' kritisiert hatten, schlossen sich in ihrem Beifall für den Ausschußbericht der allgemeinen Presse an. ‚Chemical and Engineering News' bemerkte: „Die Fachgruppe des Ausschusses, die sich mit der Anwendung von Schädlingsbekämpfungsmitteln beschäftigte, setzte sich aus Männern zusammen, die in wissenschaftlichen und öffentlichen Angelegenheiten Großes geleistet haben und deren Stellung als Anerkennung ihrer Urteilsfähigkeit und Verantwortlichkeit gewertet werden kann. Der Ton ihres Berichtes spiegelt diese Eigenschaften wider." Und ‚Science', die Zeitschrift der Amerikanischen Gesellschaft für den Fortschritt der Wissenschaft [11], gab nur wenige Monate nach I. L. Baldwins höchst kritischer Besprechung des ‚Stummen Frühling' folgende Erklärung ab: „Der langerwartete Pestizidreport des wissenschaftlichen Beratungsausschusses des Präsidenten wurde letzte Woche veröffentlicht und ergibt, obwohl ein im Ton maßvolles Dokument und sorgfältig ausgewogen in der Einschätzung von Gefahren und Vorteilen, alles in allem eine ziemlich gründliche Rechtfertigung der These von Rachel Carsons ‚Der stumme Frühling'."

[10] Sämtliche Zitate wurden aus dem Original übersetzt.

[11] American Association for the Advancement of Science

Die Nationale Gesellschaft für Agrikulturchemie hielt sich etwas verdrossen abseits. Ihr Sprecher erklärte einem Reporter des ‚Wall Street Journal', der Bericht enthalte „Beobachtungen und Mutmaßungen, die von wissenschaftlicher Seite niemals bestätigt worden sind". Er deutete an, daß begründete Zweifel und Mangel an genauer Information keine annehmbare Grundlage für öffentliche Maßnahmen seien. Der Unternehmerverband spürte wohl, daß der Ausschußreport mehr Vorsicht forderte, als der Industrie lieb war, schien aber erleichtert zu sein, daß Kritik und Empfehlungen darin nicht strenger waren.

In den Augen der Industrie blieb jedoch für die in der Wirtschaft angewandten Gifte gültig, daß man deren ‚Unschuld' annehmen dürfe, bis der Beweis für die Schuld erbracht worden sei. Die Kontroverse dauerte an und damit auch der Schaden.

VI. DER PROTEST ZIEHT IMMER WEITERE KREISE

Im Juni schrieb C. J. Briejèr an Rachel Carson: „Der Orkan, den Sie entfesselt haben, ist jetzt über uns. Die chemische Industrie ist wütend, mehrere für chemische Mittel eingenommene Naturwissenschaftler sind es ebenfalls. Wie Sie vielleicht verstehen können, machte mich das ein wenig nervös und ich war daher äußerst erfreut, als ich den Report vom wissenschaftlichen Beratungsausschuß Ihres Präsidenten erhielt, eine sehr wirkungsvolle Waffe zur Abwehr aller Angriffe."

Die Ergebnisse, die ein Jahr zuvor naturwissenschaftliche Kreise in Amerika in Aufregung versetzt hatten, waren im Ausland nicht etwa unbemerkt geblieben. ‚Der stumme Frühling' war in zwölf Sprachen übersetzt worden. Seine Botschaft fand aufnahmebereite Ohren. Als mehrere Jahre später Julian Huxley an das Erscheinen der englischen Ausgabe erinnerte, schrieb er, daß „die Situation damals in Großbritannien so ernst war wie in den Vereinigten Staaten. Als Folge von Insektiziden und Herbiziden verlieren wir laufend große Mengen unserer Sing- und Raubvögel, Schmetterlinge und Bienen und unserer so geschätzten wildwachsenden Blumen. Als ich meinem Bruder Aldous darüber berichtete, sagte er: ‚Wir selbst zerstören die halbe Grundlage englischer Dichtkunst.'"

Während die Debatte über Rachel Carsons Buch und dessen Botschaft in den gesetzgebenden und akademischen Gremien Amerikas entbrannte, gab es eine ähnliche Auseinandersetzung auch im Oberhaus in London. Die gleichen, wenn auch weniger umfangreichen Folgeerscheinungen der unverantwortlichen Verbreitung von Chemikalien waren in Großbritannien aufgetreten. Nachdem ‚Der stumme Frühling' dort erschienen war, gab die allgemeine Besorgnis Anlaß, die Streitfrage der

Anwendung giftiger Chemikalien im Frühling 1963 in ausführlicher Debatte im Oberhaus auszufechten. Der englische Naturforscher Peter Scott erzählte erst kürzlich:

„Ich erinnere mich gut daran, daß ich von der Zuschauergalerie die Debatte im Oberhaus beobachtete und unten zwei rote Flecke – die Schutzumschläge der englischen Ausgabe von ‚Der stumme Frühling' – beiderseits neben dem Depeschenfach erblickte. Ein Exemplar war zum Nachschlagen für Lord Hailsham, den Regierungssprecher, das andere für den Sprecher der Opposition, Lord Shackleton, bestimmt. Seither ist nichts geschehen, was mir die Überzeugung nehmen könnte, daß künftige Generationen Rachel Carson wegen der gewaltigen Wirkung, die ‚Der stumme Frühling' ausgeübt hat, als eine große Wohltäterin der Menschheit betrachten werden."

Einer von Rachel Carsons Bewunderern im Oberhaus sandte ihr eine Abschrift des amtlichen Berichtes der Debatte in jenem Frühling. „Sie werden merken", meinte er, „daß fast jeder Sprecher in der Debatte Sie und Ihr Buch erwähnte. So etwas ist in meiner parlamentarischen Praxis noch nie geschehen, und ich hoffe, es wird Ihnen ein Beweis sein für den starken Eindruck, den Ihr Buch in unserem Lande gemacht hat."

Wie erklärt sich der Erfolg des ‚Stummen Frühling' in Großbritannien? Das Pestizidproblem war den Leuten dort nicht, wie in den Vereinigten Staaten, rasch über den Kopf gewachsen. Monokultur wird in England nicht in so riesigem Maßstab betrieben; blutsaugende Insekten sind besonders im Süden keine Landplage; und Malaria verschwand schon vor der Einführung chemischer Schädlingsbekämpfungsmittel von der Insel. Englische Naturwissenschaftler äußerten oft ihre Verwunderung über so maßlose amerikanische Pestizidprogramme wie etwa das gegen die Feuerameise und den Schwammspinner.

Trotzdem enthielt auch der Schauplatz in England genügend Elemente für eine Umweltkatastrophe. Die Engländer waren von den anfänglichen Triumphen des DDT ebenso nachhaltig beeindruckt wie die Amerikaner. Ihre Gesetze gewährleisten, ebensogut wie die Amerikas, den Vorrang privater, d. h. geschäftlicher Privilegien vor dem Wohlergehen der Allgemeinheit. Nachdem das ernste Problem der Luftverunreinigung in London Anfang der zwanziger Jahre untersucht worden war, rechtfertigte ein berühmter Ausschuß seine Weigerung, etwas dagegen zu unternehmen, folgendermaßen: „Wir haben nie außer acht gelassen, daß die Interessen des Handels voll berücksichtigt werden müssen und daß die Einführung von Gesetzen, die wichtige Industrien nachteilig beeinflussen könnten, nicht in Frage kommt." Eine solche Schwäche gegenüber korporativer Macht führte unausweichlich im Jahre 1952 zu dem berüchtigten ‚killer smog', dem tödlichen, rauchdurchsetzten Nebel in London. Da die Regierung sich keine Gedanken darüber machte, wohin die neuen chemischen Pestizide, die damals über Englands grünes, freundliches Land verstreut wurden, letzten Endes gelangen könnten, kam es ein paar Jahre später zu einer weiteren Umweltkrise. Von etwa 1956 an sah man in jedem Frühling überall in der Landschaft die Kadaver von Vögeln. Die Besitzer großer Güter fanden sie zu Hunderten – Buchfinken, Grünlinge, Hänflinge und Feldsperlinge, aber auch Fasane und Rebhühner. Augenzeugen berichteten, daß sie Tauben tot vom Himmel hatten fallen sehen. Im Jahre 1961 meldete Lincolnshire, eine Ackerbauregion, über 10 000 verendete Vögel – vielleicht nur ein Bruchteil der Gesamtzahl dort. Füchse und andere Säugetiere, die deren Kadaver fraßen, gingen daran ebenfalls zugrunde.

Entsetzte Bürger drängten ebenso auf eine wissenschaftliche wie eine parlamentarische Untersuchung. Zum Glück verfügte man bereits über Einrichtungen, um sich mit der Krise zu befassen. Pestizide waren in England schon eine Zeitlang mit Argwohn betrachtet worden. Im Jahre 1957 wurde zwischen Regierungsstellen und den führenden Handelsverbänden, die mit der Herstellung und Anwendung chemischer Pestizide zu tun hatten, über ein Vorhaben verhandelt, das schließlich als ‚Programm für Pestizid-Sicherheitsvorkehrungen'[1] bekannt wurde. Unter den Bedingungen des Programms kamen Hersteller und Verteiler überein, keine neuen Pestizide einzuführen und auch nicht für neue Anwendungsarten vorhandener Mittel einzutreten, bis ein Ausschuß von Naturwissenschaftlern die Pestizide und ihre Anwendungsformen gebilligt hatte. Der Plan war völlig freiwillig gefaßt worden.

Als Meldungen über das Sterben von Vögeln und Säugetieren sich mehrten, zeigte die Nature Conservancy, die Behörde, die für die Beratung der britischen Regierung in Naturschutzangelegenheiten zuständig

[1] Pestizides Safety Precautions Scheme

ist, ein lebhafteres Interesse für Pestizide. Im Jahre 1960 schuf sie eine Abteilung für giftige Chemikalien und wildlebende Tiere[2], um die Wirkungen von Pestiziden auf die Tierwelt zu erforschen. Die Abteilung wurde in der Monks Wood-Versuchsstation[3] in Huntington untergebracht. Ungefähr zur gleichen Zeit bildeten der British Trust of Ornithology und die Royal Society for the Protection of Birds – beide private Vogelschutzorganisationen – einen gemeinsamen Ausschuß. Er gab Berichte über die Wirkung von Schädlingsbekämpfungsmitteln auf Vögel heraus und begann die Öffentlichkeit aufmerksam zu machen „auf die größte Gefahr für Jagdwild und andere wildlebende Geschöpfe, die je im Lande aufgetreten ist", wie ein Naturforscher sagte.

Im Jahre 1961 wurden der englischen Öffentlichkeit die Tatsachen unterbreitet. Chlorierte Kohlenwasserstoffe als Pestizide, insbesondere Dieldrin, waren verwendet worden, um Getreidesamen vor der Aussaat zum Schutz vor der Getreideblumenfliege zu beizen. Vielerlei Vogelarten scharrten entweder das Saatgut heraus oder fraßen, was sie davon auf der Oberfläche der Felder fanden. Die unvermeidliche Folge war eine auffallend hohe Sterblichkeit bei Flugwild wie bei Singvögeln.

Wenn ähnlicher Schaden in den USA aufgedeckt wurde, leugneten die an Agrikulturchemie interessierten Kreise meist, daß überhaupt ein Problem vorhanden war, oder sie taten es mit einem Achselzucken ab, da es gerechtfertigt sei, wenn man Kosten und Nutzen berücksichtige. In England jedoch drückte sich, nachdem einmal die Fakten klargestellt waren, keine Gruppe der Gesellschaft vor der Verantwortung. Nur wenige Einzelgänger ließen sich durch das Scheinargument „Vögel oder Menschen" täuschen. Das ökologische Bewußtsein war stark genug ausgeprägt, um in dem Leiden und dem Tod von Vögeln in großen Gebieten eine dringende Warnung für den Menschen zu erkennen. Genauso wie Schmerz ein Signal ist, daß etwas im Körper nicht in Ordnung ist, wurde diese ausgedehnte Vernichtung als ein Signal für die Erkrankung der Umwelt gedeutet.

„Rachel Carsons Buch trug viel dazu bei, das allgemeine Interesse an dem Problem zu beleben", meint N. W. Moore von der Nature Conser-

[2] Toxic Chemicals and Wildlife Division

[3] Monks Wood Experimental Station

vancy. „Und zweifellos führte dies zusammen mit den Bemühungen der Vogelschutzverbände direkt und indirekt zu einer Unterstützung der Forschungsarbeit."

Noch ehe ‚Der stumme Frühling' in England erschien, trat dort zwischen Herstellern von Pestiziden, Landwirten und Regierungsstellen ein freiwilliges Abkommen in Kraft, daß man die schädlichen chlorierten Kohlenwasserstoffe für die Aussaat im Frühling nicht mehr als Saatgutbeize verwenden wolle. Für die Wintersaat durften diese Pestizide gebraucht werden, weil es im Herbst sehr viele natürliche Futterquellen für Vögel gab. Im Spätwinter und zu Frühlingsanfang verschwanden diese Futterquellen jedoch weitgehend. Gerade dann aber gehen die Vögel dazu über, in geeigneten Gegenden Saatgut herauszuscharren. Seit ‚Der stumme Frühling' in England veröffentlicht wurde, hat man dort genau auf die Verbreitung von Pestiziden geachtet. Im Jahre 1966 wurden die meisten Anwendungsarten der Anstoß erregenden Kohlenwasserstoffe – wie Aldrin, Dieldrin und Heptachlor – auf Ackerland durch ein freiwillig anerkanntes Verbot untersagt. Im gleichen Jahr verbot man auch den Gebrauch von Aldrin und Dieldrin zur Bekämpfung bestimmter, im Fleisch der Tiere schmarotzender Fliegenmaden im Tauchbad für Schafe.

Seither unterbreitet die Industrie auf der Basis der Freiwilligkeit dem wissenschaftlichen Unterausschuß der Regierung jede neue Chemikalie zur Genehmigung. Der Hersteller liefert Daten über die chemischen und physikalischen Eigenschaften des Pestizids, um dessen Zulassung er sich bewirbt, ebenso Angaben, die man durch Experimente mit Säugetieren, Vögeln, Fischen und Insekten über den Grad der Giftigkeit gewonnen hat. Die wissenschaftlichen Berater der Regierung prüfen die Daten des Herstellers, ebenso die Ähnlichkeit mit verwandten Chemikalien. Auf dieser Grundlage empfehlen sie Genehmigung oder Ablehnung. Die Industrie hat diese Empfehlungen stets anerkannt.

„Es ist wirklich ein organisiertes Durcheinander", hat ein Regierungsbeamter erklärt. „Es ist ein Durcheinander, weil es nach außen so wirkt, und es ist organisiert, weil es ziemlich gut klappt."

Trotzdem hat die chemische Industrie in Großbritannien durch den Verband der britischen Hersteller landwirtschaftlicher Chemikalien[4] be-

[4] Association of British Manufacturers of Agricultural Chemicals

antragt, daß das Verfahren zur Pflicht gemacht wird. Die Hersteller fürchten, daß eine neue Firma dem guten Ruf der Industrie schaden könnte, indem sie ganz nach ihrem Belieben alle möglichen Gifte verhökert.

Meist scheint die englische Regierung die richtigen Ansichten zu haben, wenn sie auch – wie Regierungen fast überall – manchmal die Ungeheuerlichkeit des Pestizidprogramms nicht ganz erfaßt. So verteilt das Landwirtschaftsministerium eine Broschüre ‚Chemicals for the Gardener'[5], die sich bemüht, dem begeisterten Gartenliebhaber in der Pestizidanwendung behilflich zu sein. Die Verfasser der Broschüre haben jedoch das Wesentliche einer solchen Hilfe nicht begriffen. Sie meinen anscheinend, es liege darin, für jeden unbedeutenden Plagegeist, auf den der Heimgärtner wahrscheinlich stößt, eine Sintflut von Pestiziden zu empfehlen. Hier hat jedes Insekt, jedes unerwünschte Unkraut oder Gras sein ‚Gegengift', manchmal auch zwei oder drei.

„Ich finde, es ist ein recht beängstigendes Sammelsurium", schreibt Dr. Kenneth Mellanby, ein Entomologe und Direktor der Monks Wood-Versuchsstation in England.[6]

In den Vereinigten Staaten ging es dagegen im Sommer 1963 viel langsamer voran als in Großbritannien. Rachel Carson bereitete sich auf ihre Reise an die Küste von Maine vor, die für sie die letzte sein sollte. Sie wußte, daß sie sterben werde. „Es kommt mir so vor, als hätte ich noch so viele Angelegenheiten zu regeln und in Ordnung zu bringen, und man hat so leicht das Gefühl, daß man in solchen Dingen noch viel Zeit hat", erzählte sie einer Freundin. „Ich halte immer noch viel von Churchills Vorsatz, jeden Kampf auszufechten wie er kommt, und denke, der Vorsatz, ihn zu gewinnen, könnte den Endkampf hinausschieben."

An dem Abend ihrer Abreise nach Maine erschien sie vor Senator Ribicoffs Unterausschuß, um mehrere Empfehlungen hinsichtlich der Anwendung von Pestiziden vorzubringen. Das folgende Zeugnis verrät, daß sie andere Kämpfe ebenso wie ihre eigenen durchfocht.

[5] Chemikalien für den Gärtner

[6] Eine andere Seite des Problems in Großbritannien wird im achten Kapitel erörtert.

„1. Ich hoffe, dieser Ausschuß wird ernsthaft ein sehr vernachlässigtes Problem erwägen – daß nämlich der Bürger ein Recht hat in seinem eigenen Heim sicher vor Giften zu sein, die andere Personen anwenden. Als Mindestmaß an Schutz schlage ich eine gesetzliche Forderung vor, alle Sprühprogramme von Gemeinden, Staat oder Bund mit angemessener Frist im voraus anzukündigen, damit alle beteiligten Gruppen angehört und berücksichtigt werden können, ehe man irgendwelche Sprühmaßnahmen durchführt. Ich schlage ferner vor, daß ein Verwaltungsapparat geschaffen wird, damit der einfache Bürger, der durch das Eindringen von Sprühmitteln des Nachbarn belästigt oder geschädigt wird, um angemessene Entschädigung ansuchen kann.

2. In einem anderen Bereich wird dieser Ausschuß hoffentlich neue Programme medizinischer Forschung und Erziehung auf dem Gebiet der Pestizide unterstützen. Ich habe schon lange das Gefühl gehabt, daß die Ärzteschaft, natürlich mit bemerkenswerten Ausnahmen, unzulänglich über diese sehr wichtige Umweltgefahr für die Gesundheit informiert war...

3. Ich würde auch eine Gesetzgebung begrüßen, die möglichst auf staatlicher Ebene Verkauf und Gebrauch der Pestizide wenigstens auf jene Menschen beschränkt, die fähig sind, die Gefahren zu begreifen und die Anweisungen zu befolgen...

4. Ich würde es begrüßen, wenn die amtliche Erfassung von Chemikalien allen beteiligten Behörden und nicht nur dem Landwirtschaftsministerium zur Aufgabe gemacht wird...

5. Wie mir scheint, werden unsere Probleme unnötig erschwert durch die phantastische Zahl chemischer Verbindungen, die als Pestizide in Gebrauch sind... Ich möchte den Tag erleben, an dem die Anwendung neuer Pestizide nur genehmigt wird, wenn keine bereits vorhandene Chemikalie oder andere Methode die Aufgabe erfüllt.

6. Zum Schluß hoffe ich, daß Sie der Erforschung neuer Methoden der Schädlingsbekämpfung, bei denen Chemikalien auf ein Mindestmaß reduziert oder gänzlich ausgeschaltet werden, ihre volle Unterstützung angedeihen lassen... Da unsere Probleme der Schädlingsbekämpfung zahlreich und mannigfaltig sind, müssen wir nicht nach einer einzigen Superwaffe suchen, die alle unsere Probleme lösen wird, sondern nach einer großen Vielfalt von Waffen, von denen jede genau ihrer Aufgabe

angepaßt ist. Dieses Ziel zu erreichen erfordert Scharfsinn, Beharrlichkeit und Hingabe, aber der vielfältige Lohn, der zu gewinnen wäre, ist groß."

Die entgegengesetzte Ansicht vertrat in den Hearings Dr. Mitchell R. Zavon, außerordentlicher Professor für Arbeitsmedizin an der Universität von Cincinnati und Berater der Shell Chemical Company. „Miss Carson redet über Wirkungen auf die Gesundheit, über die man sich erst nach Jahren Rechenschaft ablegen kann", erklärte er vor dem Unterausschuß. „Bis dahin würden wir überall auf der Welt den Menschen die Nahrung beschneiden. Diese Leute, die mit der Furcht hausieren gehen, sind buchstäblich darauf aus, sich an der Hungersnot der Welt zu weiden."

Während einer Pause in den Hearings gab auch einer der Landwirtschaftsexperten einem Reporter recht eindeutig zu verstehen, was die Vertreter der Schädlingsbekämpfung von dem Streit hielten. „Auf organische Methoden eingeschworene Farmer oder empfindsame Frauen in Gartenklubs werden Sie nie zufriedenstellen können", meinte er.

Rachel Carsons Erscheinen in den Hearings des Unterausschusses war ihr letztes aktives Auftreten im öffentlichen Leben Amerikas. Sie arbeitete jedoch den Rest des Jahres noch weiter. Besorgte Menschen schrieben ihr aus ganz Amerika und Europa, um ihr über Fälle von Pestizidmißbrauch zu berichten oder sie wegen bestimmter Chemikalien um Rat zu fragen. Sie bemühte sich, jeden Brief zu beantworten und schrieb auch noch ein Vorwort für Ruth Harrisons ‚Tiermaschinen'.

Rachel Carson starb am 14. April 1964 in ihrem Heim. Wissenschaftler, Naturschutzvertreter und Regierungsbeamte wohnten mehrere Tage später dem Begräbnis in der National Cathedral in Washington bei. Zu den Sargträgern gehörten der Innenminister Stewart L. Udall und Senator Ribicoff; der größte Kranz in der Kathedrale war von Prinz Philipp gesandt worden. Und im Sitzungssaal des Senats brachte Ribicoff seine Huldigung „dieser sanften, gütigen Frau dar, die allenthalben Menschen aufrüttelte, sich mit einem der zentralen Probleme unseres Lebens um die Mitte des 20. Jahrhunderts zu befassen – mit der Verseuchung der Umwelt durch den Menschen".

Dies war aber nur das Ende eines einzelnen Kapitels in dem langen

Ringen. Die Kritiker des ‚Stummen Frühling' bekämpften das Buch auch weiterhin von einem Ignoranten-Standpunkt aus: „Wir haben keinen Beweis, daß die beständigen Pestizide schädlich sind – also haltet uns nicht davon ab, sie anzuwenden."

Doch die Debatte sollte nie wieder die gleichen Formen annehmen. Rachel Carson hatte diesen Beweis erbracht.

ZWEITER TEIL

DIE SERIE DER BEWEISE

VII. RACHEL CARSONS ALPTRÄUME WERDEN WAHR

Hexachlorepoxyoctahydrodimethano-naphtalin. Das ist die chemische Bezeichnung von Endrin, einem wirtschaftlich angewandten oder ‚ökonomischen' Gift, das in der Landwirtschaft gegen Insekten im Boden und an den Blättern verwendet wird. Der chemische Name gibt vielleicht einen Hinweis auf die komplizierte Zusammensetzung, aber er verrät nichts über die Giftigkeit. Nebenbei bemerkt sind Kompliziertheit des Namens und der Zusammensetzung Eigenschaften, die Endrin mit den meisten anderen synthetischen organisch-chemischen Pestiziden gemein hat. Rachel Carson sagt dazu in ‚Der stumme Frühling': „Endrin ist der giftigste chlorierte Kohlenwasserstoff. Obwohl es chemisch ziemlich eng mit dem Dieldrin verwandt ist, macht eine geringfügige Abweichung in der Molekularstruktur es fünfmal so giftig. Es läßt das DDT – den ‚Ahnen' dieser gesamten Gruppe von Insektiziden – im Vergleich dazu fast harmlos erscheinen. Für Säugetiere ist es fünfzehnmal, für Fische dreißigmal und für manche Vögel ungefähr dreihundertmal so giftig wie DDT." [1]

Die Chemiker haben gelernt, diese Verbindungen mit bewundernswerter Geschicklichkeit in ihren Laboratorien herzustellen. Sie haben auch die Gefahren dieser Verbindungen an sehr vielen Laboratoriumstieren ‚getestet'. Überzeugt von der Wirksamkeit und Ungefährlichkeit der fertigen Produkte, reichen sie diese dann an den Verkäufer weiter, der sie seinerseits pflichtgemäß aller Welt verschachert. Das Verfahren wäre narrensicher, hätte man nicht einen wesentlichen Umstand vergessen: Die Chemiker, die ihre besonderen Laboratoriumsprobleme gelöst

[1] S. 24 f.

haben, verbreiten diese Verbindungen ungehemmt in einer unermeßlich komplexen Welt von Lebewesen, deren Probleme die Biologen noch keineswegs gelöst haben.

Alle die großen, durch die Technik bedingten Gefahren unserer Zeit haben sich nicht in den Laboratorien, sondern erst in der Welt um uns offenbart. Von beständigen Detergentien, Fallout, d. h. radioaktivem Niederschlag bei Atomversuchen, von Smog, der zum Teil von dem ‚nützlichen' Automobil erzeugt wird, und von Thalidomid (= Contergan) glaubte man, daß sie für die Menschen und deren Umwelt keine besonderen Probleme mit sich bringen würden. Barry Commoner hat einmal gesagt: „In jedem Fall wurde das Wagnis unternommen, ehe man es vollkommen begriff. Die Bedeutung dieser umstrittenen Fragen für die Naturwissenschaft – und für den Bürger – liegt nicht nur in den damit verbundenen Gefahren, sondern in der Warnung vor der Vernachlässigung einer wichtigen Pflicht der Naturwissenschaften – der Vorausberechnung und der Kontrolle von Eingriffen des Menschen in die Natur."

Hat man bestimmte Chemikalien erst einmal in der Umwelt freigesetzt, sind sie wegen ihrer verwirrenden Kompliziertheit schwer zu überwachen. Selbst wenn der Schaden festgestellt worden ist, sind die Quellen der Verseuchung schwierig zu entdecken. Man denke an das ‚Fischsterben im Mississippi' und an die Arbeit des jungen Wissenschaftlers Donald I. Mount, der uns einen gewaltigen Schritt vorangebracht hat auf dem Weg zu einem Verständnis des Schadens, den selbst winzige Spuren giftiger Chemikalien in der Umwelt anrichten können.

Am 18. November 1963 rief Robert LaFleur von der Abteilung für die Kontrolle der Wasserverunreinigung[2] in Louisiana den Staatlichen Gesundheitsdienst in Washington an. Er wollte ein Fischsterben von außerordentlichen Ausmaßen im Unterlauf des Mississippi melden. Seine Absicht war insofern ungewöhnlich, als Staatsbehörden im allgemeinen zögern, die Hilfe von Bundesstellen anzufordern, wenn es um Angelegenheiten der Umweltverseuchung geht; Staatsbeamte nehmen ‚Einmischung' der Bundesregierung übel, weil sie meinen, es werfe ein schlechtes Licht auf ihre eigenen Fähigkeiten.

[2] Division of Water Pollution Control

Aber der Staat Louisiana hatte damals keine andere Wahl. Er stand einem ausgedehnten und möglicherweise gefährlichen Problem gegenüber, mit dem er allein nicht länger zu kämpfen vermochte. Schätzungsweise fünf Millionen toter Fische trieben mit dem Bauch nach oben in dem großen Strom, der ein Drittel der USA entwässert, Trinkwasser für über eine Million Menschen liefert und einen wesentlichen Anteil der Fischerei-Industrie des Landes unterhält.

Ein einziges solches Sterben, selbst eines von diesem Umfang, hätte man vielleicht auf natürliche Ursachen zurückführen und mit einem Achselzucken abtun können. Aber Fälle von Fischsterben waren zu einem alljährlichen Ereignis entlang des Mississippi und des Atchafalaya und über Hunderte von Kilometern weit in den Altwässern dieser Ströme geworden. Dieses Fischsterben, bei dem manchmal auch Schlangen, Flußaale und Schildkröten verendeten, hatte Ende der fünfziger Jahre begonnen. Im Sommer 1960 war den Behörden in Louisiana mindestens dreißigmal ein Fischsterben gemeldet worden. „Die Kreise der Sportangler, empörte Bürger, geplagte Amtspersonen und die Presse forderten energisch, daß etwas unternommen werde", sagte Kenneth Biglane, damals Leiter der Abteilung für Wasserverunreinigung in Louisiana[3]. „Tote Fische verstopften den Zufuhrkanal des Franklin-Kraftwerkes, und im Bayou Teche, einem kleinen Fluß, der als Trinkwasserquelle für die Stadt Franklin benutzt wurde, verendeten die Fische."

Im November erreichte das Fischsterben ‚seuchenartige' Ausmaße. Man fand auch eine Menge toter Karpfen, Magenfinten und Süßwasser-Trommelfische, aber 95 Prozent der verendeten Fische bestanden aus Katzenwelsen. Das war für die Behörden besonders beunruhigend, denn Katzenwelse sind die Hauptnahrungsquelle für viele ärmere Leute, die in den Städten am Fluß und in den Siedlungen an den Altwässern leben. Staatsbeamte durchforschten den Fluß nach Anhaltspunkten. Temperaturänderungen im Wasser, dessen Alkalinität und Gehalt an gelöstem Sauerstoff wurden analysiert und als normal befunden. Anomales konnte man nur an den Fischen selbst entdecken.

„Die meisten Welsarten zeigten Blutungen am Maul und viele davon an den Flossen", sagte LaFleur später als Zeuge aus. „In jedem

[3] Louisiana Water Pollution Division

Fall offenbarte die Untersuchung, daß dies auf eine Aufblähung der Schwimmblase und des Verdauungssystems zurückzuführen war. Letzteres enthielt keine Futterreste, sondern nur Gase und eine geringe Menge eines schaumigen, galleähnlichen Stoffes. Eine Analyse der Organismen auf dem Grund des Wassers ergab, daß ein reichlicher Futtervorrat vorhanden war. Sterbende Fische schwammen, oft umgedreht, sehr träge an der Oberfläche und ließen sich leicht mit der Hand fangen."

Zu den Leuten, die diese verendenden Fische untersuchten, gehörten auch Sachverständige für Fischkrankheiten aus der Betreuungsstelle für Fische und Wildtiere. Man fand keine bedeutsame Anzahl von Krankheitserregern. Als das Fischsterben schließlich abflaute, führte der Staat es zunächst auf eine ,Bauchwassersucht' zurück. Unbedeutendere Fälle von Fischsterben, die sich in Flüssen und Altwassern 1961 und 1962 zutrugen, tat man als ,natürlich' ab. Dann trat im Jahre 1963 ein weiteres Massensterben unter den Fischen auf. Brackwasserfische wie Menhaden, ins Meer ziehende Forellen und dort lebende Welse gesellten sich als Opfer zu den Süßwasserarten. An diesem Punkt kamen dem Staat Louisiana doch Bedenken bezüglich der ,Bauchwassersucht', und er wandte sich an den Staatlichen Gesundheitsdienst der USA.

Naturwissenschaftler von der Abteilung für Wasserversorgung und Verunreinigungskontrolle [4] wurden nach Louisiana geschickt. Noch ehe sie sich dem Wasser selbst näherten, stießen sie bereits auf Anzeichen für den Umfang des Fischsterbens. Sportsleute berichteten, daß Enten, hauptsächlich fischfressende Arten wie Säger, tot in Flüssen und Altwassern schwammen. Fischer gaben voller Verzweiflung ihren Beruf auf und nahmen Posten in der Erdölindustrie an der Küste an, während ihre Frauen in Konservenfabriken arbeiteten. Großhändler klagten, daß es kaum noch Fische zu kaufen gäbe.

[4] Division of Water Supply and Pollution Control. Diese Abteilung des Ministeriums für Gesundheitswesen, Erziehung und Wohlfahrt wurde durch ein ,Water Quality Act' genanntes Gesetz 1965 aufgehoben. Das Gesetz schuf die heutige Bundesstelle für die Kontrolle der Wasserverunreinigung (Federal Water Pollution Control Administration), die am 1. Januar 1966 einsatzbereit war. Vier Monate später wurde unter dem Reorganisationsplan des Präsidenten diese Verwaltungsstelle dem Innenministerium unterstellt.

„Steht man an einem Herbst- oder Wintertag hier auf dem Landeplatz, kann man Tausende von toten Fischen mit der Strömung dahintreiben sehen", erzählte einer der Großhändler einem Reporter der ‚New York Times'. „Die Fische schnellen meist aus dem Wasser hoch und plumpsen einfach verkehrt wieder herunter. Viele andere verendeten in den Netzen, ehe die Fischer sie einholen konnten."

Unter den Wissenschaftlern der Bundesregierung, die sich auf dem Schauplatz einfanden, war auch Dr. Donald I. Mount, ein junger, dem Staatlichen Gesundheitsdienst zugeteilter Biologe. Nachdem Mount und ein anderer Biologe mit den Behörden in Baton Rouge das Gesamtbild des Fischsterbens erörtert hatten, brachen sie auf, um die Verhältnisse am Fluß zu untersuchen.

„Wir erblickten sterbende Fische im Gebiet von Baton Rouge im Fluß und in den Kanälen, ebenso in den Fahrrinnen des Mississippi in der Nähe der Küstenstadt Venice", schrieb Mount. „Getüpfelte Gabelwelse, Süßwasser-Trommelfische, Büffelfische und Amerikanische Alsen waren am stärksten vertreten, aber wir beobachteten auf dem Wasserspiegel auch kleine Karpfenfische, die große Flächen bedeckten und in krampfhafte Zuckungen verfielen, wenn sie von unserem Boot abgedrängt wurden. Im Brackwassergebiet erlebte man, daß Meeräschen und Menhaden meterhoch aus dem Wasser sprangen, wenn sie vom Kielwasser eines Bootes beunruhigt wurden; häufig sahen wir sie dann auf den Anlegeplätzen oder den Plattformen der Erdölquellen landen."

Mount war erstaunt, daß alle verendenden Fische ähnliche Erscheinungen zeigten: krampfhafte Zuckungen, Verlust des Gleichgewichtes, einige blutende Stellen auf dem Körper und Schwimmen an der Oberfläche. Als er die Fische einsammelte und untersuchte, entdeckte er, daß in fast allen Fällen der Verdauungskanal nicht einmal Spuren von Futter enthielt. Dennoch fanden sich übermäßig große Ablagerungen von Eingeweidefett in den Fischen, und das Verhältnis von Länge und Gewicht konnte als normal angesehen werden.

Mount und seine Kollegen verpackten rund 45 Kilo tote Fische in trockenes Eis, konservierten die inneren Organe anderer Fische, entnahmen Blutproben, machten Abstriche und sammelten aus Gebieten, in denen das Fischsterben aufgetreten war, Sedimente vom Grund und froren sie ein. Ein Teil des gesammelten Materials wurde zum Fisch-

Laboratorium der Betreuungsstelle für Fische und Wildtiere in Leestown in Westvirginia befördert; die Hauptmasse sandte man an das Taft-Zentrum für Hygienetechnik[5] des Staatlichen Gesundheitsdienstes in Cincinnati, in dessen Laboratorium Mount ständig arbeitete.

Dann begannen Wochen einer mühseligen Analyse, um zuerst die vernichtende Substanz und später deren Quelle ausfindig zu machen. Die Betreuungsstelle für Fische und Wildtiere berichtete nach Cincinnati, daß in den toten Fischen keinerlei Anzeichen einer Krankheit oder von Parasiten gefunden worden waren. Fortschreitend schieden Mount und seine Kollegen durch eine Reihe von Untersuchungen drei Möglichkeiten aus: Vergiftung mit bakteriell verseuchtem Futter, Viren und giftige Konzentrationen von Metallen. Die Prüfungen der Blutabstriche ergaben niedrige Werte für rote wie für weiße Blutkörperchen, was anzeigte, daß Krankheit nicht die Todesursache war. Ein bestimmter Argwohn erwachte bei den Forschern, als man Gewebe der Fische an Laboratoriumsmäuse verfütterte und damit bei ihnen Symptome einer Vergiftung hervorrief. Aber die Teste waren noch nicht überzeugend.

Ein entscheidender Durchbruch gelang erst, als die Naturwissenschaftler des Staatlichen Gesundheitsdienstes sich mit dem Schlamm befaßten, den sie mit Baggern aus betroffenen Gebieten im Fluß geholt hatten.

Filtriersätze von Chloroformextrakten dieser Grundsedimente verursachten, wenn sie in Behältern, in denen gesunde Fische herumschwammen, gelöst wurden, dramatische Reaktionen. Die gesunden Fische verfielen in krampfhafte Zuckungen, verloren ihr Gleichgewicht und bekamen Blutungen – alles Symptome, die mit den bei den betroffenen Fischen im Mississippi und Atchafalaya beobachteten genau übereinstimmten!

Mount und seine Kollegen verfolgten diesen Anhaltspunkt weiter. Mit Dampf gewonnene Extrakte aus der Leber der verendeten Fische riefen bei gesunden Fischen die wohlbekannten Symptome hervor. Das Beweismaterial ließ nun darauf schließen, daß eine fremdartige giftige Substanz, aber nicht ein Bestandteil des normalen Wasserstroms die Fische angegriffen hatte. Die Analyse war vielleicht gründlicher als jene, die man nach früheren Fällen von Fischsterben vorgenommen hatte, aber

[5] Taft Sanitary Engineering Centre

es war sehr wenig wissenschaftliches Beweismaterial zusammengetragen worden, um den langgehegten Verdacht vieler Biologen am Mississippi zu bekräftigen, daß man es mit einer durch die Verseuchung der Umwelt heraufbeschworenen Krise zu tun habe.

Aber Mount und seine Kollegen waren ihren Vorgängern gegenüber in mehrfacher Hinsicht im Vorteil. Erst ganz kurz zuvor waren empfindliche Instrumente entwickelt worden, mit ihnen konnte man chemische Rückstände messen, die in so geringen Spuren auftraten, daß ein Teil davon auf 1 Milliarde Teile des Lösungsmittels kam. – (Mittlerweile rechnet man sogar in Teilen pro Billion!) Ferner ersann Mount neue Methoden einer ‚Fisch-Autopsie', die es ihm ermöglichten, energisch auf eine Lösung des Problems hinzuarbeiten.

Arbeitsgruppen von Wissenschaftlern in Taft und anderen Laboratorien des Gesundheitsdienstes verwendeten sogenannte Gas-Chromatographen, mit denen sie Extrakte aus Fischgeweben und Sedimenten vom Flußgrund analysierten. Gelegentlich wurden Spuren von DDT und Dieldrin gefunden, aber nicht in signifikanten Mengen. Doch drei ‚Höchstwerte' waren den Gas-Chromatogrammen aller Extrakte gemeinsam. Einen der Stoffe, der diese Höchstwerte erreichte, hielt man für Endrin, einen chlorierten Kohlenwasserstoff, den man zur Bekämpfung des ‚Zuckerrohrbohrers' – der Raupe eines Graszünslers –, auf großen Flächen angewendet hatte. Aber die anderen zwei Substanzen, deren Vorhandensein durch die Höchstwerte auf den Chromatogrammen offenbar geworden war, ließen sich nicht identifizieren. Die Wissenschaftler bezeichneten diese Substanzen als X und Y.

„Alle Versuche X und Y zu bestimmen, darunter auch mit Infrarot-Analyse, scheiterten", schrieb Mount. „Schließlich erfanden wir jedoch ein Verfahren, mit dem der Stoff, der diese Höchstwerte auf dem Gas-Chromatogramm erzielte, in fast reiner Form angereichert und überprüft werden konnte, wofür man neugeborene Guppys in 1 bis 2 Milliliter Wasser benützte. Diese Versuche zeigten, daß von einer gegebenen Gewebsmenge nur der Höchstwert des für Endrin gehaltenen Stoffes giftig war und in den Guppys die wohlbekannten Symptome einer Endrinvergiftung hervorrief."

An diesem Punkt übernahmen Chemiker eine Phase der Untersuchung und bemühten sich, die Substanzen, die auf den Gas-Chromatogrammen erschienen waren, zu bestimmen. Durch Infrarot-Analyse wurde der giftige Stoff, der einen Höchstwert erreichte, eindeutig als Endrin identifiziert. Mit Hilfe der Shell Chemical Company, einem der Erzeuger von Endrin, wurden X und Y, die ebenfalls Höchstwerte erreichten, als Chemikalien bestimmt, die mit der Herstellung von Endrin zusammenhingen.

Der Laie könnte jetzt zu dem Schluß kommen, daß der Missetäter überführt worden sei, aber das war keineswegs der Fall. Ein Indizienbeweis, gleichgültig wie vielsagend er sein mag, kann nicht als wissenschaftlicher Beweis anerkannt werden. Die Ursache muß unmittelbar und eng mit der Wirkung verknüpft sein. Die Diagnose ‚Tod durch Pestizidvergiftung' ist auch dann nicht unbedingt stichhaltig, wenn in den Geweben des Opfers ein relativ hoher Gehalt an Pestizidrückständen entdeckt worden ist. Die Vielfalt chemischer Komponenten ist unermeßlich und deren Wirkungen auf Lebewesen sind unermeßlich kompliziert. Man sehe sich daraufhin den Bericht von zwei Forschern des Landwirtschaftsministeriums an:

„Bei Fütterungstesten, bei denen man eine pro Million 60 Teile Heptachlor enthaltende Nahrung verwendete, konnten am Ende einer 16 Wochen dauernden Fütterungsperiode 52 Teile pro Million Heptachlorepoxyd aus dem Fett von Vieh wiedergewonnen werden. Zu diesem Zeitpunkt waren Gesundheits- und Allgemeinzustand des Viehs ausgezeichnet... Im Gegensatz dazu stellte sich heraus, daß ein Kalb, das durch eine einzige große Dosis Heptachlor getötet worden war, im Fett einen Rückstand von nur 2 Teilen pro Million aufwies."

Die Naturwissenschaftler haben die Erfahrung gemacht, daß selbst bei nahe verwandten Arten von Fischen und größeren Tieren die Anfälligkeit für chemische Pestizide beträchtlich schwankt. Dosierungen oder Konzentrationen von Rückständen, die sich für eine Art vielleicht als tödlich erweisen, üben anscheinend auf andere Arten nur eine geringe Wirkung aus. Und natürlich spielen verschiedene Dinge – etwa die Natur der spezifischen Chemikalie, die normale Kost des Opfers und dessen körperlicher Zustand zu dem Zeitpunkt, an dem es die Chemikalie zu sich genommen hat – eine bedeutsame Rolle bei der endgültigen Giftwirkung.

„Glücklicherweise konnte das Problem experimentell untersucht werden", schreibt Lucille F. Stickel von der Abteilung für Sportfischerei und Wildtiere. „Man hat dabei gelernt, daß manche Gewebe sich für eine diagnostische Deutung eignen, andere dagegen nicht. Später hat man festgelegt, welche Gewebe und Konzentrationen von Rückständen diagnostisch wertvoll sind und eine DDT-Vergiftung anzeigen sowie für eine große Reihe von Tieren gelten. Man hat auch Experimente gemacht, um kritische Konzentrationen von DDT-Stoffwechselprodukten zu bestimmen." [6]

Es war Donald Mounts Triumph, daß er im Blut von Getüpfelten Gabelwelsen, Büffelfischen und Atlantischen Magenfinten die Endrin-Konzentrationen, die sich unabänderlich als tödlich erweisen, feststellte. Sämtliche Blutproben, die den im Mississippi betroffenen Fischen entnommen worden waren, enthielten Endrin-Rückstände, die diese tödlichen Konzentrationen beträchtlich überstiegen. Nachdem das Fischsterben abgeflaut war, enthielten Fische, die man im Fluß sammelte, in keinem Falle mehr annähernd so hohe Pestizidrückstände.

Aus welcher Quelle stammte das Endrin im Fluß? Daß beständige Pestizide wie Endrin oft von Feldern in nahegelegene Flüsse geschwemmt wurden, war schon lange Zeit bekannt, aber weder Staatsbeamte noch die Forscher vom Staatlichen Gesundheitsdienst konnten nachweisen, daß große Mengen der verunreinigenden Stoffe im Fluß von den Zuckerrohrfeldern stammten. Die schwersten Fälle von Fischsterben ereigneten sich im Herbst, während die Felder im Frühling gesprüht wurden. Überdies sind die meisten Zuckerrohrfelder von Louisiana durch Dämme vom Mississippi und Atchafalaya getrennt. Ein Hygiene-Ingenieur des Staates faßte das Untersuchungsergebnis kurz zusammen: „Obwohl die Konzentrationen im Lauf des Mississippi in Louisiana zuzunehmen scheinen, führt kein Entwässerungssystem Wasser aus den Böden dort in den Strom, und es gibt dort keine Industrien, die Insektizid-Abfälle in den Fluß abladen."

Die Behörden von Louisiana schlossen daraus, daß der Großteil der giftigen Substanz, die sich so nachteilig auf die örtliche Fischerei ausgewirkt hatte, vom Fluß aus dem Norden in den Staat eingeschleppt worden sein mußte. Davon war man schon ausgegangen, als man die Bun-

[6] Das gleiche gilt für Dieldrin

desregierung um Beistand bat, und davon gingen auch die Untersuchungsbeamten aus, nachdem Endrin als die todbringende Substanz bestimmt worden war. Ihre Aufgabe war nicht leicht. Entlang dem Mississippi befinden sich rund 100 000 Industriebetriebe, von denen viele ihre Abwässer in den Mississippi und dessen Nebenflüsse leiten. Über hundert dieser Fabriken stellten Pestizide her. Die komplizierte Zusammensetzung der Abfallstoffe im Mississippi spottet der wildesten Phantasie.

Wissenschaftler, die sich in der Abteilung für die Kontrolle der Wasserverunreinigung mit Gewässerkunde befaßten, waren, nach Kenneth Biglanes Aussage, „bald gut unterrichtet über die verschiedenen Formen der Wasserverunreinigung, die sich in ihrem Staat von Zeit zu Zeit feststellen ließen. Abfallprodukte von Zuckerfabriken, Konservenfabriken für Süßkartoffeln, von Papiermühlen und von Laugen der Ölfelder, von Fabriken für den Marinebedarf und chemischen Betrieben, von Abwasserkanälen der Gemeinden und von Schlachthäusern haben alle zwei Dinge miteinander gemein: Sie können Wasser verderben und Lebewesen in ihm töten. Der Zeitpunkt, an dem sie auftreten, die Quelle, aus der sie stammen sowie die physikalischen und chemischen Veränderungen, die sie in der Umwelt des Wassers verursachen, bieten jedoch Anhaltspunkte, nach denen man sie voneinander unterscheiden kann."

Die mit der Untersuchung betrauten Leute des Staatlichen Gesundheitsdienstes waren auf mehrere Hinweise gestoßen. Von Farmern und Biologen erfuhren sie, daß Fische, die in den von Endrin verseuchten Wasserläufen in der Nähe von Zuckerrohrfeldern zurückgeblieben waren, unmittelbar nach dem Sprühen, wenn es stark regnete, schnell verendeten. Diese Wirkung bezeichnete man als ‚akut'. Die Fälle, in denen das Fischsterben, wie etwa im Herbst 1963, weiter um sich griff, wurden von Symptomen begleitet, die die Wissenschaftler als ‚subakut' beschrieben. Die Fische verendeten langsam, nachdem sie eine Anzahl von Symptomen durchlaufen hatten; oder sie litten unter krampfhaften Zuckungen, erholten sich wieder und überlebten. Die Untersuchungsbeamten schlossen daraus, daß die Fische vielleicht Endrin, nachdem es in der unermeßlichen Flut des Stromes verdünnt worden war, in kleineren Mengen aufgenommen hatten. In Memphis im Staate Tennessee, rund 800 Kilometer stromaufwärts, befand sich eine Fabrik, die Endrin erzeugte.

Im April 1964 führte Alfred R. Grzenda eine Gruppe von Pestizidfachleuten aus dem Staatlichen Gesundheitsdienst in die Fabrik in Memphis, die der Velsicol Chemical Corporation von Chicago gehörte. Dies war die Gesellschaft, die im Sommer 1962 die Veröffentlichung des ‚Stummen Frühling' zu verhindern versuchte. In ihren Laboratorien in Chicago war Endrin entwickelt worden.

Grzendas Aufgabe war es, Informationen über die Herstellung von Endrin einzuholen und Proben von Schlamm und Wasser in der Nachbarschaft der Fabrik zu sammeln. Aber ihm und seinem Team wurde nicht gerade ein sehr herzlicher Empfang bereitet. Als Grzenda bestimmte Fragen über Endrin und dessen Nebenprodukte stellte, wies ihn der Direktor der Fabrik auf die Patente für die Herstellung hin, und auf ihrer Suche nach Proben wurden die Beamten nicht wie Vertreter des Staatlichen Gesundheitsdienstes, sondern mehr wie Agenten einer fremden Regierung behandelt.

„Die Velsicol Company wählte mehr oder weniger die Stellen aus, denen wir Proben entnahmen", sagte Grzenda. „Es war, mit anderen Worten, eine ‚Führung' durch die Fabrik."

Grzenda und seine Arbeitsgruppe untersuchten verschiedene Abwässerkanäle in dem Gebiet und entdeckten in allen starke Gerüche von Chemikalien; sie ähnelten denen um die von Velsicol neu installierte Anlage für die Verarbeitung von Abfällen. Die Gruppe fand auch einen Umleitungskanal für Abwässer, der Abfälle des Velsicol-Werkes in einen See schwemmte, aus dem sie in den Wolf River, einen kleinen Nebenfluß des Mississippi, strömten. Und in einiger Entfernung von der Fabrik kamen sie auf einen Hollywood Dump genannten Platz, zu dem täglich in großen Behältern feste und halbflüssige Abfälle von Velsicol transportiert wurden.

„Dieses Material wird vergraben, oder man lagert es offen auf einem Teil des Müllabladeplatzes, der auf der Überschwemmungsebene des Wolf River liegt", berichtete Grzenda. „Alle diese Stellen sind dem Hochwasser ausgesetzt. Der Fabrikdirektor leugnete, daß irgendwelche festen Stoffe aus dem Endrin-Werk zum Hollywood Dump befördert wurden, aber am 15. April bemerkten wir dort Trommeln mit der Aufschrift ‚Isodrin-Abfälle'. Isodrin ist eine der Verbindungen, die bei der Herstellung von Endrin verwendet werden. Der Direktor erklärte jedoch, daß derartiges Material normalerweise nicht auf dem Hollywood Dump abgeladen werde."

In Wasserproben aus den Abwässerkanälen und Wasserläufen rings um das Velsicol-Werk entdeckte man Endrin-Mengen, die alles übertrafen, was vorher über Konzentrationen von insektenvertilgenden chlorierten Kohlenwasserstoffen gemeldet worden war. Nach dem Bericht des Gesundheitsdienstes befand sich das verseuchte Wasser zum größten Teil „bekanntlich stromabwärts von Stellen, die derzeit oder früher von der Velsicol Chemical Corporation für den Abfluß oder die Beseitigung von Abfällen benützt worden sind".

Der vollständige Bericht des Gesundheitsdienstes, der im Frühling 1964 bekanntgegeben wurde, war schärfer formuliert, als Regierungsgutachten es für gewöhnlich sind: „Endrin, das im Gebiet von Memphis in Tennessee ins Wasser gelangte, andere noch nicht eindeutig festgestellte Quellen von Endrin, möglicherweise auch andere Pestizide sowie Abflüsse von Kloaken und vielerlei Abfallprodukte der Industrie verunreinigen die Gewässer des unteren Mississippi und Atchafalaya und gefährden dadurch Gesundheit und Wohlergehen von Menschen in einem anderen Staat oder anderen Staaten als jenen, aus denen die Abwässer stammen. Gemäß den Vorschriften des Bundesgesetzes über die Kontrolle der Wasserverunreinigung[7] müssen solche Abwässer beseitigt werden."

Der Staatliche Gesundheitsdienst der USA fühlte sich keineswegs gezwungen, sich in den Streit um Pestizide und Volksgesundheit zu stürzen. Diese Behörde hatte stets nur ungern Verwaltungsaufgaben übernommen, besonders solche, zu denen die energische Durchführung von Maßnahmen gehörte. So spornte sie die Gesundheitsministerien der Einzelstaaten auch nicht an, örtliche Gesetze gegen die Verunreinigung durchzudrücken, denn sie glaubte, daß ein solcher Druck von seiten einer Bundesstelle „die Beziehungen zum Staat zerstören und künftige Forschungsarbeit versiegen lassen würde". Hauptsächlich aus diesem Grund wurde die Bundesstelle für die Kontrolle der Wasserverunreinigung[8] schließlich 1966 durch den Reorganisierungsplan des Präsidenten dem

[7] Federal Water Pollution Control Act
[8] Federal Water Pollution Control Administration

Einfluß des Gesundheitsdienstes entzogen und dem Innenministerium unterstellt.

Doch im Jahre 1964 wurde, wie so viele Behörden, Organisationen und Politiker, auch der Gesundheitsdienst in den großen Wirbel hineingezogen, den die Enthüllungen seiner Untersuchungsbeamten auslösten. Da die Wasserreinigungssysteme diese komplexen Chemikalien nicht entfernen, wenn man nicht Spezialverfahren wie etwa die Behandlung mit Aktivkohle anwendet, waren Spuren von Endrin im Trinkwasser von New Orleans und Vicksburg entdeckt worden. Dr. James M. Hundley, Vizegeneralstabsarzt der USA, hatte Befürchtungen für die Gesundheit der Menschen in niedrigen Einkommensgruppen geäußert, die sich größtenteils von Welsen ernährten.

Die Behörden in Washington waren in Aufruhr. Innenminister Stewart L. Udall reagierte energisch auf die immer deutlicher hervortretende Bedrohung durch beständige Pestizide. In einem Erlaß, der an seine Hauptmitarbeiter erging und eine neue Politik des Ministeriums einleitete, erklärte Udall: „Es ist unbedingt notwendig, daß alle Pestizide, Herbizide und verwandten Chemikalien in einer Form angewendet werden, die völlig im Einklang mit dem Schutz der gesamten Umwelt steht. Jeder beabsichtigte Gebrauch dieser Chemikalien muß bekannte sowie mögliche Wirkungen auf die Umwelt berücksichtigen. Richtlinie für das Ministerium soll sein, daß von einem bestimmten Pestizid kein Gebrauch gemacht werden darf, wenn hinsichtlich der Wirkung auf die Umwelt begründeter Zweifel besteht."

Das Landwirtschaftsministerium der USA reagierte nicht ganz so eindrucksvoll. Obwohl die Inspektion von Pestizidfabriken entlang des Flusses Bedingungen vorfand, „die eine ausgesprochene Gefahr zu bilden scheinen", behauptete man, daß die großen Mengen Endrin, die bei Memphis im Fluß entdeckt wurden, nicht die Folge der Anwendung im Ackerbau seien, daher also kein Vorgehen von seiten des Landwirtschaftsministeriums notwendig machten. Die Lage erfordere weder gesetzgeberische noch ministerielle Maßnahmen, sondern „weitere Forschung".

Infolge des Fischsterbens im Mississippi plante Senator Ribicoff eine neue Runde der Hearings seines Unterausschusses. Rachel Carson, die kurz vor ihrem Tode davon erfuhr, sagte zu einem Freund, sie sei von

Ribicoffs Unternehmen „entzückt". Die Hearings dienten als ein neues Forum für das Ringen zwischen feindlichen Kräften.

Vielleicht hatte der Streit seinen eigentlichen Grund darin, daß viele die Pestizide befürwortende Geschäftsleute und Beamte einfach nicht zu glauben vermochten, daß verhältnismäßig winzige Mengen eines Giftes in einem großen Strom eine solche Katastrophe heraufbeschwören konnten. Donald Mount sagt dazu: „Vielleicht ist es wirklich schwer zu verstehen, daß eine Substanz im Wasser in so überaus geringer Konzentration wie 0,1 Teile pro Milliarde für Fische hochgiftig sein konnte. Man muß jedoch bedenken, daß das Blut eines Katzenwelses in nur zwei Stunden eine über tausendmal höhere Endrin-Konzentration erreichen kann, als das Wasser sie aufweist, in dem der Fisch herumschwimmt; dann fällt das Verständnis leichter.

Bei einer unserer Untersuchungen entdeckten wir, daß Karpfenfische, sogenannte Fettköpfe, die 0,15 Teilen pro Milliarde Endrin ausgesetzt waren, im gesamten Körper Konzentrationen aufwiesen, die zehntausendmal größer waren als die des Wassers. Bei einer derartigen Fähigkeit, Stoffe wie Endrin zu konzentrieren, kann man begreiflicherweise keine genauen Daten über Giftigkeit erhalten, wenn etwa Katzenwelse von einem halben Kilo oder mehr Gewicht in ein etwa 20 bis 30 Liter fassendes Aquarium gebracht werden, in dem das zu untersuchende Wasser nicht dauernd erneuert wird... Man sieht ohne weiteres ein, daß es notwendig ist, Konzentration in einem Meßbereich von Teilen pro Milliarde zu bestimmen." [9]

Der von Ribicoffs Untersuchungsausschuß veröffentlichte Bericht ent-

[9] Rachel Carson hatte bereits in ‚Der stumme Frühling' (S. 46) bei beständigen Pestiziden eine Neigung bemerkt, aus dem Wasser des Sees zu „verschwinden", aber „es (das Gift) war lediglich in die Gemeinschaft der Lebewesen übergegangen, die der See ernährt". An anderer Stelle haben George J. Wallace und Ernest A. Bykins ein ähnliches Phänomen im Boden geschildert: „Da die Rückstände im Boden abnehmen, deren Zunahme in Regenwürmern und vermutlich auch in anderen Bodenorganismen aber nicht zurückgeht, meinen wir, daß das sogenannte ‚Verschwinden' von beständigen Pestiziden in Wirklichkeit weitgehend eine Übertragung und Neuverteilung ist – und zwar vom Boden auf die Bodenorganismen und dann auf höhere Tiere." Manche der optimistischen Berichte, die auf der Überprüfung von Wasser und Boden beruhen, sind also offenkundig sehr zweifelhaft.

hielt kritische Bemerkungen über die Industrie und die verschiedenen Regierungsstellen, die in den Streit verwickelt waren. So hieß es etwa über die Vertreter der Industrie: „Ihre Aussagen in den Hearings bezogen sich vorwiegend auf ihre Leistungen, und ökologische Probleme schienen wenig beachtet zu werden." Und von Regierungsstellen hieß es: „Wenn ein kompliziertes technisches Problem, das die Volksgesundheit betrifft, von der Presse herausgestellt wird, fehlt es der Regierung an der richtigen Organisation, um die Tatsachen zu ermitteln. In der aus dem Fischsterben resultierenden Situation gerieten ihre Ministerien in Konflikt, was sich in der Frage der Verantwortlichkeiten zeigte.

Der Streit um die Zuständigkeit erstreckt sich sogar auf Amtsstellen innerhalb der Ministerien. Man hält Informationen zurück oder man läßt sie durchsickern, um bürokratische Positionen aufrechtzuerhalten, nicht so sehr, um zum wissenschaftlichen Verständnis beizutragen. Naturwissenschaftler ziehen sich in Stellungen zurück, in denen sie rein fachwissenschaftlichen Kleinkram austüfteln können, indem sie etwa auf die Grenzen hinweisen, die infraroten Adsorptionsspektren für qualitative organische Analysen gesetzt sind – was einem Kongreßausschuß nur wenig helfen kann. Die Industrie, von Furcht um den guten Eindruck beim Kunden – und vor weiteren Regierungsvorschriften – getrieben, lehnt eine Verantwortlichkeit für unvermeidliche Industrie-Abfälle ab. Die Regierungen der Einzelstaaten lassen erkennen, daß sie der Sache technisch nicht gewachsen und von unangebrachtem Chauvinismus erfüllt sind."

Der Minister für Gesundheitswesen, Erziehung und Wohlfahrt Anthony Celebrezze berief später in New Orleans eine Konferenz ein. Zur Diskussion stand die Forderung von Louisiana, die von einem Staat in den anderen weitergetragene Verunreinigung der Gewässer zu beseitigen. Die Konferenz wurde gelegentlich beeinträchtigt durch die verdrossene Gekränktheit verschiedener Staatsbeamter, die sich ärgerten über die ‚unberufene Einmischung' der Bundesregierung in eine Krise, mit der sie selbst nicht fertigzuwerden vermochten. Und im Sitzungssaal des Senates der USA erhob sich Senator Everett McKinley Dirksen von Illinois, um den Staatlichen Gesundheitsdienst zu verdammen, der „wilde Anschuldigungen" erhoben und Velsicol „ungerechtfertigterweise gekreuzigt" habe, bevor das gesamte Tatsachenmaterial vorlag.

Später fügte Dirksen in das Kongreßprotokoll Zitate mehrerer Akademiker ein, die den ‚Stummen Frühling' kritisiert hatten; der Kern dieser Äußerungen war, daß nicht die Pestizide die Gefahr darstellten, sondern diejenigen, die deren Anwendung tadelten und daher die Welt dem Hunger und der Krankheit preisgäben. Daß Dirksen Velsicol unterstützte, dessen Hauptwerk sich in Illinois befand, überraschte niemanden; er hatte stets in der vordersten Reihe derer gestanden, die sich bemühten, die Industrie gegen eine wirksame Gesetzgebung zur Kontrolle der Herstellung von möglicherweise gefährlichen Chemikalien zu verteidigen.

Immerhin war ein Anfang gemacht worden in dem Bestreben, den phantastisch verschlungenen Knäuel den wir das ‚Pestizidproblem' nennen, zu entwirren. Es gibt über 200 chemische Grundstoffe, die in der modernen Schädlingsbekämpfung verwendet werden. Sie werden immer wieder neu kombiniert, so daß die Leute, die Schädlinge bekämpfen, mehr als 60 000 einzelne Verbindungen an der Hand haben. Jede davon wirkt unter verschiedenen Bedingungen verschiedenartig auf verschiedene besondere Organismen ein. Es ist daher kaum erstaunlich, daß einiger Zweifel bestehen bleibt, ob man sämtliche chemischen Stoffe, von denen das Fischsterben im Mississippi ausging, entdeckt hat. Erstaunlich ist, daß die Untersuchungsbeamten der Regierung imstande waren, aus dem dichten Netz von Verunreinigungen des Flusses die eine, höchst gefährliche Substanz herauszugreifen und bis zur Quelle zu verfolgen.

In dieser Hinsicht endete die Katastrophe im Mississippi mit einem etwas sonderbaren Triumph für die Männer, die von der Regierung aus die Nachforschungen betrieben. Sie übernahmen die ständige Überwachung des Velsicol-Werkes in Memphis. Täglich wurden dessen Abwässern Proben entnommen und der Pestizidgehalt in den nahegelegenen Gewässern genau in einer Statistik verzeichnet. Gelegentliche Höchstwerte, die auf den Kontrollgeräten registriert wurden, verrieten, daß die Verseuchungsstoffe immer noch den Weg in den Fluß fanden.

„Aber die Überwachung ‚rund um die Uhr' durch unseren Stab von Fachleuten machte sich schließlich bezahlt", erklärte Murray Stein, der in Sachen Velsicol sehr rührig war und später als stellvertretender Kommissar für die Durchführung der von der Bundesstelle für die Kontrolle der Wasserverunreinigung erlassenen Vorschriften sorgte. Schließlich verschwanden die Höchstwerte auf den Kontrollgeräten der Regierung. Und die Public-Relations-Abteilung von Velsicol erneuerte, unbekümmert um die jüngsten Ereignisse, ihren Angriff auf Rachel Carsons Buch: „Falls Sie es noch nicht bemerkt haben solten, die Bäume belaubten sich, die Vögel sangen, Eichhörnchen erkundeten das Gelände, Fische sprangen, und wir hatten 1965 einen normalen, aber keineswegs den ‚stummen' Frühling, den uns die verstorbene Miss Carson als Schreckgespenst an die Wand malte."

Bald darauf wechselte die Velsicol Chemical Corporation die Besitzer. Stein und seine Kollegen bemerkten einen plötzlichen Umschwung der Taktik der Handelsgesellschaft. „Die Leute suchten uns in Washington auf, und wir trafen uns später mit ihnen in Chicago", sagt er. „Sie hörten sich unsere Geschichte aufmerksam an. Seitdem arbeiten sie bereitwillig mit uns zusammen."

Da die Bundesstelle für die Kontrolle der Wasserverunreinigung nicht die Macht besitzt, etwas unter Strafandrohung zu erzwingen, hatten ihre Untersuchungsbeamten das Velsicol-Werk nie gründlich zu inspizieren vermocht. Diese Lage änderte sich unter den neuen Besitzern, und die Regierungsvertreter wurden eingeladen, sich in der Fabrik umzusehen. Velsicol verschloß die von Rückständen verstopften Abwasserkanäle und kaufte eine große Farm in der Nähe, auf der die Firmenangestellten leere Pestizidbehälter vergraben können.

Ist die Regierung mit dem Fall zufrieden?

„Die Fälle von Fischsterben dauerten an, bis wir uns die Leute von Velsicol aufs Korn nahmen", erklärt Stein. „Sobald einmal die Abfallprodukte nicht mehr ins Wasser geschwemmt wurden, hörte das große Fischsterben auf. Ziehen Sie selbst Ihre Schlüsse daraus."

VIII. VERGIFTETE GEWÄSSER

Das Fischsterben im Mississippi befriedigte das dringende Bedürfnis der Regierung nach einem klaren Fall, der wie nach einem vorgezeichneten Plan ablief und, säuberlich mit einer Aufschrift versehen, mit einem Gefühl der Befriedigung zu den Akten gelegt werden konnte. Er war im Grunde genommen eine klassische Detektivgeschichte. Doch hinter der Entwirrung eines Fadens, der zu einem einzelnen Gift im großen Strom führte, lag eine unerfreulichere und wichtigere Wahrheit. Weder Gesetz noch Wissenschaft vermögen die weltweite Flut der Verseuchung noch länger in Schranken zu halten. In Tausenden von Seen und Flüssen häufen sich die unsichtbaren beständigen Gifte an, alles Leben verpestend, mit dem sie auf ihrer Reise ins Meer in Berührung kommen. Ihr wahres Element ist die Fettsubstanz lebender Geschöpfe. Die Gifte, im Wasser nur in winzigsten Spuren gefunden, suchen sich die umgebenden Lebewesen aus und schleichen sich in sie ein, um sich über die Futterkette in erschreckenden Ausmaßen anzureichern.

1968 erhielt in Michigan das vielversprechende Silberlachs-Programm einen schweren Schlag, als von der Fischbrut 700 000 Stück in den Zuchtbecken eingingen. Biologen führten dies auf DDT zurück, das von Ackerland in das Wasser geschwemmt oder geweht worden war.

In Kanada, wo im Juni auf Wasserscheiden mit DDT gesprüht worden war, fand man im nächsten Herbst dort heimische Junglachse verendet in Bächen. Die DDT-Rückstände waren monatelang ohne auffallende Wirkungen in den Geweben der Fische gespeichert worden. Als die sinkenden Wassertemperaturen die Fische zwangen, auf ihre Fettreserven zurückzugreifen, wurden die Rückstände plötzlich wieder über den ganzen Körper und in lebenswichtige Organe verteilt.

In Maine sagte ein Fischereifachmann voraus, daß beständige Pestizide, von Farmen und Wäldern im Binnenland durch Flüsse ins Meer getragen, bald Schaden in den berühmten Hummerfanggebieten des Staates stiften würden. „Wenn die Praktiken der Vergangenheit fortgesetzt werden", meinte er, „werden wir vor der Küste einen Wasserstreifen haben, in dem es der Hummer nicht mehr aushalten kann." Spuren von DDT fanden sich selbst in Hummern, die man 1600 Kilometer entfernt im Meer fing.

Verschiedene Seefische, darunter Meerhechte, Makrelen und Thunfische, enthalten jetzt mehr DDT-Rückstände als man sie in Süßwasserfischen in vielen von Pestiziden verseuchten Seen und Flüssen findet. Biologen fürchten, daß diese Seefische die gleiche Schwierigkeit haben könnten, lebensfähige Fischbrut hervorzubringen, wie ihre Verwandten im Süßwasser.

Zu diesen beunruhigenden Enthüllungen kam es gerade in dem Moment, da die Ernährungssachverständigen der Welt in ihren Bemühungen, die ‚Proteinlücke' zu schließen, den Blick auf das Meer richteten. Offensichtlich wird das Festland die sich explosiv vermehrende Weltbevölkerung bald kaum mehr ernähren können. Nicht einmal die ‚grüne Revolution', bei der moderne Maschinen und neue Spielarten von Pflanzen die Nahrungsproduktion in den unterentwickelten Ländern erhöhen, wird imstande sein, alle unsere Ernährungsprobleme zu lösen. Neue Nahrungsquellen müssen gefunden werden – und zwar schnell. Man hat sich daher mit erneutem Interesse der Erforschung des Meeres zugewandt.

Doch selbst das weite blaue Meer ist keine unerschöpfliche Vorratskammer. Die Fischer wissen übrigens, daß die Tiefen des Wassers um so unproduktiver sind, je blauer dessen Oberfläche ist. Der größte Teil des Fangertrags aus dem Meer wird aus dem Schelf, dem Flachseegürtel um die Kontinente, geholt, während die großen Ozeanbecken selbst so unfruchtbar wie eine Wüste sind. Die rund 59 bis 60 Millionen Kilo Nahrung, die wir jedes Jahr aus dem Meer fischen, sind bereits ein beträchtlicher Anteil des überhaupt verfügbaren Ertrags. Hier und da gibt es bereits Beweise dafür, daß diese Nahrungsquelle zu stark befischt und ausgebeutet wird.

Trotz der Erkenntnis, daß diese kostbaren Gaben geschützt werden müssen, ist der Mensch im Begriff, sie durch die Anwendung der Pestizide zu gefährden, mit denen er doch die Nahrungsversorgung zu *steigern* hofft. Es gab eine Zeit, in der er als Entschuldigung Unwissenheit hätte anführen können. Noch 1963 gab die Abteilung für Handelsfischerei der USA [1] nur höchst widerstrebend Information über in Tiefseefischen gefundene Pestizidrückstände frei. Angeblich lagen keine Daten vor, die Meldungen von solchen Rückständen rechtfertigten. Doch zog Innenminister Udall seiner eigenen Behörde noch im selben Jahr den Boden unter den Füßen weg, indem er in seiner Aussage vor dem Ribicoff-Ausschuß solche Informationen zitierte. Unnötig festzustellen, daß die Zeugenaussage von einer anderen Stelle im Ministerium vorbereitet worden war. Von da an hat sich die Abteilung für Handelsfischerei mit den unangenehmen Tatsachen auseinandergesetzt.

Wie heute jedem einleuchtet, ist die Beständigkeit von DDT und von anderen chlorierten Kohlenwasserstoffen, die als Pestizide verwandt werden, im Meer besonders heimtückisch. Während diese Gifte Futterketten durchlaufen, reichern sie sich stark an. Gegen Beständigkeit ist an sich nicht unbedingt etwas einzuwenden, sie mag sogar unter bestimmten Umständen für ein Gift ein Vorzug sein. Der Einwand gegen die chlorierten Kohlenwasserstoffe wird, wie Rachel Carson betonte, nicht so sehr erhoben, weil sie jahrelang ungewöhnlich beständig bleiben, sondern weil sie sich in lebenden Geweben anreichern. Bewegen sich die Gifte in der Futterkette von Pflanzen über kleinere Pflanzenfresser und eine Reihe immer größerer Fleischfresser aufwärts, werden sie in lebenden Geweben immer stärker konzentriert.

Die meisten Haus- und Wildtiere, die der Mensch als Nahrung verwendet, sind Pflanzenfresser. Sie befinden sich also am unteren Ende der Futterkette, da sie nicht Gelegenheit haben, Fett und die Pestizidrückstände, die es enthält, von anderen Tieren zu verzehren. Die aus dem Meer stammende Nahrung besteht dagegen meist aus Fleischfressern. Selbst der Hering ist in der Nahrungskette mehrere Stufen von den pflanzlichen Lebewesen, die das Fundament der Ernährungspyramide bilden, entfernt.

Was man zunächst fürchtet, ist nicht, daß der Mensch in seiner Nah-

[1] United States Bureau of Commercial Fisheries

rung Rückstände verzehren wird, die ausreichen, ihn selbst zu vergiften, obwohl diese Möglichkeit an einem gewissen Punkt in Betracht gezogen werden muß. Die unmittelbare Gefahr in dieser von Hunger geplagten Welt ist, daß die Nahrungskette selbst, von ihrer Grundlage bis hinauf zu den größeren Fleischfressern, geschädigt wird. Wir wollen einige der Möglichkeiten näher betrachten.

Amerikanische Naturwissenschaftler haben eine Schritt für Schritt erfolgende Zunahme von DDT durch ein Ökosystem [2] im Michigan-See verfolgt. Der See wird hauptsächlich verseucht von Pestizidwolken, die bei Sprühmaßnahmen verweht werden. Konzentrationen von DDT im Schlamm am Grund betrugen durchschnittlich 0,014 Teile pro Million, aber 0,44 Teile, also zehnmal soviel, in Garnelen, sie stiegen erneut sprunghaft um das Zehnfache bis zu 4,5 Teilen in Amerikanischen Döbeln und 5,6 Teilen in Seeheringen. Und schließlich auf 98,8 Teile pro Million in den Abfälle fressenden Silbermöwen. Als Fleischfresser, die in der Nahrungskette das letzte Glied in diesem Ökosystem bildeten, enthielten die Silbermöwen etwa 7000mal größere DDT-Mengen als man im Schlamm festgestellt hatte.

Diese Möwen vom Michigan-See hatten schlechte Bruterfolge aufzuweisen. Aus 30 bis 35 Prozent der Eier, die in die von Wissenschaftlern überwachten Nester gelegt worden waren, schlüpften keine Jungen aus. Die Eier selbst enthielten in hohen Konzentrationen Rückstände von DDT oder DDE, einem giftigen Abbauprodukt des DDT. Doch wie kompliziert es ist, einen Pestizidschaden abzuschätzen, zeigt sich auch hier wieder anschaulich: der örtliche Möwenbestand nimmt nämlich weiterhin zu. Die wachsende Verunreinigung des Sees durch Müll und Küchenabfälle des Menschen ist für die Möwen vorteilhaft, lockt sie an und gleicht dadurch zumindest vorläufig die verminderte Fortpflanzung aus.

Bernard Venables, ein englischer Angler und Schriftsteller, hat bemerkt, daß selbst jene Flüsse, die noch nicht in drastischer Weise verunreinigt sind, ein ‚mageres' Aussehen haben: Die Ufer leuchten nicht mehr bunt von vielerlei blühenden Blumen, die Fische sind nicht mehr so glitzernd und fühlen sich nicht mehr so fest an wie einst. Der krank-

[2] Ein Ökosystem ist eine dynamische Lebenseinheit höherer Ordnung aus abiotischem Lebensraum und biotischer Lebensgemeinschaft.

hafte Zustand der Flüsse hat viele Ursachen, und nicht die geringste davon sind die Abwässer von Feldern. „Die vom Strom verdünnten Insektizide", berichtet Venables aus England, „bewirken keine eindeutig bestimmbare, tödliche Verunreinigung, aber durch teilweise Vergiftung lichten und vermindern sie den Bestand der Tiere, von denen sich die Fische ernähren, und schwächen die Fische selbst. Die Mittel zur Unkrautvertilgung verringern unmerklich diejenigen Wasserpflanzen, in denen sonst Geschöpfe, die als Fischfutter dienen, leben und sich vermehren."

Große Flüsse entwässern beträchtliche Gebiete der Kontinente und befördern nicht nur Süßwasser, sondern auch Nährstoffe ins Meer. Wo sich vor der Küste Süß- und Salzwasser mischen, finden sich einige der fruchtbarsten Meeresregionen. Aber die Flüsse tragen in ihren Fluten auch Pestizide mit sich. Da DDT fast unlöslich in Wasser ist, dringt es unbemerkt in lebendes und totes ‚biologisches Material' ein. Die Anhäufung von DDT in den Lebewesen unserer Flußmündungen gibt den Biologen Anlaß zu ernster Besorgnis.

Ihre Besorgnis beruht zum Teil darauf, daß DDT gerade die Ausgangsbasis der Futterketten des Ozeans angreift. Sonnenstrahlen, die ins Meer fallen, werden von den mikroskopisch kleinen Pflanzen, dem sogenannten Phytoplankton, eingefangen. Durch Photosynthese verwandelt das Phytoplankton die Sonnenenergie in Nahrung. Das aus kleinen Tierchen bestehende Zooplankton lebt vom Phytoplankton; größere Fische und Kopffüßer wie etwa Tintenfische ernähren sich von den kleinen Fischchen. Die größeren Fische und Tintenfische wiederum bilden das Futter von Meeresvögeln.

Charles F. Wurster junior, ein Biochemiker an der Universität des Staates New York in Stony Brook und weltberühmter Fachmann für die Wirkungen von Schädlingsbekämpfungsmitteln auf Wildtiere, veröffentlichte 1968 die Ergebnisse seiner wichtigen Experimente. Sie bestätigten frühere Berichte, daß DDT die Photosynthese im Phytoplankton hemmt.

„Diese einzelligen Algen", schreibt Wurster, „sind die unentbehrliche Grundlage von Futterketten im Meer und verantwortlich für über die Hälfte der Photosynthese auf Erden; eine Störung dieses Vorgangs könnte tiefgreifende und weltweite biologische Folgen haben."

Da Phytoplankton DDT aufnimmt und es an höhere Organismen weitergibt, leuchtet überdies ein, daß dieser allgegenwärtige Verseuchungsstoff auf dem Wege über das Zooplankton und die größeren Organismen konzentriert wird, bis er in den Organen und den Fettgeweben der an der Spitze stehenden Fleischfresser zur Ruhe kommt.

Ein anderer Naturforscher hat sich über die Folgen ausgelassen, die sich naturgemäß aus der Erschöpfung des Phytoplanktons in irgendeiner Gegend der Erde ergeben. Professor Georg Borgstrom berichtet in seinem Buch ‚The Hungry Planet'[3], daß 15 Prozent der gesamten Algen der Welt erforderlich waren, um die Fische hervorzubringen, die vom Menschen innerhalb eines der letzten Jahre gefangen wurden. Dazu kommt noch, daß das Phytoplankton DDT aufnimmt und es in stärkeren Konzentrationen an höhere Organismen weitergibt. Wie neuere Forschungsarbeiten der Abteilung für Handelsfischerei kürzlich zeigten, genügte ein Bruchteil der Konzentrationen von DDT-Rückständen in vielen Flußmündungen – die ja von Ackerland abfließendes Wasser auffangen –, um in Versuchen bei Garnelen, Krabben und Fischen eine Sterblichkeit von 35 bis 100 Prozent zu verursachen. Die Biologen der Abteilung schlossen daraus, daß in den wichtigen ‚Kinderstuben' der Flußmündungen die Fruchtbarkeit von Fischen wie auch von Schalentieren bedeutend abgenommen haben muß. Die Organismen, die am Leben bleiben, geben die Giftstoffe an höhere Formen weiter.

Eine Zeitlang hat man geglaubt, daß sich beständige Pestizidrückstände in den riesigen Weiten des Ozeans ‚verlieren' würden. Heute wissen wir, daß sich die Rückstände zwar über ausgedehnte Gebiete verteilen, aber schließlich doch von lebenden Organismen aufgenommen werden. Diese Rückstände erreichen die entferntesten Gebiete. Ein Teil davon wird vom Wasser selbst verbreitet. Aber neuere Analysen von Teilchen, die in der Luft über dem Atlantischen und Pazifischen Ozean schweben, weisen darauf hin, daß Pestizide auch durch den Wind weit verstreut werden. Die Menge des ‚Fallout' von Pestiziden, der von den Nordost-Passatwinden über den tropischen Atlantischen Ozean getragen wird, soll der Menge entsprechen, die aus einem größeren Flußsystem ins Meer fließt.

[3] ‚Der hungernde Planet'

Wie Biologen berichten, erreicht die Verseuchung der Ökosysteme der Meere durch DDT infolge dieser Streuung heute Konzentrationen, die denen von Binnengewässern nahekommen. Meeresvögel, die an der Spitze vieler Nahrungsketten des Meeres stehen, enthalten höhere Konzentrationen von Rückständen als Fische. Das ist eine niederdrückende Enthüllung, wenn wir bedenken, daß Sturmtaucher, die ‚Hammelvögel' der südlichen Meere, oft von Menschen gegessen werden. Kein einzelner Organismus ist von dieser grausamen Verseuchung ausgenommen. Sogar in der Antarktis hat man in Robben und Pinguinen DDT-Rückstände entdeckt.

Es gibt keinen eindringlicheren Beweis für das Ausmaß, bis zu dem Pestizide in die entferntesten Winkel der Welt gedrungen sind, als das Schicksal des auch Cahow genannten Bermuda-Sturmvogels. David B. Wingate, der Naturschutzbeamte der Bermudas, und Wurster untersuchten vor kurzem die gering gewordene Vermehrungsrate dieses Vogels.

„Der Bermuda-Sturmvogel ist eine ausschließlich auf dem Meere lebende Art", schreiben sie. „Er sucht das Land nur zum Brüten auf, tut dies nur auf den Bermudas und fliegt nur nachts ab und zu fort. Das einzige Ei wird unterirdisch am Ende einer langgestreckten Höhle gelegt. Ist der Vogel nicht im Bau, sucht er weit draußen auf dem Meer sein Futter, hauptsächlich Tintenfische. Außerhalb der Brutzeit streift er wahrscheinlich über weiten Bereichen des nördlichen Atlantik umher."

Der Bermuda-Sturmvogel ist, das muß ich vorausschicken, eine seltene Art, die fast ausgerottet wurde, als die Europäer im siebzehnten Jahrhundert in die Brutgebiete eindrangen. Auf Befehl der Regierung wurde er als erste Art in der Neuen Welt durch einen amtlichen Erlaß geschützt.

Trotzdem verschwand er um 1630 und wurde von keinem Menschen mehr gesichtet, bis man ihn dann 1906 auf den äußeren Inseln, wo er nistete, wiederentdeckte. Während der nächsten fünfzig Jahre vermehrte sich sein Bestand bis zu etwa 100 Vögeln. Naturforscher glaubten, daß diese Sturmvögel, unter gesetzlichem Schutz und von der Umwelt abgeschnitten, ihre Zahl erhalten und sich vielleicht sogar – wie der Schreikranich – allmählich vermehren würden.

Doch Wingate und Wurster bewiesen, daß das Gegenteil der Fall ist. Diese Vögel leben und sterben völlig abseits von Gebieten, in denen

Pestizide angewendet werden. Dennoch haben sie Eier gelegt, die DDT-Rückstände enthielten. Die Konzentrationen entsprachen etwa denen in den Eiern von Festlandvögeln wie dem Wanderfalken, dessen Verminderung mit großen Pestizid-Rückständen zusammenhängt. Die langsame, mühsame Zunahme des Sturmvogelbestandes ist zum Stillstand gekommen. Jedes Jahr schlüpfen weniger Junge aus den Eiern. Der Rückgang dauert seit 1958 an und ließ sich durch keinen einleuchtenden Umweltfaktor erklären. Im Jahre 1969 nisteten 24 Paare Sturmvögel, aber nur sieben Junge, von denen eines später verendete, schlüpften aus. Wingate und Wurster behaupten eindeutig, daß der Bermuda-Sturmvogel sich, falls die derzeitige Abnahme der Fortpflanzungsrate (3,25 Prozent) anhält, nach 1978 nicht mehr fortpflanzen werde.

Die Geschichte des Bermuda-Sturmvogels ist eine deutliche Warnung, daß in den Plänen des Menschen, seine Nahrungsversorgung zu erhöhen, irgend etwas verteufelt schief gegangen ist. Auch andere lebenswichtigere Organismen könnten in einer ähnlichen Gefahr schweben. Der Mensch befindet sich in der gleichen Lage wie ein Tischler, der ein Brett an einem Ende zu verlängern versucht, indem er ein am anderen Ende abgesägtes Stück ansetzt.

Nun gibt es freilich auch Leute, die glauben, daß der Mensch eines Tages vielleicht nicht mehr auf die verseuchten Ozeane angewiesen ist, um die Proteinlücke zu verkleinern. Diese Schwärmer erwarten eine künftige Entwicklung von Wasserkulturen, in denen Meeresgeschöpfe, die als Nahrung dienen, in keimfreien Super-Brutkästen großgezogen und vermehrt werden. Selbst da ist ein warnendes Wort angebracht. Beigesteuert wurde es von kanadischen Biologen, die versuchen, Bach-, Regenbogen- und Cutthroat-Forellen in einer Fischzuchtanlage im Jasper-Nationalpark aufzuziehen. Sie merkten, daß es fast unmöglich war, von Händlern oder von Regierungsstellen Forellenlaich zu kaufen, der keine Rückstände von DDT und dessen Umwandlungsprodukten enthielt. Diejenigen Lieferungen von Laich, die größere Rückstände enthielten, litten unter einer Sterblichkeit von 70 bis 90 Prozent. Auf weitere Schwierigkeiten stießen die Kanadier, als sie versuchten, im Handel geeignetes Trockenfutter für die überlebende Forellenbrut zu bekommen.

„Alles käufliche Trockenfutter für Forellen, das analysiert wurde, enthielt chlorierte Kohlenwasserstoffe", berichteten sie. „Von mehreren verwendeten Zutaten erwies sich nur Brauereihefe als fast frei von Verunreinigung. Beobachtungen lassen darauf schließen, daß DDT in fabrikmäßig hergestelltem Forellenfutter für das Wachstum von Forellen, die in einer Fischzuchtanstalt großgezogen werden, schädlich ist, sobald der Gehalt an DDT und dessen Abbaustoffen in Laich und Fischbrut bestimmte Konzentrationen übersteigt.

DDT ist immer da – vom Futter und Ei bis zur Brut und zum erwachsenen Fisch. Diese Geschichte wiederholt sich unaufhörlich und überall in den drei Vierteln der Erdoberfläche, die von Wasser bedeckt sind. Optimisten, die das Ernährungsproblem der Welt durch Ausbeutung oder Bewirtschaftung des Meeres zu lösen suchen, werden vielleicht gezwungen sein, ihre Pläne zu überprüfen.

IX. „WIR SIND ZU FOLGENDEN SCHLÜSSEN GELANGT"

Seit dem Ende des Zweiten Weltkrieges haben Regierung, Industrie und die akademische Welt merkwürdig zögernd auf die Gefahren reagiert, denen die Umwelt durch beständige Pestizide ausgesetzt ist. Die üblichen Nachrichtenkanäle wurden von Propaganda, Werbegesprächen und unsachlichem Geschwätz blockiert. Wirkungsvolle Forschungsarbeit und Verständnis stellten sich nur sehr langsam ein. Und erst nachdem ‚Der stumme Frühling' erschienen war, haben sich amerikanische und englische Naturwissenschaftler zusammengetan, um die Folgen der Verseuchung in der Umwelt und die Wirkungsweise der Schädlingsbekämpfungsmittel im lebenden Organismus überzeugend darzulegen.

Dem Massenmord an englischen Vögeln und aasfressenden Säugetieren wurde plötzlich Einhalt geboten, als man im Jahre 1962 die Ärgernis erregenden chlorierten Kohlenwasserstoffe als Beize für das Frühlingssaatgut verbot. Hier lag eine *akute* Wirkung vor. Aber englische Naturwissenschaftler, die mittlerweile von den potentiellen *chronischen* Wirkungen dieser Pestizide wußten, setzten ihre Untersuchungen fort. Dabei wurden weitere heimtückische Wirkungen entdeckt. Die durch diese Untersuchungen ausgelöste wissenschaftliche Arbeit erwies sich als so interessant und alarmierend wie kaum eine andere auf dem gesamten Gebiet der Pestizidforschung.

In längst vergangener Zeit beauftragten in England feine Leute von uraltem Adel mit ausgedehntem Landbesitz ihre Wildhüter, einen Feldzug gegen alle Kreatur zu führen, die, ob Mensch oder Tier, ihrem Jagdwild nachstellte. Seit damals waren die großen Raubvögel dort ihres Lebens nicht mehr sicher. Bis in die jüngste Zeit war der ‚Galgen', an den der Wildhüter solche Beute hängte, ein auffallendes Merkmal der englischen Landschaft.

Im neunzehnten Jahrhundert wurden Raubvögel erbarmungslos gejagt. Als in Schottland Viehhaltung und die Bewirtschaftung kleinerer Pachtgrundstücke von der intensiven Schafzucht abgelöst wurden, gerieten Falken und Adler sogar in noch schlechteren Ruf, da man meinte, daß sie Lämmer raubten. Auch Eiersammler setzten den Vögeln schlimm zu. Im Zweiten Weltkrieg vernichtete das Luftfahrtministerium Wanderfalken, weil man nicht imstande war, die heimfliegenden Brieftauben von den faulen, lästigen Arten der Städte und Äcker zu unterscheiden.

Nach 1950 hatte es jedoch endlich den Anschein, als sollten die Falken wieder zu Ehren kommen. Man stellte fest, daß die großen ‚Schädlinge' eher die Pflanzen- als die Fleischfresser waren. Getreidekörner knabbernde Nagetiere wie Mäuse und Kaninchen, oder Blätter zernagende Insekten wurden als die wirklichen Feinde des Landwirtes erkannt, und den Falken sah man nun als einen der besten Freunde des Menschen an. Das Vogelschutzgesetz[1] von 1954 und die darauf folgenden Erlasse der Regierung stellten in Großbritannien alle Raubvögel unter Schutz. Solche Maßnahmen – und daneben die schnelle Erholung der verfolgten Falkenarten – ließen darauf schließen, daß diese prachtvollen Geschöpfe außer Gefahr waren.

Plötzlich bemerkten Naturwissenschaftler, daß irgend etwas schief gegangen war. Der Wander- und der Turmfalke sowie der Sperber hatten mit einer ungewöhnlichen Abnahme ihres Bestandes zu kämpfen. Beim Wanderfalken war er auf 50 Prozent der ‚normalen' Vorkriegszahl von 650 brütenden Paaren gesunken; nur ein Viertel der übriggebliebenen Paare brütete auch weiterhin erfolgreich. Pestizid-Rückstände wurden im Körper wie auch in den Eiern dieser Fleisch fressenden Vögel gefunden. Wie J. A. Baker schrieb, „brannte ein böses Gift in ihnen wie eine unterirdisch weiterglimmende Zündschnur".

Im westlichen Schottland sank die Zahl der Steinadler so jäh, daß Naturforscher es als ‚Katastrophe' bezeichneten. Sie führten es zum Teil auf das Eintauchen von Schafen in Dieldrinbäder zurück, denn der Steinadler frißt oft die Kadaver von verendeten Schafen.

[1] Protection of Birds Act

Ein ähnlicher Rückgang wurde bei den Raubvögeln auch anderswo in Europa und um das Mittelmeer festgestellt. Von einunddreißig räuberisch lebenden Vogelarten in Frankreich und von dreiunddreißig in Italien wurden zwanzig immer seltener. Besonders dramatisch war die Geschichte in Israel. In diesem kleinen, aber intensiv bewirtschafteten Land enthielt die *Bevölkerung* im Fett DDT-Rückstände von 19 Teilen pro Million, verglichen mit durchschnittlich 12 Teilen beim Amerikaner und nur 2 Teilen pro Million beim Engländer. Naturwissenschaftler erbrachten dann Beweise für vernichtende Verluste durch Vergiftung aus zweiter Hand bei den Nagetiere fressenden Raubvögeln. Auf den Feldern von Israel hatte man mit Thalliumsulfat gebeizte Weizenkörner ausgesät.

„Innerhalb von zehn Jahren“, schreibt Professor H. Mendelssohn von der Universität von Tel Aviv, „verminderten sich einige Arten wie der Schwarze Milan, der Adlerbussard, der Schmutzgeier, ebenso der Schell- und der Schreiadler bis zu einer Bestandsdichte, die weniger als 10 Prozent der ursprünglichen betrug. Mehrere Tage nachdem man auf den Feldern Mäuse vergiftet hatte, wurden die Vögel dort gelähmt oder tot aufgefunden. Waren sie gelähmt, weil sie mit Thallium vergiftete Mäuse gefressen hatten, konnten sie sich nicht mehr erholen, denn da sie außerstande waren zu jagen, verhungerten sie langsam. Regnete es, wurden ihre Leiden abgekürzt, denn ehe sie verhungerten, starben sie in ihrem durchnäßten Zustand an den Unbilden der Witterung.“

Im Jahre 1969 ergriff Schweden als erster Staat der Welt umfassende gesetzliche Maßnahmen gegen die beständigen Pestizide. Was die Schweden zu dieser Tat aufrüttelte, war die Enthüllung, daß DDT in der Muttermilch aufgetaucht war. Kinder, die gestillt wurden, nahmen, wie es hieß, DDT in einer Menge auf, bei der Versuchstiere biochemische Veränderungen zu zeigen beginnen. Die Staatliche Kommission für Gifte und Pestizide verbot die Anwendung von DDT und Lindan in Haushalt und Garten, und die von Aldrin und Dieldrin für alle Zwecke. Da ferner die Untersuchungen als verblüffendes Schätzungsergebnis erbrachten, daß die in schwedischen Böden gefundenen DDT-Mengen die insgesamt in diesem Lande verwendeten Mengen überschritten, verbot die Kommission für zwei Jahre auch den Gebrauch von DDT außerhalb von Haus und Garten. Dieses ‚Stillhalteabkommen‘ sollte den Naturwissenschaftlern die Möglichkeit geben, festzustellen, wieviel DDT von Winden und Regen in Schweden eingeschleppt wird. Viele Naturwissenschaftler bezweifeln, daß dort jemals wieder die Anwendung von DDT erlaubt sein wird.

Ein Problem bleibt in Schweden das Quecksilber. Dessen Verbindungen werden in ausgedehntem Maße als Fungizide, das heißt Pilzbekämpfungsmittel, benutzt; so werden etwa Getreidesamen vor der Aussaat mit Methylquecksilber-Dicyandiamid behandelt. Neuere Forschungsarbeit deutet darauf hin, daß Quecksilber in Schweden nicht nur eine ernste Gefahr für Wildtiere ist, sondern sich schließlich als ebenso gefährlich für den Menschen erweisen könnte. Der endgültige Beweis für diese Wirkungen ist nur allmählich ans Licht gekommen. Einer der Gründe dafür ist, daß sich Quecksilber in winzigen, aber natürlichen Mengen in allen menschlichen Wesen findet. In welcher Konzentration entwickelt sich Quecksilber von einem lebenswichtigen Stoff zu einer Bedrohung? Eine weitere Erschwerung bei der Definition des Quecksilberproblems besteht darin, daß es auch in schwedischen Papiermühlen und in Fabriken, die mit Chloralkali-Elektrolyse arbeiten, sowie in Schädlingsbekämpfungsmitteln verwendet wird. Die Quellen der allgegenwärtigen Verunreinigung mit Quecksilber sind also äußerst schwer zu entdecken, aber es hat über ein Jahrhundert lang in bestimmten Industrien die körperliche und geistige Gesundheit von Arbeitern beeinträchtigt. Die Schweden lösten kürzlich ihr Problem zum Teil, indem sie die Anwendung einer äußerst weit verbreiteten Verbindung, des Methylquecksilbers, verboten und es in die Vereinigten Staaten verfrachteten, wo es jetzt zur Behandlung von Weizensaat gebraucht wird.

Englische Naturwissenschaftler tragen heute angesichts der sich häufenden Umweltkatastrophen viel dazu bei, einige der rätselhaftesten Pestizidprobleme der Welt zu lösen, decken aber bei ihrer Forschungsarbeit auch neue Schwierigkeiten auf. Ihre wichtige Arbeit wird großenteils in der Monks Wood-Versuchsstation der Nature Conservancy geleistet. Dort hat etwa Derek A. Ratcliff geographisch wie zeitlich eine auffallende Parallele festgestellt zwischen der massiven Anwendung von beständigen Pestiziden und der Abnahme des Wanderfalken. Obwohl diese Beobachtung nicht einem ‚wissenschaftlichen Beweis' im strengsten Sinne entspricht, ist sie doch höchst überzeugend. Die Bestandsabnahme des Wanderfalken ist besonders deutlich ausgeprägt in Gebieten Südenglands, in denen Pestizide ausgiebig angewendet wurden, sowie in anderen gesprühten Gebieten von Wales, Nordengland und Südschottland. Der Rückgang des Bestandes begann etwa 1956 und fiel mit der plötzlichen Zunahme der Anwendung beständiger Pestizide dort genau zusammen. Ähnliche Ergebnisse hat man bei Arbeiten über den Turmfalken und Sperber erhalten.

Englische Naturwissenschaftler haben noch andere Umweltfaktoren festgestellt, die zu der Schwankung in Vogelbeständen Großbritanniens beitrugen: der vermehrte Autoverkehr, die Zerstörung der Hecken, die Oberleitungsdrähte sowie die verringerte Zahl und Mannigfaltigkeit von sogenanntem Unkraut und seiner Insektenwelt. Aber die Forschung hat keine eindeutigen Wechselbeziehungen zwischen diesen Faktoren und der Abnahme der Raubvögel nachweisen können, und man hat auch keine nennenswerte Verringerung brauchbarer Lebensstätten oder Nistplätze für die betroffenen Arten bemerkt.

Als sie das Untersuchungsgebiet einengten, entdeckten die englischen Wissenschaftler, daß zwischen Pestizidrückständen und dem Unvermögen sich fortzupflanzen gewisse Verbindungen bestehen. D. J. Jeffries arbeitete mit Japanischen Möwchen und bewies, daß solche Verbindungen auch zwischen der Aufnahme von DDT durch das Weibchen und einer Verzögerung der Ovulation vorhanden sind.

„Möglicherweise“, schreibt Jeffries, „sind organochloride Schädlingsbekämpfungsmittel verantwortlich für das späte Brüten mehrerer Vogelarten, von dem Anfang der sechziger Jahre berichtet wurde. Dies könnte sich insofern auf den Bestand auswirken, als große subletale[2] Mengen, die die Zeit für die Eiablage verdoppeln, bei einem zweimal jährlich brütenden Vogel dazu führen könnten, daß sich die Phase, in der die zweite Brut mit Futter versorgt werden muß, zu sehr verschiebt.“ Interessant ist, nebenbei bemerkt, daß der Wanderfalke knapp vor seiner Ausrottung in der Region der Stadt New York abnorm spät im Jahr nistete.

In den letzten Jahren hat man auch die Steinadler von Schottland eingehend studiert. In den zentralen Hochlandgebieten leben sie hauptsäch-

[2] subletal = noch nicht tödlich

lich von Schottischen Moorschneehühnern und Birkhühnern. Da diese Vogelarten ihr Futter in Heide und Moor suchen, die nicht mit Schädlingsbekämpfungsmitteln behandelt werden, besteht kein Grund zu der Annahme, daß der Bestand oder die Fortpflanzung der Steinadler bedroht seien, und tatsächlich ist das auch nicht der Fall. Doch im westlichen Schottland, wo sich die Steinadler vor allem von Schafkadavern ernähren, ist die Zahl der Jungadler drastisch zurückgegangen. Zwischen 1930 und 1960 haben noch 72 Prozent der im westlichen Schottland untersuchten Steinadler Junge aufgezogen, von 1960 bis 1963 waren es jedoch nur mehr 10 Prozent. Viele dieser Vögel legten nicht einmal Eier, und – was man in früheren Jahren nur selten beobachtet hatte – fast die Hälfte der Vögel, die legten, zerbrachen die Eier im Nest!

Wiederum haben die Wissenschaftler von Monks Wood einen wichtigen Unterschied festgestellt: Nicht der Bestand der Steinadler, sondern die Fortpflanzung war zurückgegangen. Steinadler leben etwa 30 Jahre. Da man die Verminderung des Nachwuchses erst seit der Einführung von Dieldrin für die Tauchbäder der Schafe beobachtet hat und da die Schafkadaver nicht so stark mit Dieldrin verseucht sind, daß die Adler unmittelbar getötet werden, ist der Bestand der Altvögel relativ unverändert geblieben.

Man hofft, daß das 1966 erlassene Verbot, Dieldrin für die Tauchbäder zu verwenden, frühzeitig genug kam, um eine dauernde Schädigung des Steinadlerbestandes im westlichen Schottland zu verhüten. Man hat jetzt Dieldrin durch nicht so langlebige organische Phosphate ersetzt. Aber mit Englands Inseldasein ist es seit der Nachkriegszeit in vieler Hinsicht vorbei. Dies äußert sich nicht zuletzt darin, daß es nicht mehr selbst zu entscheiden vermag, welche giftigen Chemikalien es auf seinem Boden dulden will. Heute erhält England mit dem Regen als weiteren fragwürdigen Einfuhrartikel aus den USA eine beträchtliche Menge DDT. „Es ist ein warmer Wind, der Westwind“, dichtete John Masefield „und voll von Vogelrufen.“ Aber auch voll von vielen anderen Dingen.

In den Vereinigten Staaten, die wahlloser als England mit beständigen Pestiziden traktiert wurden, besteht für die betroffenen Arten keine so große Hoffnung. Der Wanderfalke ist als Brutvogel aus den nordöstlichen USA verschwunden. Der Weißkopfseeadler, Amerikas Wappenvogel, brütet an vielen seiner Lieblingsplätze entlang der nordatlantischen Küste und an den Großen Seen fast gar nicht mehr. Eine von der Audubon-Gesellschaft geleitete Untersuchung, die sich über die gesamten USA erstreckte und fünf Jahre dauerte, erbrachte den Beweis, daß die Zahl der erfolgreich brütenden Vögel stark zurückgegangen war: So schlüpften etwa im Jahre 1965 nur in vieren von 53 Nestern, die in Maine überwacht wurden, lebende Junge aus. Der Fischadler, einst ein vertrauter Anblick an der Nordostküste, nimmt heute im Jahre um 30 Prozent ab. Dieser große Raubvogel hat zwar schon früher eine örtliche Bestandsverminderung erlebt, aber keine von annähernd gleichem Ausmaß wie gegenwärtig.

Eine Kolonie von Fischadlern in Connecticut verkleinerte sich, offensichtlich ohne irgendeine Veränderung an ihrer Lebensstätte oder anderen Faktoren von 200 Paaren im Jahre 1938 bis auf 12 Paare im Jahre 1965. Bei einer normalen Fischadler-Kolonie rechnet man im Durchschnitt mit 2,5 Jungen pro Nest. Eine Kolonie in Maryland mit DDT-Rückständen in den Eiern, die 3,0 Teile pro Million betragen, bringt es nur auf 1,1 Junges pro Nest. Die Kolonie in Connecticut, in der die Eier 5,1 Teile pro Million DDT enthielten, hat pro Nest nur 0,5 Junge. In den meisten Fällen schlüpfen einfach keine Jungen aus den Eiern. DDT-Rückstände in den Fischen, die von den Fischadlern in Connecticut gefressen werden, sind fünf- bis zehnmal höher als in den von den Fischadlern in Maryland verzehrten. Naturwissenschaftler konnten nicht feststellen, daß sich der Verlauf des Brutgeschäftes in irgendeiner Weise nach dem Grad der Abgeschiedenheit einer Kolonie richtet. Denn bekanntlich haben Fischadler in der Vergangenheit sogar mit dem Menschen zusammengelebt und auf Schornsteinen und Telephonmasten genistet. Auch Futterknappheit bestand für die Vögel nicht. Gegenwärtig entnimmt die Betreuungsstelle für Fische und Wildtiere der gesünderen Kolonie in Maryland Eier, fliegt sie nach Connecticut und kehrt mit Eiern von dort zurück. Die Ergebnisse werden dann genau analysiert.

Das Gegenstück zur Monks Wood-Versuchsstation ist in den USA das Patuxent-Forschungszentrum für Wildtiere[3] in Laurel, Maryland. Es un-

[3] Patuxent Wildlife Centre

tersteht der Abteilung für Sportfischerei und Wildtiere, die wiederum der Betreuungsstelle für Fische und Wildtiere angehört. Seit dem Zweiten Weltkrieg sind vor allem in Patuxent die Wirkungen von Pestiziden auf Wildtiere erforscht worden. In den letzten Jahren leisteten William Stickel und seine Frau Lucille dort die Hauptarbeit.

„Sie sind sehr gründliche, vorsichtige und fähige Naturwissenschaftler, die sich genötigt fühlen zu berichten, was sie entdeckt haben, aber die Auslegung ihrer Entdeckungen Leuten überlassen, die an höherer Stelle im Verwaltungssystem Politik machen", lautet die kritische Beurteilung eines anderen Naturwissenschaftlers der Regierung. Gelegentlich sind die streitbaren Wissenschaftler außerhalb der Regierung unzufrieden mit der vorsichtigen Art, in der die Patuxentgruppe an die Dinge herangeht. Zweifellos ist ein großer Teil der Forschungsarbeit, die aus Patuxent stammt, ‚Rohmaterial'; außenstehende Naturwissenschaftler, bestrebt, Nutzen aus der von den Stickels geleisteten Arbeit zu ziehen, müssen sie oft erst in brauchbare oder zitierbare Form bringen. Und gelegentlich hat die Weigerung der Stickels, Schlüsse zu ziehen, die chemische Industrie verführt, deren Untersuchungsergebnisse so zu verdrehen, als bedeuteten sie, daß die Pestizidwirkungen gleich Null seien.

Die Stickels und ihre Kollegen in Patuxent waren jedoch viele Jahre lang unter schwierigen Bedingungen tätig. Geldzuwendungen für die wertvolle Arbeit dort müssen vom Kongreß kommen. Nur allzu häufig bewilligen die Kongreßmitglieder Gelder nur für Projekte, die ein unmittelbares, greifbares Ergebnis zeitigen. In den fünfziger Jahren war nach Ansicht des Kongresses Forschungsarbeit über Pestizidwirkungen nur 52 000 Dollar im Jahr wert. Diese Summe ist auf 1,5 Millionen Dollar angestiegen, aber sie ist immer noch viel zu gering und kann jederzeit drastisch gekürzt werden. Mit anderen Worten, Kongreßmitglieder werden Geld für Forschung genehmigen, die sich gegen Schädlinge richtet – denn darin liegt Gewinn für die Landwirtschaft –, aber nicht für Arbeiten, die sich mit der Wirkung von Schädlingsbekämpfungsmitteln befassen.

Bei Kongreßmitgliedern, die von landwirtschaftlichen Interessengemeinschaften abhängig sind, besteht eine gewisse Feindseligkeit einer Forschung gegenüber, die dem Ruf der Pestizide schaden könnte. Jamie F. Whitten, Kongreßabgeordneter von Mississippi, etwa gehört zu den

Leuten, die zu meinen scheinen, daß Gelder, die normalerweise Patuxent zufließen, vorteilhafter vom Landwirtschaftsministerium der USA genutzt würden. Beamte dieses Ministeriums gießen noch Öl ins Feuer, indem sie behaupten, die Forscher in Patuxent ließen Informationen über die Gefahren bestimmter Schädlingsbekämpfungsmittel für Wildtiere zu Naturschutzvertretern durchsickern.

Unter diesen Umständen muß die Patuxent-Gruppe behutsam vorgehen. Sie grenzt einfach die Probleme ab und untersucht sie. Lucille Stickel hat sich besonders eifrig mit den heikelsten Pestizidproblemen seit der Einführung des DDT beschäftigt. Die Anerkennung ihrer zahlreichen Arbeiten kam im Jahre 1968, als ihr Präsident Lyndon B. Johnson einen Federal Women's Award verlieh.

„Lucille spielt eine so wichtige Rolle, daß sie die maßgebende Stimme ist, wenn aus dem Innenministerium etwas über Pestizide verlautet“, behauptet ein Naturwissenschaftler, „und wenn irgendwann irgendwer etwas über Pestizide und Wildtiere wissen will, wendet er sich an das Innenministerium. So ist Lucille Stickel auch die maßgebende Stimme der Regierung der USA für dieses Gebiet.“

Dieser Wissenschaftler weiß genau, wie schwierig die Stellung der Stickels ist, und er ist ungehalten über das System, das ihnen Fesseln anlegt.

„Lucille sitzt da, hat das Landwirtschaftsministerium mit seinen Wünschen auf dem Hals und wird von allen möglichen Seiten unter Druck gesetzt; wahrscheinlich gehört dazu auch, daß man ihr die Geldmittel zu kürzen droht, wenn sie aus der Reihe tanzt und eine ‚unverantwortliche‘ Bemerkung macht. Patuxent ist allerlei politischem Druck ausgesetzt, den wir nicht kennen. Aber ich habe doch das Gefühl, daß seine übervorsichtige Haltung die Duldung gewisser Praktiken ermöglicht hat, die schon längst hätten abgeschafft werden sollen. So weiß in Patuxent jeder genau, was geschieht, wenn man Ulmen mit DDT sprüht und Dieldrin in Mengen von 44 bis 66 Kilo pro Hektar gegen den Japanischen Käfer anwendet. Das ist kein umstrittenes Gebiet, sondern eines, auf dem der Tatbestand hundertprozentig bewiesen ist. Dennoch laufen diese Praktiken weiter. Hier hätte meiner Ansicht nach Patuxent so laut wie möglich ‚meckern‘ müssen.“

„Eine der wichtigsten Aufgaben der Biologen ist es, die Beziehung zwischen der Verunreinigung der Umwelt und dem Wohlergehen des Menschen aufzudecken", erklärt Eugen H. Dustman, der Direktor des Patuxent-Forschungszentrums für Wildtiere. „Es wäre unheilvoll, wenn unsere Programme nun abgebrochen würden. (Ich hoffe, daß die Politiker uns nicht verraten und verkaufen.)"

Eines der Programme, auf die Dustman hier anspielt, auch eines, auf das Naturwissenschaftler beiderseits des Atlantik mit großem Interesse blicken, ist die Forschungsarbeit über den Heuschreckenfalken. Diese amerikanische Falkenart ist nicht gefährdet. Aber die Biologen in Patuxent, beunruhigt durch die Abnahme des Weißkopfseeadlers und des Wanderfalken, brauchten ein ‚Versuchskaninchen', das leichter zu handhaben ist als der Seeadler und sich in der freien Natur viel häufiger findet als der Wanderfalke.

Man fing also junge Heuschreckenfalken, um einen in Gefangenschaft lebenden Bestand zu züchten, da die Vögel bereitwillig in Nistkästen brüten. Jedes Paar wurde in einem langen Freiland-Käfig, der einen Nistkasten und reichlichen Bodenbewuchs enthielt, untergebracht. Im Jahre 1966 teilte man die Vögel in drei Gruppen und begann mit einem langfristigen Ernährungsexperiment, zu dem auch die Verfütterung von DDT und Dieldrin gehörte.

Eine Gruppe der Vögel wurde mit einem Teil pro Million Dieldrin und fünf Teilen pro Million DDT im Futter ernährt, eine Dosierung, die annähernd der in der freien Natur zu erwartenden entsprach; eine zweite Gruppe erhielt drei Teile pro Million Dieldrin und 15 Teile pro Million DDT; die dritte, sogenannte Kontrollgruppe bekam keine Pestizide. Die Ergebnisse zeigten einen schlechteren Nisterfolg für die zwei mit Pestiziden gefütterten Gruppen, während einige Männchen der Gruppe mit hoher Dosierung verendeten, so daß sich ebenso der Bestand wie auch die Fortpflanzungsrate jäh verminderten. Die Versuche mit Heuschreckenfalken – genau wie ähnliche mit Stockenten – bestätigten auch unter Laboratoriumsbedingungen einige merkwürdige Entdeckungen, die Naturwissenschaftler auf beiden Seiten des Atlantik in der freien Natur gemacht hatten. In Patuxent wurde festgestellt, daß zwischen einer subletalen Pestizidvergiftung und der Dicke von Eierschalen ein ursächlicher Zusammenhang besteht.

Damit kommen wir zu einem weiteren faszinierenden Punkt in der Beweisführung gegen die aus chlorierten Kohlenwasserstoffen bestehenden Pestizide. Die neueste Forschung hat sich auf den Kalzium-Stoffwechsel konzentriert. Man hat angenommen, daß Vögel vermutlich deshalb so vorteilhafte Objekte für die Pestizid-Forschung sind, weil sie besonders zur Zeit der Eiablage einen höheren Gehalt von Fettsubstanzen im Plasma aufweisen. DDT, das sich äußerst gut in Fetten löst, würde sich daher in Vögeln und deren Eiern leichter konzentrieren als in Säugetieren.

Eine Anzahl der betroffenen Vogelarten, vor allem Raubvögel, haben folgendes charakteristische Verhalten miteinander gemein: Sie zerstören ihre eigenen Eier. Einige Ornithologen haben bei diesen Vögeln eine noch nie dagewesene Unrast am Nest bemerkt: die Vögel verlassen häufig die Nester, setzen ihre Eier den Unbilden von Hitze und Kälte aus, fliegen plötzlich vom Nest weg, zerbrechen die Eier oder picken sie mit dem Schnabel in Stücke.

In England hat sich Ratcliffe besonders für die Eierschalen interessiert, und in dieser Hinsicht ist es günstig, daß die Engländer früher begeisterte Eiersammler waren. In Museumssammlungen, die bis vor die Jahrhundertwende zurückreichen, haben Ratcliffe und seine Kollegen die Dicke von Eierschalen gemessen. Sie blieb konstant über einen Zeitraum von mehr als fünfzig Jahren bis kurz nach dem Zweiten Weltkrieg, als DDT in die Umwelt eingeschleppt wurde. Plötzlich zeigte sich nun bei Eiern von Vögeln wie dem Wanderfalken, dem Sperber und dem Steinadler eine scharfe Abnahme der Dicke und des Gehalts an Kalziumkarbonat der Eierschalen. Dieser Schwund reicht bis zu 25 Prozent, und es ist keinerlei Besserung festzustellen.

Biologen beobachten auch in den USA ein auffallend ähnliches Dünnerwerden von Eierschalen bei Weißkopfseeadlern, Fischadlern und Wanderfalken – alles Arten, deren Bestand zurückgeht. Neuere Untersuchungen von Exemplaren, die von Museen in Kalifornien in den Jahren 1947 bis 1953 gesammelt worden sind, ergeben, daß Gewicht und Dicke von Wanderfalkeneiern eine Abnahme zeigen, die fast genau der in England von Ratcliffe gemessenen entspricht. Im Jahre 1947, nachdem die Anwendung von DDT allgemein üblich geworden war, begannen auch die Wanderfalken in Massachussetts darunter zu leiden. Bezeichnenderweise zeigen die amerikanischen Rotschwanzbussarde, Steinadler und Uhus, bei denen die Eierschalen offensichtlich nicht angegriffen worden sind, auch keine Bestandsabnahme, die sich nicht durch ihren schwindenden Lebensraum erklären ließe.

„Hebt man ein Ei auf, das durch Pestizidaufnahme eine dünnere Schale bekommen hat, zerbricht es beim bloßen Berühren", sagt William Stickel von Patuxent.

Zur Messung von Eierschalen für wissenschaftliche Zwecke verwenden die Biologen empfindliche Mikrometer, die von den großen Geflügelfarmen entwickelt wurden. Solche Messungen haben der Anklage gegen DDT einen weiteren Punkt hinzugefügt: Im Jahre 1967 sammelten Biologen Silbermöweneier aus fünf Staaten; diejenigen mit dem höchsten Gehalt an DDT-Rückständen und dessen giftigem Abbauprodukt DDE erwiesen sich gegenüber jenen mit niedrigeren Rückständen als dünnschaliger.

Diese Untersuchungsergebnisse haben ein erhöhtes Interesse für die Wirkungen von chlorierten, als Pestizide gebrauchten Kohlenwasserstoffen ausgelöst. So hat sich etwa herausgestellt, daß das Wachstum von Austernschalen, die zu über 90 Prozent aus Kalziumkarbonat bestehen, durch so niedrige Konzentrationen von DDT im Wasser wie ein Teil pro Milliarde gehemmt wurde. Injizierte man dagegen etwa Hunden mit einer DDT-Vergiftung Kalziumglukonat, erholten sie sich – selbst nachdem sie bereits in Zuckungen verfallen waren – sehr bald wieder.

Diese und ähnliche Entdeckungen ermöglichen Rückschlüsse auf die Wirkung von DDT auf seine Opfer. DDT und vielleicht auch andere chlorierte Kohlenwasserstoffe stören den normalen Kalzium-Stoffwechsel. Eine solche Störung kann Organismen auf zweierlei Weise zusetzen: Sie kann sie unmittelbar töten oder ihre Fortpflanzungsfähigkeit beeinträchtigen. Letzteres könnte sich schließlich als am gefährlichsten für die Bestände von Wildtieren erweisen.

Bei akuter Wirkung greift DDT das sogenannte Axon – den Achsenzylinder – der Nervenfaser an, macht den Kalzium-Ionen den Platz auf der Oberfläche des Axons streitig und entzieht sie ihm. Dies führt wiederum zu einer übermäßigen Aktivität der Nerven, zu wiederholter heftiger Reaktion, zu Zuckungen und zum Tode. Derartige Symptome hat man oft an Organismen, die an Kalziummangel leiden, beobachtet.

„Zu einer akuten Vergiftung, durch die erwachsene Vögel getötet werden, kommt es vermutlich, wenn im Gehirn tödliche Konzentrationen erreicht werden", schreibt Charles F. Wurster junior von Stony Brooks. „Das kann auch bei großen Fleischfressern wie Falken und Adlern eintreten. Daß Kalzium an dieser Wirkungsweise beteiligt ist, würde erklären, warum gewöhnlich mehr Männchen als Weibchen getötet werden, wobei die Männchen eine größere Anfälligkeit zeigen und die Weibchen erst sterben, nachdem sich höhere Konzentrationen von Rückständen in ihren Geweben angesammelt haben. Die Weibchen sind gewöhnlich widerstandsfähiger als die Männchen, weil Östrogene den Kalziumspiegel im Blut erhöhen, dadurch die Nervengewebe in eine höhere Kalziumkonzentration tauchen und den Weibchen einen Schutz gewähren, der den Männchen nicht zuteil wird."

Daß DDT in subletalen Mengen die Fortpflanzungsfähigkeit eines Vogels beeinträchtigen kann, beruht auf der durch dieses Mittel erhöhten Produktion von Leberenzymen, die dann die aus Steroiden bestehenden Geschlechtshormone umwandeln. Dieser Prozeß führt zu einer Zersetzung von Östrogenen. Da Östrogene aber dazu beitragen, Kalzium im Körper eines Vogels zu mobilisieren, führt deren Abbau unter anderem zur Bildung von Eierschalen, die zu wenig Kalzium enthalten. Dünnere, zerbrechlichere Eierschalen werden die Regel. Schalen, die man kürzlich in Adlernestern gefunden hat, waren nicht mehr dick genug, den Embryo zu schützen; eines dieser Eier besaß sogar überhaupt keine Schale!

Wie man überdies beobachtet hat, zeigen Organismen, die aus anderen Gründen unter Kalziummangel leiden, ein ruheloses und reizbares Verhalten oder ein dringendes Verlangen nach Kalzium in ihrer Nahrung: eine weitere, einleuchtende Erklärung nicht nur für die dünneren Eierschalen, sondern auch für das wunderliche Verhalten der Altvögel, die ihre Eier zertrümmern und sogar fressen.

Joseph Hickey und Daniel W. Anderson, Spezialisten für die Ökologie der Wildtiere an der Universität von Wisconsin, berichteten Ende 1968 in der Zeitschrift ‚Science' über die Ergebnisse ihrer Untersuchungen von Vogeleiern in der freien Natur: „1. Viele der jüngsten und aufsehenerregenden Fälle des völligen Zusammenbruchs von Raubvogelbeständen in den USA wie auch in Westeuropa hatten eine gemeinsame Stoffwechselgrundlage; 2. Der Bruch von Eierschalen war in Nordamerika weit verbreitet, wurde aber großenteils übersehen; 3. Signifikante Abnahmen von Schalendicke und Gewicht sind charakteristisch für die beispiellosen Mißerfolge in der Fortpflanzung von Raubvogelbeständen in bestimmten Gegenden der Vereinigten Staaten; 4. Die Veränderung des Kalziumgehaltes, die ein Jahr nach der Einführung von chlorierten Kohlenwasserstoffen zum allgemeinen Gebrauch einsetzte, war kein zufälliger Umstand; 5. diese beständigen chemischen Verbindungen üben eine gefährliche, heimtückische Wirkung auf bestimmte Vogelarten an der Spitze der verseuchten Ökosysteme aus."

X. DIE OPFER AN MENSCHENLEBEN

Am frühen Morgen des 3. Juni 1967 sank in Doha, der am Persischen Golf gelegenen Hauptstadt des Scheichtums Katar, ein elf Jahre alter Junge bewußtlos zu Boden. Ehe man ihn in das Regierungskrankenhaus einliefern konnte, verfiel er in Krämpfe. Kaum hatte der Arzt begonnen, ihn mit Phenobarbital[1] und anderen Mitteln zu behandeln, wurden zahllose, von ähnlichen Symptomen befallene Patienten eingeliefert. Viele litten auch an Übelkeit, Erbrechen, Geistesverwirrung und starken Schmerzen im Unterleib. Fast 500 Menschen kamen ins Krankenhaus; sieben davon starben.

Zuerst vermutete man, daß die städtischen Wasserleitungen Krankheitserreger verbreiteten, ein Verdacht, der durch Analysen rasch widerlegt wurde. Als dann viele der Opfer sich ziemlich schnell erholten, stellte man ihnen Fragen. Eine gewisse Gesetzmäßigkeit begann sichtbar zu werden: Fast alle Patienten waren bald nach dem Frühstück befallen worden, und alle hatten Brot gegessen. Überdies hatten die Opfer das Brot in der gleichen Bäckerei erhalten, und der Bäcker und drei seiner Angestellten gehörten zu den Erkrankten. Der Fall schien abgeschlossen zu sein, als die Behörden erfuhren, daß der Bäcker oft Hexachlorcyclohexan verwendete, um Insekten, Mäuse und Ratten auf seinem Grundstück zu bekämpfen.

In diesem Monat gab es kein weiteres Unglück mehr. Dann wurden am 2. Juli dreizehn Personen ins Krankenhaus gebracht. Sie litten an Übelkeit und Krämpfen, die genau den vor einem Monat beobachteten glichen. Alle wurden wieder gesund. Die Behörden erfuhren, daß sie

[1] Internationale Kurzbezeichnung für Phenyläthylbarbitursäure (= Luminal)

ausnahmslos einer Familie angehörten, die eine Bäckerei betrieb. An diesem Tage hatten sie das Geschäft nicht geöffnet, sondern nur für den eigenen Verbrauch gebacken. Es stellten sich verwirrende Dinge heraus: Der Besitzer benützte in der Nähe seiner Bäckerei niemals Insektizide, und das Mehl war von der gleichen Sorte, die der in die frühere Vergiftung verwickelte Bäcker verwendet hatte.

Am nächsten Tag folgte ein weiterer Schlag. Fast 200 Personen mit den wohlbekannten Symptomen wurden in das Regierungskrankenhaus gebracht. Siebzehn von ihnen starben. Alle hatten Brot gegessen, das von einer dritten Bäckerei in einem anderen Stadtteil, aber aus der gleichen Mehlsorte wie der zuvor festgestellten gebacken worden war. Gewebe aus dem Magen eines der Opfer und Proben des verdächtigen Brotes und Mehles wurden per Flugzeug in Laboratorien in England und den USA gesandt. Die giftige Substanz wurde eindeutig als Endrin bestimmt.

Die örtlichen Behörden, unterstützt von Detektiven von Scotland Yard, begannen die Herkunft des Endrins aufzuspüren. Zuerst schienen diese Leute gegen eine Steinmauer zu stoßen. Endrin war in Doha nie verwendet, ja nicht einmal eingeführt worden. Das verdächtige Mehl war Ende Mai an Bord eines Frachters aus Houston in Texas in Um Said, dem Hafen von Doha, eingetroffen. Es hatte in Stoffsäcken auf einem Unterdeck gelagert. Als man den Ladeplan des Schiffes studierte, erfuhr man, daß eine ziemliche Menge emulsierbares Endrin-Konzentrat in rund 19 Liter fassenden Eimern direkt über dem Mehl verstaut worden waren. Als das Endrin im Iran ausgeladen wurde, stellte man fest, daß siebzehn Eimer undicht und zwei vollkommen leer waren.

Die Einwohner von Doha waren die Opfer eines schrecklichen Unglücksfalles geworden, der anderen Ursprungs, aber von der gleichen Art war wie die Explosionen, Flugzeugabstürze und sonstigen Nebenerscheinungen des modernen Strebens nach einem angenehmen Leben. Diese Opfer an Menschenleben lassen sich auf die gleichen Ursachen zurückführen, die auch hinter der dramatischen Vernichtung wildlebender Tiere in den fünfziger und den frühen sechziger Jahren steckten. Schlecht geplante Bekämpfungsprogramme und die unachtsame Handhabung der Pestizide selbst töteten unsagbare Mengen von Fischen,

Vögeln, Säugetieren und nützlichen Insekten. Das Morden konnte großenteils der falschen Anwendung von beständigen wie auch unbeständigen Schädlingsbekämpfungsmitteln zugeschrieben werden. Erst danach begannen amerikanische und englische Naturwissenschaftler die weniger dramatischen, aber heimtückischen Gefahren zu erforschen, die von beständigen Pestiziden wie den chlorierten Kohlenwasserstoffen der Tierwelt in der freien Natur drohen.

Was wir heute wissen über den Preis an Menschenleben und Gesundheit, den die Anwendung von Pestiziden kostet, beschränkt sich auf die erste dramatische Phase. Die Weltgesundheitsorganisation hat sich tatkräftig bemüht, derartige Katastrophen wie die in Doha durch eine Reihe internationaler Abmachungen über den Transport giftiger Materialien zu verhüten. Explosivstoffe würde wahrscheinlich niemand transportieren, wie es ihm gerade einfällt; aber Pestizide, die ebenso gefährlich sind, werden so nachlässig gehandhabt wie Zahnpasta.

Die Fachliteratur wimmelt von Schilderungen entsetzlicher Katastrophen, die durch eine ebenso entsetzliche Fahrlässigkeit verursacht worden sind. Gleichzeitig mit dem Vorfall in Doha trat auch in Hofuf in Saudi-Arabien ein Fall von weitverbreiteter Endrin-Vergiftung auf; wiederum war das Mehl im Lagerraum eines Schiffes, das auch Endrin enthielt, verseucht worden. Die Mehlsäcke waren arg verschmutzt, und die Schrift auf den Anhängern war von dem auslaufenden Gift verwischt.

Im September 1967 starben siebzehn Kinder in Tijuana in Mexiko nach dem Genuß von Torten und süßem Gebäck, sechshundert weitere erkrankten. Der Zucker, den man bei der Zubereitung des Backwerkes verwendet hatte, war in einem Lagerhaus, wo er dicht neben Parathion-Behältern aufbewahrt wurde, verunreinigt worden. Zwei Monate später starben in Chiquinquira in Kolumbien achtzig Personen und sechshundert erkrankten, nachdem sie Brot gegessen hatten, das aus einem mit Parathion vergifteten Mehl hergestellt worden war. Anscheinend zerbrachen, als der Lastwagen, der das Mehl und das Insektizid beförderte, scharf in eine Kurve fuhr, mehrere Parathion-Behälter, und deren Inhalt ergoß sich auf die Mehlsäcke. Niemand machte sich die Mühe, den Bäcker, der das Mehl erhielt, davon zu informieren. Heute verbietet das Verkehrsministerium der USA übrigens, daß bestimmte giftige Stoffe gemeinsam mit anderem Material verfrachtet werden.

Die Fahrlässigkeit und Unkenntnis, mit der wir Schädlingsbekämpfungsmittel häufig handhaben, zeigte sich Ende der fünfziger Jahre in tragischer Weise in der Türkei. Weizensamen, die mit dem Fungizid Hexachlorcyclohexan behandelt worden waren, weil man voraussetzte, daß sie als Saatgut verwendet werden sollten, gelangten statt dessen in den Lebensmittelhandel. Über dreitausend Kinder, die das verseuchte Brot aßen, bekamen türkische Porphyrie, ein Leiden, das ein erfahrener Arzt als eine „ganz furchtbare Krankheit" bezeichnet hat. Zu den Mißbildungen, die man vier Jahre darauf an diesen Kindern beobachtete, gehörten Wachstumsstillstand, Lichtempfindlichkeit, dunkle Pigmentierung und übermäßig stark wachsendes Haar, das in dichten Büscheln auf der Stirne hervorsproß.

Kinder sind die Hauptopfer von Pestizidunfällen. Das Landwirtschaftsministerium der USA berichtet in einem Überblick über solche Unfälle, daß 65 Prozent der Opfer sechs Jahre alt und jünger waren. In vielen Fällen hatte man Pestizide in Limonadeflaschen oder anderen nicht gekennzeichneten Behältern herumstehen lassen; tranken Kinder daraus oder spielten auch nur damit, waren Krankheit oder Tod die Folge.

Landarbeiter sind ebenfalls Pestizidvergiftungen besonders ausgesetzt. Die chemische Industrie betont gern, daß Unfälle nur deshalb vorkommen, weil die Arbeiter die gedruckten Anweisungen auf dem Etikett des Pestizid-Behälters nicht lesen, aber in vielen Gebieten werden hauptsächlich ungelernte Handarbeiter beschäftigt, die oft Analphabeten sind oder nur Spanisch lesen können.

Viele Todesfälle kommen vor, wenn Landwirte, nachdem sie beim Sprühen ihrer Felder Schutzanzüge getragen haben, vorübergehend ohne diese Anzüge arbeiten. Dr. G. A. Reich vom Staatlichen Gesundheitsdienst erklärt dazu: „In Südflorida, wo es das ganze Jahr über heiß und stickig ist, kann man von einem Arbeiter schwerlich erwarten, daß er einen langen Regenmantel, eine Gasmaske, Stiefel und Handschuhe trägt, während er auf einem Traktor dahinfährt und Pestizide versprüht. Er wird in seinem Schutzanzug vor Hitze fast umkommen. Verwendet ein Mann etwa Tepp, ein organisches Phosphat, wäre es am besten, ihn, ehe er beginnt, in Zement zu verpacken. Gebraucht er jedoch Malathion, sollte er Handschuhe, Stiefel und einen langen Regenmantel tragen, wenn er es mischt, aber nur einen Regenmantel, während er sprüht."

Dr. Clyde M. Berry vom Institut für Landwirtschaftsmedizin [2] an der Universität von Iowa ist das häufige Auftreten von Krankheiten bei Farmern, die Pestizide anwenden, nur allzu vertraut.

„Die medizinische Literatur über Krankheiten, die von den auf einer Farm gebrauchten Chemikalien herrühren, ist auffallend mager", erklärte er. „Und es wäre eine verlockende Schlußfolgerung, daß deren Gebrauch keine Krankheiten zur Folge hat. Es scheint aber, als rechneten Farmer mit Beschwerden und unbedeutenderen Symptomen und begeben sich daher nicht in ärztliche Behandlung. Über die Hälfte der unter Beobachtung stehenden Gruppe glaubte, daß die Mittel ungünstig auf sie eingewirkt hatten. Keiner hatte seinen Arzt aufgesucht."

Untersuchungen über die Wirkungen von Pestiziden auf Piloten von Sprühflugzeugen erbrachten wichtige Informationen. Die hohe Zahl von Abstürzen bei Flugzeugen, die Stäubemittel über Feldfrüchte verteilen, hat man auf leichte Fälle von Pestizidvergiftung zurückgeführt; der Pilot erkrankt zwar nicht ernstlich, aber seine Reflexe sind so beeinträchtigt, daß er die genau vorgeschriebenen Schleifen, die beim Stäuben aus der Luft erforderlich sind, nicht einhalten kann. Waren diese Piloten längere Zeit organischen Phosphaten ausgesetzt, verursachte das auch geistige Störungen von beträchtlicher Dauer. Nach einer wissenschaftlichen Untersuchung von Sprüh-Piloten berichtete das Bundesamt für Luftfahrt [3]: „... Nachdem jede weitere Berührung mit den giftigen Wirkstoffen unterbunden war, brauchte die Genesung von schizophrenen und depressiven Symptomen noch sechs bis zwölf Monate. Ist der Pilot ständig den Mitteln ausgesetzt, dann kommt es im Zusammenhang damit zu Angstzuständen, Unbehagen, Schwindeligkeit, Schlaflosigkeit, Schlafwandeln, Mattigkeit, Schläfrigkeit, Ohrensausen, Augenlidkrampf, Verwirrtheit, Fieber, Lähmung, Parästhesien [4], Nervenentzündung, Geistesverwirrung, emotionaler Labilität, Depressionen mit Weinen, schizophrenen Reaktionen, Bewußtseinsspaltung, Herumirren im Dämmerzustand, Unfähigkeit, mit Familie und Freunden auszukommen, und schlechter Arbeitsleistung."

Die betroffenen Piloten hatten sich keiner Nachlässigkeit schuldig ge-

[2] Institute of Agricultural Medicine

[3] Federal Aviation Agency

[4] Krankhafte, abnorme Empfindung, z. B. Kribbeln

macht. Alle waren Berufsflieger, die ihre Flugzeuge sauber und Gasmasken sowie andere Ausrüstung in gutem Zustand hielten. „Bei einer Untersuchung von dreiundzwanzig Leuten", erklärt das Bundesamt für Luftfahrt, „von denen alle Gasmasken mit Kohlefiltern sowie Gummihandschuhe und Schutzanzüge trugen, zeigten achtzehn leichte bis mittelmäßige Symptome, vier zeigten schwere Symptome, erholten sich aber wieder, und einer starb."

Bei einem Flugzeugabsturz in Kalifornien war der Pilot, wie sich herausstellte, von seinem eigenen Sprühmittel, das aus Tepp und Phosdrin bestand, tödlich vergiftet worden. Die Quote von Unfällen und Todesfällen für Piloten von Sprühflugzeugen steht nur der von Sportflugzeugen nach, bei der Betrunkenheit eine bedeutende Rolle spielt. Der Staatliche Gesundheitsdienst führt nun eine genaue Untersuchung aller tödlichen Abstürze von Sprühflugzeugen durch.

„Zwei Jahre hintereinander sind elf Staaten für 69 Prozent aller Flugzeugabstürze verantwortlich gewesen", erklärt Dr. Reich. „Diese Staaten liegen vorwiegend im Süden und Westen. Erwägt man die Ursachen des Absturzes und die Faktoren, die dabei mitgewirkt haben, ist bei 75 Prozent der Abstürze der Pilot beteiligt und bei 30 Prozent die alleinige Ursache... Nun hoffen wir festzustellen, welche Rolle dabei die Tatsache spielt, daß der Pilot Pestiziden ausgesetzt war."

Eine neuere Forschungsarbeit in Kalifornien zeigte, daß Piloten von Sprühflugzeugen auf der Heimfahrt von der Arbeit in eine abnorm hohe Anzahl von Autounfällen verwickelt wurden. Die todbringende Fracht der Flugzeuge, die Feldfrüchte einstäuben, schafft auch in anderer Hinsicht erhöhte Gefahren sowohl für den Piloten als auch für Leute, die in der Nähe der Zielgebiete wohnen. In den stark landwirtschaftlich genutzten Tälern Kaliforniens läßt Temperaturumkehr trotz genau eingehaltener Flugrichtung die Sprühnebel chaotisch vom Zielgebiet abtreiben. Naturwissenschaftler, die sich mit DDT beschäftigen, haben herausgefunden, daß *selbst unter idealen Bedingungen* nur ungefähr 50 Prozent der in Höhe der Baumwipfel vom Flugzeug abgegebenen Sprühmittel das Zielgebiet erreichen; der Rest verteilt sich wahrscheinlich als kleine Kristalle in der Atmosphäre.

Tatsächlich leben viele Amerikaner ständig in einem Meer von Schädlingsbekämpfungsmitteln. Rachel Carson sprach einst vom „Recht des

Bürgers, in seinem eigenen Haus vor dem Eindringen von Giften, die andere Personen anwenden, sicher zu sein". Ungeachtet dieses Rechtes berichtete ein Naturwissenschaftler des Staatlichen Gesundheitsdienstes im Jahre 1966, „daß die Luft über vielen Gemeinden mit beträchtlichen Mengen von verschiedenartigsten Pestiziden verunreinigt ist".

Die Hauptquelle dieser Gifte ist das Ackerland rings um eine Gemeinde. So gibt es zum Beispiel in der Umgebung von Fort Valley, einem Ort im Peach County, Georgia, reichlich gesprühte Obstgärten mit Pfirsichbäumen und in der Nähe noch eine Fabrik, die Pestizide entwickelt. In allen Luftproben, die man in Fort Valley analysiert hat, wurde DDT gefunden.

Was geschieht mit diesen dahintreibenden Chemikalien? Wenn jemand nicht allergisch gegen sie ist, werden ihm wahrscheinlich die nicht beständigen Pestizide in der Verdünnung, der man im Freien in der Luft begegnet, nicht ernstlich schaden. Die beständigen chlorierten Kohlenwasserstoffe dagegen werden, während sie ihre Wirkung als Bekämpfungsmittel schnell verlieren, in Nahrungsketten, die nicht im Zielgebiet liegen, angereichert werden.

Ein Eingriff ins Privatleben, der sich noch schwieriger rechtfertigen läßt als ausgedehntes Sprühen aus der Luft, ist die Anwendung von beständigen Pestiziden für kleine Teppiche, Wolldecken und Kleider. Die meisten Teppiche, die man heute kauft, sind mit Dieldrin oder ähnlichen Giften vom Hersteller vorbehandelt worden, um Schäden durch Teppichkäfer zu verhüten. Bei auf diese Weise mottensicher gemachten Kleidern kann das Mittel, etwa Dieldrin, wenn man schwitzt, durch die Haut absorbiert werden.

Ungeachtet der Warnungen sowohl vom Staatlichen Gesundheitsdienst als auch von der Amerikanischen Medizinischen Gesellschaft, daß Verdampfungsgeräte, die Lindankügelchen enthalten, für den Menschen gefährlich sein könnten, genehmigt das Landwirtschaftsministerium der USA auch weiterhin deren Anwendung in Restaurants und anderen öffentlichen Lokalen. Für den Gebrauch in Wohnungen dürfen diese Geräte nicht verkauft werden. Nach einem Bericht der Regierung war Lindan, ein insektizider chlorierter Kohlenwasserstoff, „unmittelbar oder mittelbar in Fällen von gefährlicher Schädigung des Knochenmarks nachweisbar". Nach Angaben der Medizinischen Gesellschaft wurden in den letzten Jahren Millionen dieser unaufhörlich in Betrieb befindlichen Lindan-Verdampfer verkauft, und der Forschungsdienst des Landwirtschaftsministeriums sieht anscheinend keinen Anlaß, den blühenden Handel zu unterbinden.

Der geplagte Bürger, der alledem entkommen will, könnte dem allgegenwärtigen Regen von Chemikalien vielleicht entfliehen, wenn er gemächlich mit einem Dampfer nach China fährt, aber nicht, wenn er den Luftweg vorzieht. Die meisten Flugzeuge auf internationalen Routen werden heute zur Moskito-Bekämpfung mit DDT oder anderen Pestiziden geräuchert. Die Vergiftungsgefahr für die Passagiere hält man für gering, weniger Gewißheit besteht allerdings über die Wirkungen auf das Flugpersonal, das den Pestiziden dauernd ausgesetzt ist. Eine Fluggesellschaft, die sich vielleicht Sorgen macht, wie weit eine Stärkung mit Martinis vor dem Flug Urteilsfähigkeit und Reflexe der Piloten beeinflußt, sieht offenbar keinen Anlaß zur Beunruhigung, wenn diese Leute Pestizide in sich aufnehmen.

Offenkundig Mißbrauch getrieben wird mit der Anwendung von Schädlingsbekämpfungsmitteln in Haus und Garten. Sprüht ein Hausbesitzer in einem Vorort seinen Garten und tötet ebenso die räuberisch lebenden Vögel und Insekten wie die ‚Schädlinge', beschwört er automatisch Schwierigkeiten für alle anderen Menschen in seiner Nachbarschaft herauf.

„Halte ich einen Vortrag, kommt es oft vor, daß jemand mich fragt: ‚Aber wie steht es mit meinen Rosen? Ich muß sprühen, um meine Rosen zu retten'", erzählt William H. Drury junior. „Ich antworte immer mit der Frage: ‚Warum arbeiten Sie im Garten?' Erklärt mir der Hausbesitzer, er tue es zur Erholung oder um eine Beschäftigung zu haben, so frage ich: ‚Warum versuchen Sie dann, Zeit zu sparen? Pestizide werden hauptsächlich angewendet, um Zeit zu sparen, um die Ertragsfähigkeit zu steigern.' Wenn er aber nur einfach mit seinem Nachbarn in der Züchtung preisgekrönter Rosen wetteifert, dann beachte ich ihn nicht weiter, weil das ein recht armseliger Beweggrund für die Pflege eines Gartens ist."

Der durchschnittliche Besitzer eines Eigenheims ist ein Opfer der Chemikalienverkäufer. Gelegentlich sind Pestizide in Haus und Garten am Platz, aber Werbefeldzüge für deren Verkauf haben den einfachen

Hausbesitzer überzeugt, daß er ein Arsenal von Chemikalien zur Hand haben müsse, das ausreichen würde, einen afrikanischen Heuschreckenangriff abzuwehren.

„Die Läden für Gärtnereibedarf sind vollgestopft mit Giften", schreibt ein Fachmann für Gartenbau aus Oregon. „Einige davon sind so gefährlich, daß sie nur auf Anordnung von höchstgestellten Landwirtschaftsexperten der Regierung und dann auch nur an geschulte und zuverlässige Benützer verkauft werden dürften."

So ist etwa die Anwendung von Parathion in der Stadt New York ohne Sondererlaubnis vom Gesundheitsministerium gesetzlich verboten. Doch in Miami und dessen Vorstädten, wo das Klima für Insekten und Pilze günstig ist, gehen Hausierer von Tür zu Tür und verkaufen Parathion in nicht gekennzeichneten Papiertüten. Der Staatliche Gesundheitsdienst hat in den letzten Jahren in diesem Gebiet 211 Fälle von Vergiftung untersucht, von denen 112 tödlich ausgingen. Die meisten Opfer sind kleine Kinder, die im Haus herumliegende Parathion-Tüten finden. Die Untersuchungsbeamten des Gesundheitsdienstes haben keine Ahnung, wie viele Fälle von Vergiftungen alljährlich in den USA vorkommen, da es nicht gesetzlich vorgeschrieben ist, diese Fälle den Behörden zu melden; auf Grund ihrer Forschungsarbeit in Florida und Texas glauben die Untersuchungsbeamten, daß in vielen Staaten die Tendenz besteht, das Problem infolge der großen Anzahl von nicht gemeldeten Fällen zu unterschätzen.

Absurderweise vergeudet der Hausbesitzer oft viel Geld für Pestizide.

„Für einen Baum ist es nicht unbedingt schädlich, wenn er Insekten als Futterquelle dient, meist keineswegs schlimmer, als wenn ihn ein Gärtner beschneidet", schreibt LaMont C. Cole von Cornell. „Der Hausbesitzer, der in den Laden geht und etwas kauft ‚was das Ungeziefer hindert, meinen Baum aufzufressen', kann sich wahrscheinlich auf einen harten Schlag gefaßt machen. Selbst wenn er nicht seinen Rasen, seine Katze, die Singvögel oder sich selbst vergiftet, könnte er unwissentlich eine Kette von Ereignissen in Gang setzen, deren Ende sich nicht voraussagen läßt. Wenn die Insekten resistent sind, kann das genausogut geschehen." [5]

[5] Siehe Anhang I: ‚Ungefährlichere Pestizide für Haus und Garten' von Shirley A. Briggs.

XI. DER UNBEKANNTE FAKTOR

Unbestreitbar zahlt der Mensch einen Preis für die Anwendung von Pestiziden, mit denen er seine Nahrungs-, Faser- und Zierpflanzen schützen will. Vor sieben Jahren sind Rachel Carsons Warnungen weithin verbreitet worden; trotzdem setzen wir uns nach wie vor einer Vielfalt von Giften aus. Häufig führt das zu akuten Gefahren; sie lassen sich durch Erziehung, gesunden Menschenverstand und ein paar einfache Vorsichtsmaßnahmen einschränken. Aber der Mensch nimmt auch Gefahren auf sich, deren Ausmaß und komplexe Natur er vielleicht nicht rechtzeitig erkennt. So wie uns der Bermuda-Sturmvogel eindringlich mahnt, die Gefahren für die Wildtiere nicht zu vergessen, ist der ‚Fall der bolivianischen Katzen' ein Warnsignal für den Menschen selbst.

Die ‚Medical World News' brachten in ihrer Ausgabe vom 11. Juli 1965 eine ungewöhnliche Geschichte über eine Epidemie von bolivianischem Fleckfieber, auch Juninfieber genannt, die der Mensch verursacht hat. Eine schwere Epidemie dieser im Volksmund auch als ‚schwarzer Typhus' bezeichneten Krankheit brach 1963 in San Joaquin im bolivianischen Hochland aus. Über 300 Einwohner starben. Auf dem Höhepunkt der Epidemie flog eine Gruppe nordamerikanischer Epidemie-Spezialisten unter der Leitung von Dr. Karl M. Johnson vom Staatlichen Institut für Allergie und Infektionskrankheiten [1] nach Bolivien. Sie brachten die Krankheit unter Kontrolle, dann bemühten sie sich, deren Entstehungsherd zu isolieren.

Der Erreger, eine virusähnliche Rickettsienart, wurde schnell identifiziert. Verschiedene Insekten wie Moskitos, Milben, Zecken wurden

[1] National Institute of Allergy and Infectious Diseases

überprüft und als mögliche Überträger ausgeschieden. Auf der Suche nach anderen Überträgern erfuhren Johnson und seine Kollegen, daß Vespermäuse *(Calomys callosus)*, dort Lauchas genannt, kurz vor dem Ausbruch der Epidemie in Scharen in die Stadt eingefallen waren. Vor diesem Zeitpunkt waren diese Nagetiere selten in den Häusern von San Joaquin gesichtet worden. Die Epidemie-Spezialisten stellten für die Lauchas Fallen auf und legten Giftköder aus. Als die Tiere verschwanden, verschwand auch der schwarze Typhus. Untersuchungen der verendeten Lauchas ergaben, daß sie die Überträger der todbringenden Rickettsie waren.

Aber warum waren diese Nagetiere der Wildnis plötzlich in menschliche Behausungen gedrungen?

„Fünf Jahre zuvor hatte es überall in San Joaquin Katzen gegeben", sagte Dr. Johnson. „Aber als wir eintrafen, waren in den insgesamt 340 Haushalten der Stadt nur mehr etwa ein Dutzend Tiere übrig. Die Leute erzählten uns, daß ihre Katzen als Opfer einer seltsamen ‚Katzenkrankheit' in den vergangenen Jahren weggestorben seien. Das kam uns wegen der eigenartigen neurologischen Symptome sonderbar vor. Die Katzen hatten immer Schüttelfrost bekommen, sich erbrochen, waren noch ein paar Tage dahingesiecht und dann verendet."

Waren die Katzen ebenfalls an schwarzem Typhus gestorben? Dr. Johnson äußerte vorsichtigen Zweifel daran. Sie waren lange, bevor die Krankheit unter den Einwohnern von San Joaquin auftrat, zugrunde gegangen. Als Dr. Johnson Katzen diese Rickettsien injizierte, zeigten sie keinerlei schlimme Wirkungen.

„Die Symptome der Katzen sahen nach einer DDT-Vergiftung aus", erklärte er. „Wir wußten, daß DDT und Dieldrin mehrere Jahre lang gebraucht worden waren, um in San Joaquin die Malaria zu bekämpfen. Als später das Fleckfieber ausbrach, wurde noch mehr DDT-Pulver verstreut, um Insekten zu vertilgen, die man für die Überträger der Krankheit hielt."

Dr. Johnson beschaffte sich eine der toten Katzen, die von den Behörden in San Joaquin gesammelt und in einer Tiefkühltruhe aufbewahrt worden waren. Er transportierte den Kadaver zu Dr. Wayland J. Hayes junior, dem Leiter der Toxikologie-Abteilung des Staatlichen Gesundheitsdienstes in Atlanta, Georgia. Der Bericht von Hayes bestätigte, daß die Konzentration von DDT im Gehirn der Katze mit den Befunden bei Fällen von Tod durch DDT-Vergiftung übereinstimmten.

Nun erst konnte Dr. Johnson den Kreis, der zu der Epidemie geführt hatte, allmählich schließen: San Joaquins Katzen hatten einst auf natürliche Weise den benachbarten Laucha-Bestand bekämpft. Als man die Wände der Häuser mit DDT behandelte, hatten die Katzen das Mittel mit dem Fell aufgenommen und es dann, wenn sie sich leckten und putzten, geschluckt. Als ihre natürlichen Feinde ausgerottet worden waren, drangen die Lauchas in die Stadt ein; sie trugen den Erreger in sich, und verbreiteten ihn mit ihrem Harn in der Nähe von Lebensmitteln und Trinkwasservorräten.

DDT war nach San Joaquin gebracht worden, um das Gleichgewicht in der Natur zugunsten des Menschen zu ändern, indem man die Malaria übertragenden Moskitos tötete. Dieses Bekämpfungsprogramm bezahlten dreihundert Stadtbewohner mit ihrem Leben.

Seit der Veröffentlichung von ‚Der stumme Frühling' haben viele andere Naturwissenschaftler dem Gedanken, daß wir uns auf etwas eingelassen haben, das sich als böse Überraschung entpuppen könnte, immer wieder neue Nahrung gegeben.

„Setzt man den Menschen dauernd niedrigen Konzentrationen giftiger Wirkstoffe aus, wird dies schließlich eine große Vielfalt von erst später auftretenden pathologischen Symptomen zur Folge haben, die physisches Elend verursachen und die Bürde der Medizin vergrößern", schreibt ein berühmter Arzt. „Entscheidend dabei ist, daß man die schlimmsten pathologischen Wirkungen von Stoffen, die die Umwelt verunreinigen, *nicht* zu dem Zeitpunkt entdecken wird, zu dem ein Mensch ihnen ausgesetzt ist; sie werden unter Umständen *erst mehrere Jahrzehnte später* offenbar. Mit anderen Worten, die Gesellschaft wird sich einem niedrigen Grad von Verunreinigung anpassen, der keinen unmittelbar gefährdenden Wert erreicht, aber diese scheinbare Anpassung wird letzten Endes in der erwachsenen Bevölkerung viele pathologische Schäden verursachen und große medizinische und soziale Belastungen mit sich bringen."

Wenn seit dem Erscheinen von Rachel Carsons Buch auf dem Gebiet der langfristigen Wirkungen von Pestiziden auf den Menschen ein Fortschritt zu verzeichnen ist, so liegt er darin, daß der Bereich des Unbekannten sich noch erweitert hat; *unser Mangel an Sachkenntnis hat sich vergrößert und vertieft.*

Amtliche Bekanntmachungen, die uns weismachen, daß wir keinen Grund zur Besorgnis haben, klingen nicht mehr so beruhigend wie in der Zeit, als die Glaubwürdigkeit der Naturwissenschaftler in der Regierung noch nicht gelitten hatte. Die Enthüllungen über den wahren Stand der Dinge im Fall der radioaktiven Niederschläge, des sogenannten Fallouts, erschütterten das Vertrauen der Öffentlichkeit. Eine amerikanische Contergan-Tragödie wurde nur durch eine einzige starrköpfige Frau abgewendet. Neuerdings ist die Nahrungs- und Arzneimittelprüfstelle öffentlich beschuldigt worden, ungenügend getestete Arzneimittel gebilligt zu haben. Ärzte und Dentisten verwendeten viele Jahre lang vertrauensvoll Röntgenstrahlen, aber als Fälle von Schilddrüsenkrebs, angeborenen Mißbildungen und andere Anzeichen von Gefahr sich jäh häuften, hat man die Rolle des Röntgenapparates in der medizinischen Behandlung anders eingestuft. Es ist noch nicht einmal genau bekannt, was eine gefährliche Strahlungsdosis darstellt.

Amtlich genehmigte Rückstände von Schädlingsbekämpfungsmitteln auf Lebensmitteln sind fragwürdig. Ein Sachverständiger für Bleivergiftung machte im Jahre 1966 vor dem Unterausschuß folgende Aussage: „Der höchste zulässige Bleigehalt in Äpfeln, der vom Landwirtschaftsministerium der USA festgelegt wurde, beträgt sieben Teile pro Million. Würde man der Nahrung von Menschen Blei bis zu einer Menge von sieben Teilen pro Million zusetzen, würden sie an einer klassischen Bleivergiftung sterben."

Und Blei ist eines unserer ältesten Pestizide!

Zugegeben, es ist für die Fachleute für Schädlingsbekämpfung genauso schwierig, alle unerwünschten Wirkungen ihrer Chemikalien vorauszusehen, wie für Ärzte, die giftigen und auch die therapeutischen Wirkungen ihrer Arzneimittel vorauszusehen. Die landwirtschaftlich-chemische Industrie behauptet nun, daß ein Gift kein Gift mehr sei, wenn es in kleinen Mengen verabreicht wird. (Die akute Giftigkeit von DDT entspricht annähernd der von Aspirin.) Aber zwei Punkte sollten hier erwähnt werden: Aspirin und viele andere ‚Gifte' sind nicht kumulativ, sie häufen sich im Körper nicht an, wozu chlorierte Kohlenwasserstoffe eben sehr neigen; und wir wissen immer noch wenig darüber, wie die vielen winzigen Giftmengen, denen wir gleichzeitig ausgesetzt sind, innerhalb des Körpers aufeinander einwirken. In der medizinischen Literatur wimmelt es von Hinweisen auf die toxische Wechselwirkung mehrerer Arzneimittel, ja, eine Gruppe von Medikamenten führt sogar mit Käse zu einer giftigen Reaktion.

Allergien gegenüber der immer dichter werdenden chemischen Struktur unserer Umwelt sind sehr verbreitet. Ärzte kennen die heftigen Reaktionen auf die zur Bekämpfung des Ulmensterbens oder der Moskitos verwendeten Mischungen von chlorierten Kohlenwasserstoffen und Lösungsmitteln. Es ist schon vorgekommen, daß dafür anfällige Personen, deren Wohnungen man mit Pestiziden behandelt hat, noch mehrere Tage nach Beendigung des Sprühens bewußtlos wurden. Zu weiteren Reaktionen auf Chemikalien gehören Bronchitis, Asthma, Kopfschmerzen, Nesselausschlag sowie Magen- und Darmerkrankungen.

Die Weltgesundheitsorganisation, die in ihren Antimalariakampagnen in ausgedehntem Maße Schädlingsbekämpfungsmittel verwendet, hat in den letzten Jahren mehrfach der Befürchtung Ausdruck gegeben, daß die chlorierten Kohlenwasserstoffe beim Menschen Leberschäden verursachen könnten. An Arbeitern in der Sowjetunion, die in ihrem Beruf über zehn Jahre lang DDT und anderen als Pestizide dienenden chlorierten Kohlenwasserstoffen ausgesetzt waren, hat man ausgeprägte Störungen des Eiweiß- und Zuckerstoffwechsels in der Leber festgestellt. Das ist eines der Gebiete menschlicher Gesundheit, auf denen sehr viel Forschung betrieben wird. Manche Wissenschaftler sehen in den Wirkungen von Pestiziden auf die Leber sogar eher vorteilhafte als verderbliche Prozesse. Sie erblicken darin keine Schädigung, sondern eine Zunahme der Lebertätigkeit; Malathion, ein organisches Phosphat, und Methoxychlor, ein chlorierter Kohlenwasserstoff, sind für den Menschen weniger giftig als viele andere Pestizide, weil Leberenzyme aktiviert werden, um mit ihnen fertig zu werden. Aber dies bleibt ein sehr dunkles Gebiet. Forschungsarbeit über Vögel und Nagetiere zeigt, wie schon gesagt, daß die Produktion von Leberenzymen die steroiden Geschlechtshormone unwirksam macht. Wird weitere Forschung feststellen, daß ähnliche Wirkungen beim Menschen auftreten?

Seit ‚Der stumme Frühling' veröffentlicht wurde, beschwor die Anwendung von Pestiziden ständig das Gespenst des Krebses herauf. Die Wissenschaftler kommen in ihren Bemühungen, die verschiedenen Krebsformen zu erkennen und Heilmittel für sie zu finden, deprimierend langsam voran, und das gleiche gilt für den Versuch, eine Verbindung zwischen Krebs und Pestiziden herzustellen. Die Glieder der Beweiskette sind heute nicht enger geschlossen als zu der Zeit, in der Rachel Carson die Frage stellte: Sind die synthetischen organischen Pestizide karzinogen? *Die Gemeinschaft der Wissenschaftler ist nicht bereit, sich auf eine klare Antwort festzulegen.*

Doch jeder angesehene Arzt und Naturwissenschaftler rät zu äußerster Vorsicht in dieser Angelegenheit. Man ist keineswegs einverstanden mit dem Argument der chemischen Industrie, ein nicht vorhandener Beweis sei gleichbedeutend mit einem *negativen* Beweis. Im Jahre 1967 tagte unter der Schirmherrschaft der New Yorker Akademie der Wissenschaften eine Konferenz mit dem Thema ‚Biologische Wirkungen von Pestiziden in Säugetierorganismen'. Dort äußerten Wissenschaftler aus den USA und Großbritannien tiefe Besorgnis, daß die Mutationen, die man an Tieren, die Pestiziden ausgesetzt waren, beobachtet hat, auch bei Menschen vorkommen könnten. Englische Naturwissenschaftler behaupteten, daß die Zerfallsprodukte aller Hauptkategorien von Pestiziden imstande seien, die Mutationsrate beim Menschen zu verdoppeln (Mutationen sind Veränderungen im Erbgut, die meist tiefgreifende und schädliche Folgen haben). Andere Naturwissenschaftler teilten mit, daß Fungizide wie Captan und Folpet – beide von den Behörden als ungefährlich betrachtet – möglicherweise beim Menschen Mutationen auslösen könnten. Schwangere Frauen wurden davor gewarnt, ihre Rosen mit diesen Fungiziden zu sprühen.

Beweise für die vernichtenden Wirkungen von Pestiziden auf Wildtiere sind heute so überzeugend, daß Wissenschaftler in ihrer Aussage vor der Öffentlichkeit lieber bei diesem Thema verweilen als auf die menschliche Seite des Bildes einzugehen. Nur gelegentlich werden menschliche Gesichtspunkte zur Sprache gebracht. Eine solche Gelegenheit war im Jahre 1969 das Hearing in Madison in Wisconsin, bei dem über das Verbot von DDT in diesem Staate beratschlagt werden sollte. Richard Welch, ein Pharmakologe von Burroughs Wellcome and Company, einer Firma, die Arzneimittel herstellt, teilte mit, daß die Geschlechtshormone, die bei Ratten von bestimmten, durch DDT aktivierten Enzymen angegriffen wurden, die gleichen sind, die sich beim Menschen finden. Und die Mengen DDT, die heute im Fett von Menschen gespeichert werden, kommen der für eine nachteilige Wirkung auf Ratten erforderlichen Dosierung sehr nahe.

„Wenn man aus den bei Tieren bekannten Größen annähernd auf den Menschen schließen darf", erklärte Welch, „kommt die Veränderung in diesen Enzymen wahrscheinlich auch beim Menschen vor."

Robert Risebrough, Biologe an der Universität von Kalifornien, spielte auf die gleichen Wirkungen von DDT und anderen beständigen Pestiziden an. Er wies darauf hin, daß die Nahrungs- und Arzneimittelprüfstelle „die Fähigkeit dieser Substanzen, auf Enzyme einzuwirken, überhaupt nicht in Erwägung gezogen hat. In absehbarer Zeit wird diese Prüfstelle aber eine solche Entscheidung treffen müssen. Wird sie eine Erhöhung der Aktivität dieser Enzyme in unserer Leber zulassen? Kein Verantwortlicher könnte hier erklären, dieses ständige Nagen an unseren Steroiden (d. h. Geschlechtshormonen) sei ohne jede Wirkung auf den Stoffwechsel."

Eine Anzahl chemischer Schädlingsbekämpfungsmittel ruft bei Mäusen Krebs hervor. Dr. James Grace, Direktor des Rosell Park Memorial-Institutes, berichtete im Jahre 1969 einem Unterausschuß der gesetzgebenden Körperschaft des Staates New York, daß sein Institut sehr viel Beweismaterial darüber zusammengetragen habe. Wie den meisten anderen Wissenschaftlern widerstrebt es ihm, aus den Ergebnissen von Versuchen mit Tieren auf den Menschen zu schließen. Hier wäre jedoch anzumerken, daß die chemischen Firmen eben das tun, wenn sie die ‚Ungefährlichkeit' von Pestiziden erforschen! Grace schloß mit der Warnung: „Wenn wir entdecken, daß diese Chemikalien bei niedrigeren Formen Schwierigkeiten verursachen, dann müssen wir bei dem Wagnis, sie in unserer Umwelt anzuwenden, äußerst vorsichtig sein."

Das Nationale Krebsinstitut beschäftigt sich mit Forschungsarbeiten, die ebenfalls zeigen, daß Pestizide bei Mäusen als Karzinogene wirken. Als Dr. Malcolm M. Hargraves von der Mayo-Klinik diese Entdeckungen 1969 in den ‚Medical World News' erläuterte, sagte er: „Seit dem Auftauchen der Pestizide im Jahre 1947 habe ich die Vorgeschichte von

Kranken bei 1200 Fällen von Dyskrasie [2] und Erkrankungen des lymphatischen Systems studiert oder selbst aufgenommen. Jeder Patient war zum einen oder anderen Zeitpunkt einem Pestizid, Herbizid, Farbverdünnungsmittel, Reinigungsmittel oder dergleichen stark ausgesetzt gewesen. Und ich würde auch organische Phosphate nicht ausnehmen, die das Institut überhaupt nicht in seine Teste einbezieht. Ich habe mehrere Fälle gehabt, die bewiesen, daß die Phosphate Schwächung des blutbildenden Knochenmarks, plötzliche Veränderungen des Prothrombins, Leberinsuffizienz und thrompopenischer Purpura [3] zur Folge hatten."

Dr. William C. Hueper, ehemaliger Chef der Abteilung des Institutes für umweltbedingten Krebs, sprach dem gleichen Reporter gegenüber von seinen Befürchtungen. Er wies auf Untersuchungen an der Universität von Miami hin, die zeigten, daß ein ungewöhnlich hoher Prozentsatz von Krebspatienten im Endstadium hohe Konzentrationen von Pestizidrückständen in Leber, Gehirn und Fettgeweben aufwies. „Diese Art von Untersuchungen gibt uns Anhaltspunkte", sagte er.

In den letzten Jahren diskutierten Genetiker im Oak Ridge-Staatslaboratorium [4] in Tennessee und im Jackson-Laboratorium in Maine des öfteren „unser Gesundheitsproblem Nummer eins", wie Teilnehmer dieser Zusammenkünfte es nannten. Kein Genetiker von Rang leugnet die Erbschädigung, nur sind sich diese Gelehrten nicht immer einig darüber, wieviel Beweismaterial notwendig ist, ehe ein verdächtiger chemischer Wirkstoff aus dem Verkehr gezogen werden muß. Bei jeder endgültigen Entscheidung darf man zwei beängstigende Tatsachen nicht vergessen:

1. Das genetische Material, die Erbsubstanz, ist in allen Organismen – bei Mäusen, Menschen und Mikroben – in genau der gleichen Weise aufgebaut; man muß also den Verdacht haben, daß Chemikalien, die dieses Material bei einer Art schädigen oder zerstören, dies auch bei anderen Arten tun können. Die Naturwissenschaftler kennen noch nicht alle die Bedingungen, unter denen diese Schädigung *nicht* eintritt.

2. Erbliche Veränderungen, sogenannte Mutationen in den Genen,

[2] Fehlerhafte Blutzusammensetzung

[3] Eine Erkrankung mit Blutungsneigung infolge von Thrombozytenmangel, verbunden mit anderen Symptomen

[4] Oak Ridge National Laboratory

treten schon vor der Empfängnis im Keimplasma auf. Sie können über mehrere Generationen hinweg unentdeckt bleiben und dann plötzlich auf eine Weise in Erscheinung treten, die für die Nachkommen von dem Organismus, in dem sie sich zuerst vollzogen, vernichtend sein kann. Sie können sich schließlich auch in Form einer Erbkrankheit oder als allgemeiner Verlust an Vitalität äußern.

Es wäre eine bittere Ironie, wenn lange, nachdem die Väter die Anwendung gefährlicher Chemikalien eingeschränkt haben, ihre ursprünglichen groben Fehler an ihren Kindern heimgesucht würden. Ein Genetiker hat sich eine Meinung darüber gebildet, der die meisten seiner Kollegen zustimmen. „Schaden, der im Keimplasma gestiftet wird, ist viel gefährlicher für die Menschheit als unmittelbare schwere Krankheitserscheinungen ..., die einen einzelnen zum Krüppel machen oder töten, aber nicht vererbt werden."

Einen der heftigsten Schocks, die wir im Laufe dieses chemischen Zeitalters erlebten, war die Erkenntnis, daß der Mutterleib nicht der sichere Zufluchtsort ist, für den wir ihn gehalten haben. Selbst in ungeborenen Kindern und in der Muttermilch hat man Pestizidrückstände entdeckt. Der Gehalt an DDT in der Muttermilch beträgt in den USA 0,15 bis 0,25 Teile pro Million. Dies bedeutet, daß amerikanische Säuglinge das Vierfache der von den Vereinten Nationen (UN) empfohlenen täglichen Höchstdosis verzehren oder den fünffachen DDT-Gehalt, der für Kuhmilch beim Transport von einem Staat in den anderen erlaubt ist. Englische Säuglinge nehmen DDT nur in Mengen zu sich, die 70 Prozent höher als die empfohlene Höchstgrenze sind, aber ebenso wie amerikanische Säuglinge das Zehnfache der empfohlenen Grenzmenge von Dieldrin. Ärzte raten Frauen schon seit einer ganzen Weile, während der Schwangerschaft ihre Wohnräume nicht zu sprühen. Die Teratologie – das Studium von angeborenen Mißbildungen – konzentriert sich immer mehr auf die Erforschung der Rolle, die Chemikalien in der Tragödie spielen, daß 7 Prozent aller lebend geborenen Säuglinge heute an einem Defekt leiden.

Auch das ist ein Gebiet, auf dem unsere Unwissenheit eher zu wachsen als abzunehmen scheint. So viele Fakten sind nicht bekannt. Niemand weiß etwa, ob angeborene Gebrechen in den USA zunehmen. Man kennt nicht einmal die genaue Zeit, zu der bei Frauen die Ovulation stattfindet; Schwangerschaften werden erst mindestens 19 Tage nach der Empfängnis bestätigt, und gerade während dieses Zeitraums werden viele angeborene Gebrechen determiniert. Es fehlen die einfachsten Leitlinien. Man weiß, daß angeborene Mißbildungen ebenso gehäuft auftreten können wie etwa Hepatitis (Leberentzündung). In den letzten Jahren sind in Georgia und Vermont auffallend viele Säuglinge mit angeborener Spina bifida, d. h. mit einer Spaltbildung an der Wirbelsäule, zur Welt gekommen. In New York wurden 1965 innerhalb von wenigen Monaten viermal siamesische Zwillinge geboren. Da die Entdeckung derartiger ‚Epidemien' meist nur zufällig erfolgt, weiß niemand genau, wie verbreitet sie sind.

Nur gelegentlich werden Zusammenhänge festgestellt. So bekam man heraus, daß die Ursache schwerer geistiger und motorischer Entwicklungsverzögerung bei einigen japanischen Kindern anorganisches Quecksilber war, das aus einer Vinylverbindungen erzeugenden Fabrik ins Wasser geschwemmt wurde. Fische, in denen sich das Quecksilber ansammelte, wurden anscheinend dadurch nicht geschädigt. Aber auch schwangere Frauen speicherten es, und die Substanz, die durch die Placenta drang, griff die Kinder an, die sie in sich trugen.

Es wäre unredlich, heute die chemischen Pestizide als Hauptursache von Krebs und angeborenen Gebrechen zu brandmarken. Aber es wäre tollkühn, die Vorstellung zu erwecken, daß wir bereits den vollen Preis an Gesundheit kennen, den wir für die uneingeschränkte Anwendung dieser Mittel in der Umwelt bezahlen müssen.

XII. AUF DER WAAGSCHALE

Wissenschaftler aus aller Welt haben Beweise dafür geliefert, daß unsere gegenwärtigen Verfahren der Pestizidanwendung für den Menschen und dessen Umwelt verhängnisvoll sind. Wenn wir also für unsere Art des Gebrauchs von Pestiziden einen Preis zu entrichten haben, dürfte man vernünftigerweise annehmen, daß die Vorteile, die zu gewinnen sind, die Kosten eindeutig überwiegen. Aber hat man die Vorteile richtig eingeschätzt und gegenüber den Kosten abgewogen?

Da man die Pestizide zu den ‚wirtschaftlich angewandten Giften' zählt, wird ihre Verwendung im allgemeinen damit gerechtfertigt, daß sie nützlich seien. (In ähnlich anrüchigem Ruf der Nützlichkeit standen zur Zeit Ludwigs XIV. Gifte, die man etwas unheimlich als „Erbpulverchen" bezeichnete.) Für die chemische Industrie und deren Großabnehmer sind sie sicherlich nutzbringend. In den USA stieg der Verkauf im Jahre 1965 gegenüber dem Vorjahr um 10 Prozent und schnellte 1966 verblüffenderweise sogar um 18 Prozent in die Höhe. Hersteller von Pestiziden erzielen heute einen Bruttogewinn von über 600 Millionen Dollar, und die Abnehmer im Einzelhandel verdienen mehr als das Doppelte dieser Summe.

In der Pestizidanwendung ist ein immer rascher zunehmender Aufwärtstrend festzustellen. Im Jahre 1967 erklärte die ‚Pesticide Review' des Landwirtschaftsministeriums der USA: „Die sich ausdehnende Nahrungsproduktion auf der Welt erzeugt einen Bedarf an wirksamen Mitteln zur Schädlingsbekämpfung und fördert eine schnell wachsende Pestizid-Industrie. In den Vereinigten Staaten merken Farmer, Verbraucher in Industrie und Regierung sowie Hausbesitzer immer mehr, wie nützlich Chemikalien in der Schädlingsbekämpfung sind. Die Exportmärkte zeigen einen noch nie dagewesenen Anstieg der Nachfrage nach Pestiziden."

Die Industrie rechtfertigt den weitverbreiteten Gebrauch von Pestiziden also frohgemut mit dem Hinweis auf das Kosten/Nutzen-Verhältnis. Ist das aber immer stichhaltig? Augenscheinlich nicht, denn die Kosten – oder das Risiko – hat man der Öffentlichkeit keineswegs in vollem Umfang angegeben. Da einwandfrei belegte Tatsachen fehlen, ist die Allgemeinheit – die eine endgültige, auf das Gemeinwohl gegründete Entscheidung treffen sollte – von einer bezahlten Propaganda in einen Zustand der Gleichgültigkeit gelullt worden.

Auf welche wirtschaftlichen Fakten beruft man sich eigentlich, wenn Veröffentlichungen der Regierung und der Industrie von den unermeßlichen wirtschaftlichen Vorteilen sprechen, die sich aus Pestiziden im allgemeinen ziehen lassen? Erstaunlicherweise sind diese Fakten dürftig und verschwommen. Das geht aus zwei sich ergänzenden Veröffentlichungen hervor: dem Buch von J. C. Headley und J. W. Lewis ‚The Pesticide Problem: An Economic Approach to Public Policy'[1], das 1967 mit finanzieller Unterstützung von Resources For the Future Inc. erschien; und der von Roland C. Clement, einem bekannten Naturschutzvertreter, Anfang 1968 für ‚Natural Resources Journal' verfaßten Übersicht über Kosten und Vorteile von Pestiziden.

Die Auffassungen der Autoren von ‚The Pesticide Problem' spiegeln eine Wirtschaftstheorie wider, nach der privater Gewinn das alleinige Kriterium ist, um eine technische Neuerung auf die Umwelt loszulassen. Für sie besteht das Problem in der „Bewahrung einer Umwelt, in der die Ziele der Gesellschaft möglichst erreicht werden" – wobei Ziele gleichbedeutend sind mit hohem Produktionsstand. Das Pestizidproblem, so sagen sie, existiert nur, wenn „Auswirkungen einer Überproduktion solchen Umfang und solche Verbreitung annehmen, daß der Markt die Preise nicht mehr regulieren kann".

Es ist eine Ironie, daß die Autoren mit ihrem mißlungenen Versuch einen Beitrag zur Lösung des Pestizidproblems geleistet haben. Wie Clement in seiner kritischen Darstellung betont, „fanden sie so wenig wirtschaftliches Beweismaterial, daß sie sich darauf verlegen mußten, ein

[1] ‚Das Pestizidproblem: Eine wirtschaftliche Betrachtung staatlicher Politik'

Begriffssystem für künftige Datensammlung und die Erprobung von Alternativen zu konstruieren". Ebensowenig wird der Gewinn durch Mehrerträge in Land- und Forstwirtschaft belegt. Dagegen wird in geradezu dramatischer Weise nachgewiesen, bis zu welcher Höhe die Kosten der Pestizidanwendung gestiegen sind: Pro Ballen Baumwolle betragen sie für Kauf und Anwendung von Pestiziden auf die Baumwollfelder durchschnittlich 12 Dollar!

Clement bemerkt, daß die Autoren das Pestizidproblem nur deshalb als weitgehend wirtschaftliches Problem definieren können, weil sie es von einem einseitigen, beschränkten Gesichtspunkt aus untersuchen. Clement definiert es neu als ein „zwar weitgehend wirtschaftliches Problem, aber nur eine Folge mangelnder ökologischer Erfahrenheit unserer Generation in der Bewältigung des sogenannten Schädlingsproblems". Der Farmer, der Pestizide gebraucht, ist kein besonderer Menschenschlag, er ist genauso wie wir übrigen Menschen „angewiesen auf eine saubere Umwelt und ein lebensfähiges Ökosystem".

Die Autoren und ihr Kritiker Clement zeigen vereint, wie wenig bisher geleistet worden ist, um die Kosten der Anwendung chemischer Pestizide in richtige Beziehung zu deren Vorteilen zu setzen. Niemand hat berechnet, welchen Schaden diejenigen, die diese Mittel gebrauchen, ihrem Nachbarn, seinen Feldfrüchten oder seinem Vieh zufügen. Viele Fortschritte in der Landwirtschaft, die man den Pestiziden zugute geschrieben hat, rühren in Wirklichkeit von der Vervollkommnung von Saatgut, Düngemitteln, Maschinen und Bewirtschaftung her. Schließlich muß man nach Clement in den USA von jedem Gewinn an landwirtschaftlicher Leistungsfähigkeit die Kosten abziehen für „die sozialpolitischen und wirtschaftlichen Auswirkungen der Abwanderung von Arbeitskräften, die sich an der wachsenden Bürde der öffentlichen Wohlfahrt in städtischen Ballungsräumen ablesen lassen".

Erörtern Naturschutzvertreter Pestizide, geht es ihnen mit Recht vor allem um ökologische Erwägungen. Aber sie begehen einen schlimmen Fehler, wenn sie aus ihren Erwägungen das gefährliche Schadinsekt ausschließen. Das Insekt – wenn es ein echter Schädling ist – muß im heutigen Stadium der technischen Entwicklung auf eine möglichst wirksame Weise bekämpft werden.

Rachel Carson war die erste, die einen weiten Leserkreis darauf aufmerksam machte, daß Schädlingsbekämpfung, wie sie oft in Amerika betrieben wurde, nicht unbedingt dem Gemeinwohl diente. Infolge der Eigenart der beständigen Pestizide und der Hemmungslosigkeit, mit der sie angewendet wurden, vermochten die lokal gewonnenen Vorteile die damit verbundenen Übel nicht aufzuwiegen. Probleme entstanden und vermehrten sich in einer künstlich vereinfachten Umwelt. Ein Naturwissenschaftler hat den Gebrauch beständiger Pestizide in ihr verglichen mit der Verabreichung eines lange Zeit wirksamen, die Zellteilung verhindernden Medikamentes an einen Krebskranken; ein solches Mittel könnte das Zellengewebe der Darmwand und die weißen Blutkörperchen ebenso vernichten wie die Krebszellen und den Patienten damit für andere Krankheiten anfällig machen.

Die Argumente für und gegen die Anwendung von Pestiziden werden durch verschiedene Überlegungen verdunkelt. Eine davon ist, daß Pestizide – und das gilt für ihre charakteristischen Merkmale wie für ihre Anwendung – unendlich mannigfaltig sind. Eine weitere ist, daß deren ‚Natur' oft vom Standpunkt des Betrachters aus gewürdigt wird; ein Mensch mit einem finanziellen Interesse an einem Pestizid, sogar an DDT, wird es wahrscheinlich anders bewerten als jemand, der wildlebende Tiere besonders hochschätzt.

Die Schwierigkeit, das Verhältnis von Kosten zu Nutzen festzustellen, wird veranschaulicht durch die Anwendung von Herbiziden. Unbestreitbar sind sie eine wichtige, Arbeit sparende Erfindung. Herbizide greifen unerwünschte Pflanzen an und vernichten sie, entweder durch unmittelbare Vergiftung oder durch Beschleunigung ihrer Wachstumsgeschwindigkeit. Herbizide sind nicht beständig, sondern werden ziemlich schnell durch Bakterientätigkeit im Boden wieder abgebaut.

Oft sind sie aber in stupider Weise gebraucht worden. In den Händen von fahrlässigen Arbeitskolonnen, die Strauchwerk entlang von Straßen und öffentlichen Wegen bekämpften, haben sie große Flächen von geradezu monumentaler Häßlichkeit geschaffen. In den Händen von unachtsamen Hausbesitzern haben sie mit dem Unkraut, gegen das sie eingesetzt wurden, auch Rasenflächen und Ziersträucher vernichtet. Dennoch sind sie für den Farmer, der sie mit Überlegung gebraucht, und für den geschickten Gartenarchitekten von beträchtlichem Nutzen.

Veröffentlichungen von Regierung und Industrie erzählen uns gern, daß Herbizide in den empfohlenen Dosierungen ‚harmlos' für Wild- und Haustiere seien. Gegen diese Behauptung läßt sich schwer etwas einwenden, wenn wir uns auf Fälle von unmittelbarer Vergiftung beschränken. Doch hat 2,4,5-T 1969 in Experimenten bei Ratten Krebs erzeugt, und in England hat Kreuzkraut, das durch die Einwirkung dieser Chemikalien genießbar wurde, Vieh vergiftet.

Ferner übersehen alle Berichte von der ‚Harmlosigkeit' der Herbizide für Wildtiere die harte Tatsache, daß die Mittel, wahllos angewendet, manchmal die Lebensstätten wildlebender Tiere völlig zerstören.

Wie steht es mit den nicht beständigen Pestiziden? Verbindungen wie Parathion, Malathion und Carbaryl haben einen Platz in vervollkommneten Schädlingsbekämpfungsprogrammen, in denen Pestizide in Verbindung mit richtigen Anbaumethoden und mancherlei neuartiger, biologischer Schädlingsbekämpfung verwendet werden können. Der Haken dabei ist, daß ihre Anwendung nicht, wie es sein sollte, auf Ackerland begrenzt bleibt, sondern daß sie nur allzuoft bei überflüssigen Programmen zur ‚Verminderung lästiger Plagegeister' in der ganzen Landschaft verstreut werden.

Man darf nicht vergessen, daß diese organischen Phosphate und Carbamate – obwohl nicht annähernd so beständig wie die chlorierten Kohlenwasserstoffe, wie DDT und dessen Sippe – für den Menschen wie für Tiere äußerst giftig sind. Zudem kennen wir immer noch nicht alle ihre sekundären Wirkungen. So töten sie etwa, zur falschen Jahreszeit gebraucht, entweder Vögel unmittelbar oder vernichten den Futtervorrat, auf den diese angewiesen sind. Wendet man die Mittel an, um in asiatischen Reisfeldern Insekten zu töten, bringen sie die Fische um, von denen die Versorgung der Menschen mit Eiweiß abhängt. Mit zunehmendem Gebrauch werden auch diese Chemikalien bei Schadinsekten auf Resistenz stoßen.

In Kalifornien ist eine Blindwanze *(Lygus)* viele Jahre lang als Hauptschädling auf Baumwolle betrachtet worden. Neuere Experimente dort deuten darauf hin, daß die Millionen Dollar, die man ausgegeben hat, um dieses Insekt zu bekämpfen, vielleicht vergeudet worden sind. Felder, die versuchsweise mit Pestiziden gegen diese Blindwanze behandelt wurden, lieferten keinen wesentlich höheren Ernteertrag als die unbehandelten; die Insekten heimsten anscheinend nur die überzähligen Knospen ein und Baumwollkapseln, die niemals reif werden. Überdies töteten die wirksamen Sprühmittel, die man zur Vernichtung der Blindwanze benützte, auch Marienkäfer, Raubwanzen und andere Insekten, welche die Eier und die viel schädlichere, Baumwollkapselwurm genannte Raupe eines Eulenfalters fressen.

Der Versuch, die Vorteile selbst der beständigen Pestizide gegenüber den Kosten genau abzuschätzen, wird auf mehrerlei Weise vereitelt. Alle Nationen können nicht den gleichen Maßstab anwenden. Es wäre unrealistisch, von den hungernden Völkern im derzeitigen Entwicklungsstadium zu erwarten, daß sie Nahrung zurückweisen, die unserer Meinung nach übermäßig hohe – wenn auch nicht tödliche – Pestizidrückstände enthält, oder daß sie sich vom Aussterben bestimmter wildlebender Tiere beunruhigen lassen.

Die Anwendung von DDT in den USA ist zwar zurückgegangen, aber der Export steigt weiter, weil arme Nationen es preisgünstig finden. Die Vermittlungsstelle für Internationale Entwicklung[3] finanziert als Teil ihres Programms Käufe von Pestiziden mit durchschnittlich 20 Millionen Dollar im Jahr; über 60 Prozent dieser Käufe bestehen aus DDT. Davon wird allerdings ziemlich viel in den Antimalariakampagnen der Weltgesundheitsorganisation verwendet. In Gebieten, wo die Überträger der Krankheit noch keine Resistenz gegen DDT erlangt haben, betrachtet die Weltgesundheitsorganisation es noch immer als das für den Hausgebrauch ungefährlichste von allen Pestiziden. Ein Ausschuß der Organisation kam zu folgendem Schluß:

„Die Besorgnis, die in den letzten Jahren über die Vergiftung der Umwelt durch dieses sehr stabile und beständige Insektizid geäußert wurde, sollte nach Meinung des Ausschusses kein ausreichender Grund sein, es beim Sprühen gegen Moskitos durch andere Insektizide zu ersetzen. DDT hat nach wie vor einen hervorragenden Sicherheitsfaktor."

Doch auch im Freien nimmt das Sprühen mit den beständigen Pestiziden in weiten Gebieten der unterentwickelten Welt durchweg zu. Diese Völker leben fast ausnahmslos in den Tropen, wo sich unerwünschte Pestizidwirkungen wahrscheinlich noch verstärken, da dort die Natur zu

[3] Agency for International Development (AID)

keiner Jahreszeit völlig ruht. Unter den Ornithologen in den USA herrscht wachsende Besorgnis um die wohlbekannten Waldsänger und andere Insekten fressende Vögel, die in der gemäßigten Zone brüten, aber in den Tropen überwintern. Und manchmal vermehren die neuen Pestizide nur die Probleme der einheimischen Bevölkerung. In einigen Gegenden von Peru und Malaysia töteten beständige Pestizide alle räuberischen Insekten; als die Schädlingsart dann resistente Spielarten entwickelte, wurden die Verluste an Feldfrüchten so schwer, daß man auf die neuen Pestizide verzichten mußte.

Obwohl die Beweiskette gegen DDT und die übrigen beständigen Pestizide fast geschlossen ist, sind noch nicht alle Glieder an der richtigen Stelle eingefügt worden. Daher wurstelt man immer noch im alten Stil weiter. Geradeso wie die Tabakindustrie gegen den wachsenden Indizienbeweis ankämpfte, der ihre Erzeugnisse als eine Hauptursache von Lungenkrankheiten anklagt, haben auch die Verteidiger der chemischen Industrie alles, was im Pestizidproblem ungewiß war, aufgegriffen, um mit Verzögerungstaktik gegen das endgültige Verbot der chlorierten Kohlenwasserstoffe anzukämpfen. Fischadler in Alaska scheinen zu gedeihen, obwohl sie DDT-Rückstände in sich tragen, die ebenso hoch sind wie die in vielen Fischadlern im Nordosten. (Allerdings hat sich die Forschungsarbeit in Alaska auf eine kleine Anzahl von Vögeln beschränkt.) In England scheinen Reiher ihren Bestand trotz ziemlich hoher Pestizidrückstände zu behaupten. Manche Arten und vielleicht auch Rassen der gleichen Art sind eben widerstandsfähiger gegen Pestizidvergiftung als andere.

Ein typischer Vertreter der Wissenschaftler, die eine Bedrohung durch Pestizide mit einem Achselzucken abtaten, ist J. Robinson vom Tunstall-Laboratorium der Shell Chemical Company in Kent in England. Naturwissenschaftler, denen die chlorierten Kohlenwasserstoffe Sorge machen, bezeichnen ihn als „den besten Mann der Gegenpartei".

Robinsons Hauptargument ist die Ungleichheit der Konzentrationen in geschädigten und gesunden Vögeln derselben und verschiedener Arten. Er betonte, daß seit dem 17. Jahrhundert über achtzig Vogelarten ausgestorben sind; die gegenwärtige Lage sei keineswegs ungünstig. Robinson griff ein wichtiges englisches Dokument an (den fünften Bericht des gemeinsamen Ausschusses des British Trust for Ornithology und der Royal Society for the Protection of Birds), weil man bestimmte Angaben in diesen Bericht nicht aufgenommen hatte. Daraufhin wurde er im ‚New Statesman' von Stanley Cramp von der Royal Society zur Rede gestellt; Cramp kreidete ihm den völligen Mangel an ökologischen Erwägungen an, ebenso die „falsche Auslegung" des einzigen Dokumentes, das er eingehend geprüft hatte.

Charles F. Wurster junior konnte Robinsons Argument widerlegen. Er hob hervor, daß die LD_{50}[4]-Planung aller Laboratoriumsteste sich auf die Tatsache stützt, daß die eine Hälfte des zum Test verwendeten Vogelbestandes von einer bestimmten Dosierung getötet wird.

„Dasselbe gilt für eine Erkrankung", erklärte Wurster. „Hat man die Vögel den gleichen Bedingungen ausgesetzt, werden einige infolge der Pestizidwirkung erkranken, andere aber nicht. Mit Dr. Robinsons Analyse von Vogeleiern ist es nicht anders. Er betonte, daß Eier aus erfolgreich bebrüteten Nestern keinen geringeren Gehalt an Rückständen aufwiesen als die aus ohne Erfolg bebrüteten Nestern und folgerte daraus, daß kein ursächlicher Zusammenhang bestehe. Aber das ist nicht unbedingt richtig. In den Opfern braucht sich kein größerer Gehalt an Rückständen zu finden als in den Überlebenden, obwohl eine giftige Wirkung vorhanden ist ..."

Ein Großteil von Robinsons Verteidigung des status quo in der Pestizidanwendung gründet sich auf die Anzahl von Vögeln, die in England in jüngster Zeit keine Bestandsabnahme aufwiesen. Meist sind dies jedoch körnerfressende Arten, die vor dem Verbot der beanstandeten Saatgutbeizen für die Aussaat im Frühling in Massen verendet waren. Seither hat die Anzahl der Vögel wieder den normalen Stand erreicht. Im Verlauf einer Konferenz über Pestizide führte der britische Naturwissenschaftler J. Newman in einer Erwiderung auf Robinsons Thesen aus: „Wenn Sie Rauch aus dem Tor eines Hotels dringen sehen, fragen Sie nicht nach einem mathematischen Beweis dafür, daß das Gebäude brennt, ehe Sie etwas dagegen unternehmen. Praktische Entscheidungen der Leute, die den Einsatz von Pestiziden überwachen, müssen auf Grund des bereits verfügbaren Beweismaterials getroffen werden."

[4] LD = Letaldosis; LD_{50} ist diejenige Dosis, die 50 Prozent der Versuchstiere vernichtet.

Die Art dieses Beweismaterials deutet darauf hin, daß die Menschheit rasch handeln muß. Wissenschaftler, die das Ausmaß, bis zu dem die Umwelt auf der Erde von beständigen Pestiziden vergiftet worden ist, erforschten, haben erläutert, wie diese Kontamination schließlich aussehen könnte, wenn sie ungehindert weitergehen dürfte. George M. Woodwell, ein Biologe am Brookhaven-Staatslaboratorium[5] auf Long Island und eine Autorität in Fragen radioaktiver Verseuchung, glaubt, das Vertrauen des Menschen in die Illusion der Verdünnung habe die beständigen Pestizide als bedrohlichsten Verseuchungsstoff für die ganze Welt an die erste Stelle gerückt. Der Mensch hat sich in diesem Jahrhundert dauernd selbst in Schwierigkeiten gebracht, weil er sich einbildet, daß jede beliebige verunreinigende Substanz, die er in den Boden, ins Wasser oder in die Luft entweichen ließ, kurz darauf durch die enorme Weite der Umwelt bis zur Unschädlichkeit verdünnt wurde. Boden, Luft und Wasser haben schließlich nacheinander unter der Belastung schwer gelitten. Verunreinigung ist zu einem Hauptproblem geworden; in den meisten Fällen hat sie sich nicht zu einer Katastrophe ausgewachsen, weil die größte Konzentration des schädlichen Materials auf bestimmte, begrenzte Gebiete beschränkt ist – auf die Bodenkrume von Ackerland, die Luft über den Städten, das Wasser einzelner Seen und Flüsse. Manche Verseuchungsstoffe werden abgebaut oder sickern in ausgedehntere Umweltgebiete ein, während neue Verunreinigungen nachströmen.

Es ist jedoch die Eigenart von DDT und dessen chemischen Verwandten, sich sehr langsam zu zersetzen. Jahre können verstreichen, ehe sie völlig aus biologischen Systemen verschwinden. Obwohl die Produktion von DDT sinkt, wird dieser Rückgang durch das Ansteigen der Produktion anderer chlorierter Kohlenwasserstoffe wie Aldrin, Dieldrin und Endrin wieder aufgehoben.

„Wir dürfen daher in der Pflanzen- und Tierwelt der Erde viel größere Veränderungen erwarten, als wir sie bisher erlebten, wenn wir diese langlebigen Pestizide weiter verwenden", schreibt Woodwell.

Das meiste neuere Beweismaterial zeigt, daß das Risiko, DDT und mit ihm verwandte Chemikalien in offenem Gelände anzuwenden, schwerer wiegt als alle nur möglichen Vorteile, die diese Mittel bringen.

[5] Brookhaven National Laboratory

DRITTER TEIL

DER STROM DES WISSENS

XIII. DIE GETRÜBTEN QUELLEN

Ich behaupte, daß der eine falsche Furcht nährende Feldzug gegen die Anwendung moderner Pestizide bedeutend mehr Todesfälle und Leiden verursacht hat als der Zweite Weltkrieg, daß er das heute noch tut und weiter tun wird. Es ist jetzt über 12 Jahre her, seit ein neues Insektizid von Bedeutung auf den Markt gebracht wurde, und das liegt nur an der überflüssigen Kontroverse. In der Zwischenzeit ist die tägliche Anzahl der Todesfälle infolge von Hunger und Unterernährung von 6000 bis 7000 auf über 12 000 pro Tag angestiegen, gar nicht zu reden von den Millionen Todesopfern von Krankheiten, deren Erreger von Zwischenwirten übertragen werden. Das Leben dieser Menschen hätte gerettet werden können, hätte man alle auf die Kontroverse gerichteten Anstrengungen darauf verwendet, die Erfindung und den großzügigeren Einsatz von Insektenbekämpfungsmitteln zu fördern. Jeder, der in der Kampagne der Furcht eine Rolle gespielt hat, muß für seinen Anteil an dem unnötigen Opfer von Menschenleben geradestehen, einem Opfer, das sich noch erhöhen wird, weil wir immer noch in einer von diesem falschen Feldzug verpesteten Umwelt in unserer Arbeit behindert werden.

Mit dieser Behauptung beginnt einer der seltsamsten Artikel, die in den letzten Jahren in einer angesehenen naturwissenschaftlichen Zeitschrift erschienen sind. Er steht im Septemberheft 1967 von ‚BioScience', der Zeitschrift des Amerikanischen Biologie-Institutes [1]. Den Autor, Louis A. McLean von der Velsicol Chemical Corporation, kennen wir bereits: er hatte fünf Jahre vorher Rachel Carsons Verleger zu überreden versucht, deren Buch in den Papierkorb zu werfen.

[1] American Institute of Biological Sciences

McLeans Artikel enthält wieder den üblichen Hieb gegen Rachel Carson – daneben eine Verbeugung vor „dem farbigen Stil, der sie auszeichnete“; dann folgt der Vorschlag, die chemische Industrie solle eine Liste der „Antipestizidführer“ veröffentlichen und außer deren Namen auch angeben, „was sie sonst noch an abweichenden Ansichten geäußert haben“. Wer eine ausgedehntere Anwendung von Pestiziden anzweifelt, wird, laut McLean, wahrscheinlich ebenfalls der Fluorisierung von Wasserleitungen, den Zusätzen zu Nahrungsmitteln, den Volksgesundheitsprogrammen sowie „Medizin, Naturwissenschaft und Geschäftswelt“ ablehnend gegenüberstehen. Außerdem seien „diese Leute tatsächlich in solchem Maße mit dem Thema der sexuellen Potenz beschäftigt, daß Sex nie Gegenstand eines Scherzes ist“.

Die Reaktion von Lesern und Angehörigen des Biologie-Institutes ließ nicht auf sich warten. Einige machten auf Verdrehungen in dem Artikel aufmerksam, andere warfen der Redaktion vor, daß sie einem vermutlich recht dick aufgetragenen Schwindel einen so hervorragenden Platz in der Zeitschrift eingeräumt hatte. Ein Leser protestierte empört:

„Ich habe nichts gegen den Gebrauch von chemischen Düngemitteln, Fluoriden in Wasserleitungen oder Witze über Sex. Aber ich habe etwas gegen Veröffentlichungen von belanglosem Geschwätz oder Schlimmerem in dem Organ eines wissenschaftlichen Berufsverbandes, dessen Mitglied ich bin.“

Offensichtlich hatte die Redaktion, vorübergehend von einer Anwandlung demokratischer Gesinnung übermannt, mit dem Artikel ein Gegengewicht schaffen wollen gegen einen mehrere Monate zuvor veröffentlichten, warnenden Aufsatz über den Mißbrauch unserer Naturschätze. Zum Glück ist der Leserkreis von ‚BioScience‘ fachkundig und informiert; in wissenschaftlichen Kreisen wurde der Artikel so leicht genommen wie er es verdiente. Der gewöhnliche Leser jedoch, wie gut unterrichtet er auch auf anderen Gebieten sein mag, verfügt meist nicht über genügend sachliche Unterlagen, um sich mit der Flut von zweifelhafter Information über Pestizide auseinanderzusetzen. Warum werden die Tatsachen der Öffentlichkeit so entstellt oder unzulänglich übermittelt?

Rachel Carson überprüfte eine Unmenge wissenschaftlicher Daten, die sich mit der Pestizidanwendung befaßten und legte sie der Öffentlichkeit in leicht faßlicher Form dar. Sie war imstande, ihren Stoff sinnvoll zu gestalten, weil sie, wie ein anderer Naturwissenschaftler sagte, mit „ökologischem Gewissen" an ihre Aufgabe ging.

Leider fehlt es der Literatur, die von Pestizidexperten mit viel Mühe zusammengebastelt wird, meist an dieser Geisteshaltung, die alles in einen größeren Zusammenhang stellt. Allzu viele Naturwissenschaftler sehen nicht ein, daß es so etwas wie ein ‚objektives' Buch über eine Frage von sozialer Bedeutung nicht gibt; ein objektives Buch über Pestizide und deren Wirkungen auf die Umwelt wäre lediglich ein ausführlicher Katalog bereits erschienener Publikationen.

Wenn der Wirrwarr auf dem Pestizidgebiet hauptsächlich die Folge eines Versagens von Information und Meinungsaustausch ist, dann muß der Hauptteil der Schuld bei den Akademikern liegen. Hier ist das Problem im Grund philosophischer Natur. Die moderne, angewandte Naturwissenschaft ist bisher vom Positivismus beherrscht worden: ein Beweis kann nur anerkannt werden, wenn er von den Sinnen ermittelt worden ist. Naturwissenschaftler und Technologen, die dieser Meinung sind, arbeiten mit einer einfachen Kausalbeziehung, bei der immer eins aus dem anderen folgt. Im Laboratorium, wo technische Wunderwerke geschaffen und bestimmte Tatsachen auf ihre Richtigkeit überprüft werden sollen, ist das narrensicher.

Aber eine solche Betrachtungsweise versagt oft in der enorm technisierten modernen Außenwelt, denn dort müssen die Schöpfungen von Naturwissenschaft und Technik innerhalb eines komplizierteren Netzes von Beziehungen funktionieren. Die Hauptprobleme der Umweltverunreinigung wurden im Laboratorium nicht vorausgesagt.

Den Smog entdeckte man nicht in einem Laboratorium, sondern in der Luft über Los Angeles, wo er zu einem Bestandteil des Daseins geworden ist; und Detergentien[2] aus Abwässern nahmen jahrelang ihren Weg durch unsere Flüsse, ehe man sie als untragbar betrachtete. In der Zwangsjacke des Positivismus gefesselt, weigern sich viele Wissen-

[2] Detergentien sind waschaktive Substanzen; in der Bundesrepublik Deutschland dürfen ab 1964 nur mehr solche Detergentien verwendet werden, die innerhalb einer bestimmten Zeit zu 80 % biologisch abgebaut werden; die anderen, die hier vor allem gemeint sind, führen zu einer gefährlichen Verunreinigung von Gewässern.

schaftler, die Warnungen, die sich auf einen Indizienbeweis stützen, anzuerkennen; statt dessen warten sie auf den ‚wissenschaftlichen Beweis', der nur erbracht ist, wenn sich eindeutig Beziehungen zwischen Ursache und Wirkung feststellen lassen. Mittlerweile tragen aus Mangel an ‚Beweisen' Zigaretten weiter zum Vorkommen von Erkrankungen der Atmungsorgane bei, radioaktiver Fallout gefährdet die Gesundheit unserer Kinder, und beständige Pestizide nagen die Grundlagen unseres noch lebensfähigen Ökosystems an.

Angesichts der massiven Eingriffe des Menschen in die Natur hat das wissenschaftliche Establishment die unheilvollen Tatsachen lediglich registriert und den Mund gehalten. Diese ‚schweigenden Wissenschaftler' wie man sie genannt hat, sprachen nur mit ihresgleichen, und auch das nur selten. Es beliebte ihnen nicht, die für die Allgemeinheit lebenswichtigen Tatsachen bekanntzumachen. So etwas bezeichneten sie verächtlich als Popularisierung und wehrten sich entrüstet gegen die Zumutung, mit den Massenmedien zusammenzuarbeiten, um über das, was längst hätte gesagt werden sollen, Bericht zu erstatten. Für manche Wissenschaftler bestand Rachel Carsons ‚Sünde' in ihrer Bereitschaft, nicht nur mitzuteilen, was sie wußte, sondern es in einer für die Allgemeinheit verständlichen Art mitzuteilen.

„Die neue Pflicht des Wissenschaftlers, seine Mitmenschen zu unterrichten, ist, glaube ich, der Schlüssel zum humanen Gebrauch der neuen Macht der Wissenschaft", erklärte ein berühmter Gelehrter. „Mit Hilfe der Information legt der Wissenschaftler die wichtigen akuten Probleme der modernen Zeit der Welt zur Beurteilung vor, und ihr Urteil allein besitzt die Kraft, die ungeheure Macht der Wissenschaft auf das Wohl des Menschen auszurichten."

Selbst die Naturwissenschaften haben sich gegen diesen Aufruf gesträubt. Obwohl technische Erfindungen, die an die Spezialkenntnisse ihrer Disziplinen gebunden sind, ernste Probleme für die Umwelt und die Gesellschaft heraufbeschworen, sind die Naturwissenschaftler im allgemeinen stumm geblieben. Ihrem althergebrachten Widerstreben, sich aus dem Elfenbeinturm hinauszubegeben, wurde seit dem Zweiten Weltkrieg noch Vorschub geleistet durch die Flut von Industriegeldern, die in die Universitäten strömte. So hat etwa die chemische Industrie auf Grund ihrer Zuschüsse an Colleges und an den Nationalen Forschungsrat allmählich die Patenschaft für einen Großteil der akademischen Forschungsarbeit übernommen.

Kritik daran wurde auch innerhalb des Akademikerkreises geübt. G. G. Simpson, der Paläontologe von Harvard, schrieb: „Es trifft im wachsenden Maße zu, daß die biologische Forschung an den Hochschulen ihre Kräfte nur der NASA[3], der Rüstung oder industriellen Zwecken widmet. Einige Forscher an der Universität, die mehr oder weniger heimlich und aus fragwürdigen ethischen Motiven für die Rüstung arbeiteten, sind vor kurzem auf frischer Tat, wenn auch nicht verlegen errötend, ertappt worden, aber damit ist die Sache keineswegs zu Ende und man weist auf diese von außen aufgedrängte Forschungsarbeit größtenteils mehr mit Stolz als mit Scham."

Die meisten der auf diese Weise von der Industrie beschäftigten Wissenschaftler sind ‚Positivisten', deren Gesichtsfeld noch weiter eingeengt wird durch „die Neigung", wie ein Ökologe sagt, „Wissenszweige in Spezialfächer aufzuspalten, die man immer stärker ausbaut und mit Barrikaden umgibt. Diese Wissenschaftler bemühen sich nicht, ihre Sachgebiete in Beziehung zur Gesellschaft zu setzen. Die verwickelten Zusammenhänge einer Biologie, die sich mit Populationen von Lebewesen befaßt, haben in der begrenzten Welt dieser Leute keinen Platz. Kein Wunder daher, daß sie außerstande waren, die schädigenden Wirkungen der beständigen Pestizide auf Ökosysteme aufzudecken. Und da sie nichts zu finden vermochten, behaupten sie, daß nicht existiert, was sie nicht gesehen haben."

„Wenn Wissenschaftler versäumen, Programme, die viele für unvernünftig halten, in nennenswertem Maße öffentlich zu kritisieren, so ist das oft das Resultat einer genauen Bilanz ihrer Interessen", schrieb 1966 ein anderer Wissenschaftler in einem Artikel für die ‚Saturday Review'. „Auf der positiven Seite steht die Überlegung, daß auf lange Sicht gesehen das Interesse ihres Standes und der Nation zum Verzicht auf Ausgaben für unvernünftige Projekte zwingt. Verliert die Öffentlichkeit das Vertrauen in die Integrität der Wissenschaftler, könnten die Folgen für alle verhängnisvoll sein. Aber diese nebulose Möglichkeit wiegt

[3] National Aeronautics and Space Administration = Staatliche Behörde für Luft- und Raumfahrt

nicht schwerer als gegenwärtige Realitäten. Der Zeuge, der die Weisheit des Establishments anzweifelt, zahlt einen Preis dafür und setzt sich Gefahren aus. Er wird von seinen beruflichen Tätigkeiten abgelenkt. Er entfacht den Haß mächtiger Gegner. Er fürchtet, daß sich Repressalien nicht nur auf ihn und sein Institut erstrecken könnten. Vielleicht fürchtet er nur Gespenster, aber in einer Zeit, in der fast alle Forschungsinstitute auf Gelder der Bundesregierung angewiesen sind, scheint Klugheit Schweigen zu diktieren."

Druck aller Art wird ausgeübt, damit dieses Schweigen anhält. Robert L. Rudd, vielleicht einer der frühesten Befürworter der ‚Redefreiheit' an der Universität von Kalifornien, bezahlte den Preis, der von Akademikern, die das System heftig angreifen, gewöhnlich gefordert wird. Beamte der Naturschutzstiftung[4] hatten 1958 die Anregung zu seinem Buch ‚Pesticides and the Living Landscape' gegeben. Weder Rudd noch die Vorstandsmitglieder der Stiftung wußten damals, wohin diese wissenschaftliche Untersuchung führen würde, aber mit einem Stipendium der Stiftung gelangte der Biologe zu einigen sehr beunruhigenden Schlüssen.

„Dieses Buch", schrieb er im Vorwort, „schildert etwas von dem Konflikt zwischen den Menschen und anderen Lebewesen sowie die Methoden, mit denen wir diesen Konflikt zu verringern trachten. Es mag vielleicht scheinen, als beschäftige es sich übermäßig stark mit echten und möglichen Gefahren, mit ungenügend gegeneinander abgewogenen Werten und mit Alternativen zu den gegenwärtigen Bekämpfungsmaßnahmen. Diese Betonung ist Absicht."

Die Naturschutzstiftung legte Rudds Manuskript einem führenden Verleger vor, der es als „polemisch" ablehnte. Dann wurde es an die Universität von Wisconsin gesandt. Dort lag es über ein Jahr und wurde in dieser Zeit von etwa achtzehn Gutachtern, einschließlich der gesamten Entomologie-Abteilung, Punkt für Punkt zerpflückt. Man erzählte Rudd später, daß er in Wisconsin den „Rekord für Gutachter halte". Schließlich erteilte der Vizepräsident der Universität seine Genehmigung und das Buch erschien im Jahre 1964.

Mittlerweile hatte der Versuch, offen seine Meinung zu sagen, Rudd

[4] Conservation Foundation

nur persönliche Unannehmlichkeiten gebracht. Er wurde bei einer Beförderung übergangen, und sogar seine Stellung im Rahmen der Universität war bedroht.

„Bei meinen eigenen Bemühungen bestand die gleiche Schwierigkeit wie bei dem Streit, der dem ‚Stummen Frühling' folgte", erzählte Rudd einmal. „Ein Angriff auf ein grundlegendes, festgefügtes System – das viel ausgedehnter und viel tiefer verankert ist, als die meisten Leute begreifen – schickt sich einfach nicht. Er ist besonders unerwünscht von jemandem, der ‚drinnen' ist. Ich hatte fünf Jahre lang an der Bekämpfung von Schädlingen unter den Wirbeltieren gearbeitet und gehörte der Staatlichen Landwirtschaftlichen Versuchsstation an. 1964 wurde ich von der Versuchsstation ohne vorherige Ankündigung oder Angabe des Grundes entlassen."

Im Jahre 1962 machte ein ‚Science Guide' genanntes Nachrichtenblatt der Universität von Kalifornien seine Leser auf die erste Fortsetzung des Abdrucks von ‚Der stumme Frühling' in ‚The New Yorker' aufmerksam. Es war durchaus üblich, interessante Hinweise für Studenten und Fakultät in dieser Form zu veröffentlichen. Sofort übte jedoch eine Macht hinter den Kulissen ihren Druck aus. Die Redakteure des Guide wurden durch einen telefonischen Anruf unterrichtet, daß Rachel Carson keine Chemikerin und ‚Der stumme Frühling' eine umstrittene Angelegenheit sei, die besser nicht in einem von der Universität verteilten Nachrichtenblatt erörtert werde. Die folgenden Fortsetzungen von ‚Der stumme Frühling' wurden im ‚Guide' nicht mehr erwähnt.

In einer viel kürzer zurückliegenden Zeit und um die Breite eines ganzen Kontinents davon entfernt, bekamen Mitglieder des Biologen-Verbandes[5] in Maine einen ähnlichen Druck von seiten ihrer Vorgesetzten zu spüren. Die Mitglieder, hauptsächlich Biologielehrer der Universität und höherer Schulen, hatten sich damals aktiv an Bemühungen beteiligt, in diesem Staate Pestizidanwendung und Wasserverunreinigung zu verringern. Ende 1967 brachte das Informationsblatt des Verbandes einen Leitartikel, der dagegen protestierte, daß man Biologen an einem vom Staat unterhaltenen Institut „einen Maulkorb anlegen wolle". „Wir nehmen zwar an, daß es unvermeidlich war", fuhr der Leit-

[5] State Biologists' Association

artikel fort, „finden es aber dennoch bedauerlich, daß einige Mitglieder anscheinend von ihren Arbeitgebern gehindert wurden, in Angelegenheiten, die für sie und den Verband von Wichtigkeit sind, als private Bürger Farbe zu bekennen."

Viele Wissenschaftler sind immer noch besorgt, daß der Geldstrom, der von der Industrie in die Universitäten fließt, bei den Spezialisten, die über Schädlingsbekämpfung arbeiten, einen neuen ‚Lyssenkoismus'[6] geschaffen hat. Die Ideologie, die ein ständiges Anwachsen von Produktion und Konsum gutheißt, verlangt nach einer entsprechenden wissenschaftlichen Grundlage. Die Anwendung von noch mehr und noch gründlicher vernichtenden Pestiziden wird unterstützt von Wissenschaftlern, die an den von der Industrie finanziell geförderten Projekten arbeiten; statt ihre Stimme der Forderung nach Maßnahmen zur Bevölkerungskontrolle zu leihen, lassen sie durchblicken, daß Chemikalien das ganze Problem lösen können, da sie die notwendige Nahrung für die wimmelnden Millionen liefern helfen.

Rachel Carson schilderte 1962 einer Versammlung des Presseklubs der Frauen diese zweifelhafte Forschungsarbeit und die davon ausgehende Flut von Informationen: „Wir haben wissenschaftliche Gesellschaften, die ein Dutzend oder mehr Giganten einer verwandten Industrie als ‚fördernde Mitglieder' anerkennen. Wessen Stimme hören wir denn nun, wenn die wissenschaftliche Organisation spricht, etwa die der Wissenschaft – oder die der fördernden Industrie? Die Lage wäre vielleicht weniger ernst, wenn sich diese Stimme immer eindeutig erkennen ließe, aber die Öffentlichkeit glaubt, die Stimme der Wissenschaft zu vernehmen."

Eine der Organisationen, auf die sie anspielte, war die Entomologische Gesellschaft Amerikas. Diese Gesellschaft wurde im Jahre 1906 von Biologen gegründet, deren Hauptforschungsgebiet die Insekten waren. Anfang der fünfziger Jahre erfolgte, nach erbitterten Kämpfen innerhalb der Gesellschaft, der Zusammenschluß mit der Amerikanischen Gesellschaft für angewandte Entomologie. Daraufhin traten einige Mit-

[6] Nach Trofim Lyssenko, einem sowjetischen Botaniker und Vererbungsforscher benannt. Er stellte Theorien über die Vererbung erworbener Eigenschaften auf, die der Ideologie seines Landes, aber nicht den anerkannten wissenschaftlichen Grundsätzen entsprachen.

glieder, besonders Systematiker und Morphologen, unter Protest aus, andere, die noch dabeiblieben, machten Propaganda für eine Trennung. Obwohl auch die neu hinzugekommene Gruppe viele brauchbare Biologen aufwies, fanden die ‚Puristen', daß Chemiker, Toxikologen und andere, deren Aufgabe es einfach war, Insekten zu vernichten, in ihr das Übergewicht hatten. Eine der Beschwerden lautete: „Diese Leute hassen Insekten. Ihr Leben ist ein Kreuzzug gegen sie!"

Als ‚Der stumme Frühling' erschien, hatten in der Gesellschaft offenbar die Vertreter der angewandten Entomologie die Oberhand. Auf ihrer Liste der ‚fördernden Mitglieder' standen die American Cyanamid Company, Gulf Oil Corporation, Monsanto Chemical Company, Shell Chemical Company und Velsicol Chemical Corporation. Die Angriffe der Gesellschaft auf Rachel Carson erfolgten weitgehend im Einklang mit den Attacken ihrer ‚fördernden Mitglieder'.

„Die Rolle der Entomologischen Gesellschaft in der Kontroverse war höchst unerquicklich und sicherlich wünschen sich viele Mitglieder, der Vorstand hätte damals mehr Klugheit bewiesen", urteilt ein Wissenschaftler, der den Streit genau verfolgte. „Einige wenige setzten ihren Namen aufs Spiel, indem sie einen Standpunkt bezogen, der später ganz unhaltbar wurde. Ein ehemaliger Präsident der Gesellschaft war über die Haltung, die sie einnahm, höchst erregt und riet davon ab. Viele Mitglieder, die miterlebt hatten, wie die geschäftlichen Interessen innerhalb der Gesellschaft das Übergewicht bekamen, versuchten sogar schon vor 1962, sie wieder auf einen mehr wissenschaftlichen Kurs zurückzubringen; aber sie hatten es schwer dabei."

Im Jahre 1962 verschickte die Gesellschaft durch ihren Ausschuß für Information der Öffentlichkeit an prominente Wissenschaftler einen Brief, der Fragen zu mehreren von Rachel Carson aufgestellten Behauptungen enthielt, ohne jedoch anzugeben, woher die Behauptungen stammten. „Beide Fragen sind sozusagen scharf geladen", sagte einer der Adressaten, „und jede Antwort, die man darauf geben könnte, läßt sich von dem, der sie gestellt hat, mißbrauchen." Selbst viele praktisch tätigen Entomologen weigerten sich, mit der Gesellschaft zusammenzuarbeiten.

Drei Jahre später reagierten die Leiter der Gesellschaft noch einmal höchst unfreundlich auf einen in ‚BioScience' erschienenen Artikel des

Ökologen Frank Egler. Egler hatte jene Akademiker kritisiert, die eine allzu simple Ansicht über das Pestizidproblem hatten: „Käfer vernichten Bäume und zerstören Nutzholz; ergo vernichte die Käfer – und vergiß das übrige Gewebe des Lebens." Die Entomologische Gesellschaft Amerikas verabschiedete auf ihrer Jahresversammlung eine Resolution, in der die „laxe Redaktionsmethode" von ‚BioScience' mißbilligt und praktisch das Recht gefordert wurde, deren Artikel zu zensieren. Wiederum folgte ein Aufruhr, wobei einige Mitglieder von der Resolution abrückten.

Diese Art Kritik an der eigenen Disziplin greift unter den Entomologen ebenso um sich wie unter den anderen Naturwissenschaftlern. Ein Entomologe hat zum Streit um die Pestizide geäußert:

„Scharfe Kritik kann sich berechtigterweise gegen die Entomologen richten, weil sie manche auftauchenden Probleme nicht vorausgesehen haben. So war etwa Resistenz von Insekten gegen Chemikalien keineswegs unbekannt; es gab bereits mehrere Beispiele dafür. Außerdem wurde, wenn überhaupt, so nur wenig gearbeitet über die physiologischen Gesichtspunkte bei Schadinsekten und bei Organismen, die im Ökosystem nicht das Angriffsziel bildeten. Das wird etwas verständlicher, wenn wir bedenken, daß die Entomologie in den USA von Anfang an hauptsächlich auf die praktischen Bedürfnisse der Landwirtschaft orientiert war. Die Weltanschauung der staatlich subventionierten Institute schrieb vor, daß diese Bedürfnisse besonders zu berücksichtigen seien. Für die Grundlagenforschung, die während dieser Periode eines noch nie dagewesenen Gebrauchs von Chemikalien zur Schädlingsbekämpfung die so dringend nötigen Antworten geliefert hätte, standen wenig Personal und Geldmittel zur Verfügung.

In einem früheren Kapitel sprachen wir von den Wissenschaftlern in England und den USA, deren Aufgabe es ist, hinter den unbesonnen vorwärtsstürmenden Wirtschaftsentomologen aufzuräumen. Auf technischem Gebiet führt heute ein Durchbruch zum nächsten; wozu er aber sonst noch führt, vermag niemand zu sagen. Leider zeigen nur wenige eine Vorliebe für dieses ‚Nachhutgefecht' der Forschung. Die Ergebnisse ihrer Arbeiten erscheinen nur in Fachzeitschriften, und es bleibt Leuten wie Rachel Carson in den USA, Kenneth Mellanby in England und C. J. Briejèr in den Niederlanden überlassen, die Öffentlichkeit vor den unvermeidlichen Nebenwirkungen der Technik zu warnen.

„Lassen Sie mich dieses Informationsproblem durch ein Bild veranschaulichen", meint William H. Drury. „In Harvard gibt es eine Gruppe von Naturwissenschaftlern, die mit Pavianen arbeitet. Diese Leute studieren in Wirklichkeit natürlich den Menschen, geben das aber nicht zu. Sie haben herausgefunden, daß keiner der anderen Paviane ein neues Futter beachten wird, wenn ein Pavian, der auf niedrigerer Stufe innerhalb der sogenannten Hack- oder Rangordnung steht, es entdeckt. Entdeckt es jedoch ein in der Rangordnung hochstehender Pavian, wollen auch alle übrigen Mitglieder des Trupps das neue Futter versuchen. Was wir jetzt brauchen, sind Leute, die in der wissenschaftlichen ‚Hackordnung' obenan stehen und angriffsbereit den Schlachtruf gegen die derzeitige Pestizidpolitik aufgreifen. Vorher wird der Rest des wissenschaftlichen ‚Trupps' der Angelegenheit nicht viel Aufmerksamkeit schenken.

Kein Wunder also, daß die chemische Industrie von der Botschaft des ‚Stummen Frühling' erschüttert wurde. Ihre fähigen Chemiker und Techniker, ihre tüchtigen Public-Relations-Stäbe, ja sogar ihre höchsten Geschäftsführer hatten von den Akademikern, auf die sie sich verließen, nur die eine Seite der Geschichte erfahren. Die Tatsachen der Resistenz von Insekten und der Schädigung wildlebender Tiere erwiesen sich als eine peinliche Überraschung. Natürlich wünscht die Industrie keineswegs eine Kontroverse. Viele Firmen suchen mehr oder weniger tatkräftig nach Mitteln, die sie statt der kritisierten Erzeugnisse anbieten können. Trotzdem reagiert die Industrie in ihrer Enttäuschung ziemlich heftig auf Kritik. Wir erfahren dann unter der Hand die schmutzige Geschichte, daß General Motors Detektive anstellt, um in Ralph Naders Privatleben herumzuschnüffeln, oder daß die chemische Industrie Werbetexter bezahlt, die Rachel Carson in Verbindung mit „Mystikern und Ernährungsfanatikern" bringen müssen.

Das Geschäft geht wie gewohnt weiter. Was Henry James „die riesige amerikanische Goldklapper" nannte, übertönt die Warnungen des ökologischen Gewissens. Fünfhundert Handlungsreisende und 25 Millionen Dollar Spesen für Reklame und Vertrieb werden jedes Jahr allein im fruchtbaren San Joaquin Valley Kaliforniens eingesetzt, um Pestizide an Farmer zu verschachern. Wegen des Mangels an Landwirtschaftsexperten ist ein Großteil der Farmer darauf angewiesen, daß die Verkäufer von chemischen Firmen ihre Felder untersuchen und ihnen Formen und Mengen der Pestizidbehandlung empfehlen; selten irren sich die Verkäufer dabei zugunsten einer mäßigen Anwendung! Im Jahre 1967 drängte die Shell Chemical Company den Baumwollpflanzern Kaliforniens mit wirksamer Reklame Azodrin, ein neues Pestizid auf. Die Folge davon war, daß über 405 000 Hektar in diesem Staat mit dem neuen, als Insektizid dienenden organischen Phosphat gesprüht wurden. 1968 wiederholte die Company ihren Mammutfeldzug zur Verkaufsförderung, obwohl ein Ausschuß von Entomologen der Universität von Kalifornien warnte, Azodrin vernichte Populationen nützlicher räuberischer Arten ebenso wie die Schadinsekten. Der Ausschuß, der Empfehlungen für den Baumwollanbau zu geben hat, schrieb in seinem Bericht für 1968: „Die aus organischen Phosphaten bestehenden Stoffe (Azodrin und Methylparathion) haben den natürlichen Feinden des Baumwollkapselwurms einen schweren Schlag versetzt, und ihre Anwendung könnte zu einer Verschlimmerung der Probleme führen."

Aber das Gold klappert weiter. Über 80 Millionen Zerstäuberflaschen mit Insektenmitteln werden alljährlich dem amerikanischen Volk verkauft. Der gesamte Absatz der synthetischen organisch-chemischen Pestizide – einschließlich des DDT und dessen Sippe – überschritt im Jahre 1966 in den USA 381 Millionen Kilo; zu dieser Produktion der Industrie kamen noch verschiedene anorganische Pestizide – Arsen-, Schwefel- und Kupferverbindungen usw., ferner Lösungsmittel und Sprühöle mit weiteren 204 Millionen Kilo.

Unterdessen leiern die Reklameabteilungen der Industrie unablässig eine Botschaft herunter, die besagt, daß der Mensch der Natur als ein Wesen für sich gegenübersteht und daß er die Umwelt erfolgreich manipulieren kann, wenn er sich nur bemüht, die Anweisungen der Aufschrift auf den Behältern zu befolgen. Liest ein aufmerksamer Verbraucher die Aufschrift genau, könnte er zu dem Schluß kommen, daß die Industrie von ihrer für sie recht kostspieligen Botschaft nicht so ganz überzeugt ist. Viele Etiketten von Schädlingsbekämpfungsmitteln enthalten folgende Erklärung: „Der Käufer übernimmt das Risiko von Gebrauch und Handhabung, *gleichgültig, ob das Mittel gemäß den Anweisungen angewendet wird oder nicht.*" Und ein Wissenschaftler von der Betreuungsstelle für Fische und Wildtiere fühlt sich veranlaßt, immer wieder zu betonen, daß die meisten chemischen Firmen nicht genug investieren, um wirklich herauszubekommen, worin diese Risiken bestehen.

Es gibt aber Ausnahmen von der unerschütterlichen pharisäischen Selbstgerechtigkeit, mit der die Industrie auf Rachel Carsons Buch reagierte. Einige Firmen sind heute emsig bestrebt, ihr Ansehen in der Öffentlichkeit zu heben, und suchen gleichzeitig nach Pestiziden, die nicht ganz so tödlich sind. Nach einer noch nicht lange zurückliegenden Statistik erzeugen von den rund 50 führenden chemischen Fabriken nur sieben noch immer DDT. Um den strengeren Anforderungen des Landwirtschaftsministeriums für die Registrierung zu genügen, haben viele der Handelsgesellschaften neue Forschungseinrichtungen gebaut; eine davon wurde vom ‚Wall Street Journal' als „ein Denkmal im Wert von einer Million Dollar für Rachel Carson" bezeichnet.

Eines der auffallendsten Beispiele für ein vorurteilsfreieres Verhalten von seiten der Industrie findet sich vielleicht in Midland in Michigan, wo die Dow Chemical Company die Naturschutzanhänger umwirbt, während sie zugleich Kritiker der Verwendung ihrer Herbizide im Vietnam-Krieg abwehrt. Dow stellt nicht nur ausgedehnte Untersuchungen an über die Nebenwirkungen seiner neuen Produkte, sondern annonciert auch in Naturschutzzeitschriften, um das publik zu machen. So schilderte eine ganzseitige Anzeige die Entwicklung eines neuen, Tordon genannten Herbizids; Dow leistete wissenschaftliche, den ganzen Lebenszyklus erfassende Arbeiten über die Futterversorgung des Halsbandfischers, um sich zu vergewissern, daß Tordon, wenn es in Wasserläufe sickert, die Futterketten darin, die letzten Endes die Nahrung für diesen Fische fressenden Vogel liefern, nicht nachteilig beeinflußt.

Ein weiteres neuerdings von Dow entwickeltes Mittel ist Plictran, ein Mitizid, das so spezifisch in seiner Wirkung ist, daß die Firma nicht etwa nur behauptet, es sei unschädlich für Fische und Wildtiere; wie Dow meldet, vernichtet das Mitizid nur pflanzenfressende Milben, während es die räuberischen Milben, die Schädlinge an Apfelbäumen bekämpfen helfen, verschont! In solch fruchtbringender Forschung statt in persönlichen Angriffen auf besorgte Wissenschaftler und Naturschutzanhänger liegt für die Industrie die größte Hoffnung, die Öffentlichkeit von ihren guten Absichten zu überzeugen.

XIV. DIE BOTSCHAFT

Welche Botschaft wird schließlich gehört von den Menschen, die Entscheidungen über unsere Pestizidpolitik treffen müssen? Alfred L. Hawkes von der Audubon-Gesellschaft von Rhode Island erzählt eine aufschlußreiche kleine Geschichte darüber:

„Unsere Besorgnis über die Wirkungen von Pestiziden auf die Umwelt hat praktisch auf niemanden unter den Beamten oder in den Behörden, die in der Lage sind, etwas zur Verbesserung zu unternehmen, irgendeinen Eindruck gemacht. So gab ich einem der einflußreichsten dieser Beamten unlängst Robert Rudds Buch ‚Pesticides and the Living Landscape'. Eine Woche später konterte er damit, daß er mir ein Exemplar von Jamie Whittens ‚That We May Live' [1] überreichte."

Rudds Buch nimmt, wie schon gesagt, unter den Dokumenten, die in der Pestizid-Kontroverse die Tatsachen richtigzustellen halfen, einen führenden Platz ein. ‚That We May Live' spielt darin eine andere Rolle, und eine nähere Betrachtung der Vorgeschichte dieses kuriosen Buchs wirft ein Licht auf ein ganzes Gebiet amerikanischer Politik.

Jamie Whitten ist Kongreßabgeordneter von Mississippi und Vorsitzender des Unterausschusses für die Bewilligung von Geldern für die Landwirtschaft [2]. Im Jahre 1954 ersuchte Whitten den Prüfungs- und Untersuchungsstab des Bewilligungsausschusses, „Erkundigungen einzuziehen über Wirkungen, Verwendungszwecke, Kontrolle und Erforschung landwirtschaftlicher Pestizide sowie über die Richtigkeit von bekannteren Büchern und Artikeln, die zu einer wachsenden Besorgnis der

[1] ‚Auf daß wir am Leben bleiben'

[2] House Appropriations Subcommitte on Agriculture

Öffentlichkeit über die Wirkungen von landwirtschaftlichen Pestiziden auf die Volksgesundheit führen."

Whitten, ein Sprecher für die Interessen der Landwirtschaft im Kongreß, war verständlicherweise beunruhigt durch die zunehmende Heftigkeit der öffentlichen Einstellung gegen die derzeitige Pestizidpolitik. Unmittelbar auf die starke Wirkung des ‚Stummen Frühling' waren die Empfehlungen des wissenschaftlichen Beratungsausschusses von Präsident Kennedy gefolgt. Als Whitten eine Untersuchung anordnete, war Senator Abraham Ribicoffs Unterausschuß [3] gerade dabei, bändefüllende Zeugnisse über die Anwendung von Pestiziden zu sammeln, darunter viele Aussagen, die scharfe Kritik an der gegenwärtigen Politik übten.

Außerdem waren die Beamten des Landwirtschaftsministeriums nervös geworden. Einerseits waren sie bestrebt, die bittere Kritik abzuwehren, die sich gegen ihre früheren groben Fehler mit Pestiziden, vor allem gegen ihre massiven ‚Ausrottungsprogramme' richtete. Andererseits machten sie sich Sorgen, weil in Landwirtschaftsgebieten ihre Dienste immer weniger in Anspruch genommen wurden. Ihrer Vorstellung nach lag die Lösung dafür auf der Hand: Man mußte die Basis des Landwirtschaftsministeriums verbreitern, indem man die bisherige Funktion des Innenministeriums als Naturschutzbehörde der Bundesregierung übernahm. Dieses Bemühen, unrechtmäßig Macht an sich zu reißen, hat Whitten oft zu unterstützen versucht, indem er für eine kräftige Kürzung der Gelder eintrat, die dem Innenministerium für Forschungsarbeit über das Problem Pestizide und Wildtiere bewilligt wurden.

Der Mitarbeiterstab des Whitten-Ausschusses interviewte über 200 Naturwissenschaftler und Ärzte, ebenso Staats- und Bundesbeamte und Vertreter des Naturschutzes und der Industrie. Im Jahre 1965 gab er seinen Bericht heraus, der sogleich von der Nationalen Gesellschaft für Agrikulturchemie abgedruckt wurde. Der Report hatte eine gewisse Wirkung auf die Öffentlichkeit, da die Nachricht, daß ein ‚Kongreßausschuß' Rachel Carson kritisiert hatte, von einigen Zeitungen groß aufgemacht wurde. Zum Glück zitierten die Pressemeldungen im allgemeinen aus jenem Abschnitt des Berichtes, der das ganze Unternehmen als

[3] Subcommittee of the Senate Committee on Governement Operations

das entlarvte, was es war: als eine Verteidigungsschrift für den status quo auf dem Gebiet der Pestizidanwendung.

Der Bericht begann mit einer kritischen Besprechung des Buches ‚Der stumme Frühling'; sie stammte von Ausschußmitgliedern und beruhte auf Interviews mit „Naturwissenschaftlern und Ärzten", deren Namen der Bericht nicht nannte. Unter anderem heißt es:

„Der Mitarbeiterstab wurde von Naturwissenschaftlern und Ärzten in Kenntnis gesetzt, daß das Buch, flüchtig betrachtet, insofern wissenschaftlich ist, als es eine Anzahl anerkannter wissenschaftlicher Tatsachen zusammenstellt. Es ist jedoch unwissenschaftlich, da es (a) aus nicht miteinander zusammenhängenden Tatsachen falsche Schlüsse ableitet und (b) stillschweigend Folgerungen zieht, die auf bis jetzt noch nicht als Tatsachen erwiesenen Möglichkeiten beruhen...

So wurde etwa die nicht bewiesene Behauptung aufgestellt, daß die angeblich gefährliche Verunreinigung von Luft, Erde und Wasser mit chemischen Pestiziden eine ‚Kette von schlimmen Reaktionen' auslöst, die größtenteils ‚nicht mehr umkehrbar sind'. Beständige Pestizide bleiben für lange Zeit im Boden, aber es liegt kein Beweis dafür vor, daß sie eine ‚Kette von schlimmen Reaktionen' verursachen... Die Autorin behauptete dann, daß die Pestizide ‚geheimnisvoll in unterirdischen Wasserläufen wandern, bis sie wieder zutage treten und ... neue Verbindungen bilden, die den Pflanzenwuchs vernichten, das Vieh krank machen und unbekannten Schaden bei denen anrichten, die aus den einst reinen Quellen trinken'. Wie Wissenschaftler mitteilten, fehlt jeder Beweis dafür, daß Pestizide neue Verbindungen bilden."[4]

Eine Analyse des Whitten-Berichts zeigt, daß er sich genau an die Linie der Abwehrpropaganda der chemischen Industrie hält und somit zu einem ausgezeichneten Leitfaden dafür wird. Alle unglaubwürdigen ‚alten Kamellen' sind zu finden:

Der Bericht betont nachdrücklichst, daß Pestizide nur auf 5 Prozent

[4] Im Widerspruch dazu steht eine Stelle im Bericht selbst: „Im August 1963 erkrankten in Kalifornien einige Pfirsichpflücker, als sie beim Pflücken der Früchte die Blätter berührten; die Bäume waren vorschriftsmäßig mit Parathion gesprüht worden, das sich unter den dort herrschenden Klimabedingungen in eine giftigere Verbindung umgewandelt hatte."

des Landes in den USA angewendet werden. Nicht erwähnt wird die Tatsache, daß Pestizidrückstände *überall* entdeckt worden sind.

Der Bericht anerkennt nur, daß Gefahren der Pestizide sich aus „unrichtigem Gebrauch" ergeben. Schon bevor der Bericht geschrieben wurde, hatten wissenschaftliche Untersuchungen, die erwiesen, daß giftige Rückstände wiederholt Futterketten durchlaufen und sich dabei anreichern, diese Einschränkung als baren Unsinn enthüllt.

Der Bericht behauptet, der Streit gehe in Wahrheit nicht um die Frage, ob die Umwelt durch Pestizide verseucht worden sei, sondern darum, ob sie überhaupt angewendet werden sollen; die implizierte Alternative zu Pestiziden lautet, daß es uns nicht gelingen würde, unser Volk zu ernähren und unseren ausländischen Verpflichtungen nachzukommen. Das ist die alles vereinfachende Botschaft der landwirtschaftlich-chemischen Industrie, die das Volk davon überzeugen soll, daß die Auffassungen von Rachel Carsons ‚Der stumme Frühling' nur zu Nahrungsknappheit und höheren Preisen führen. Auch wird die Warnung wiederholt, daß – ungeachtet des Gebrauchs von Pestiziden – die amerikanische Bevölkerung schneller wächst als die Lebensmittelproduktion und daß Überschüsse in der Landwirtschaft bald der Vergangenheit angehören werden. Eine derartige Behauptung läßt sich schwerlich vereinbaren mit Darstellungen des Landwirtschaftsministeriums, die uns weismachen, daß die USA am Ende des Jahrhunderts mehr Nahrung auf weniger Land erzeugen werden als heute.

Der Bericht gibt zu verstehen, daß Pestizide in vielen Fällen eher eine Zunahme als eine Abnahme von Populationen wildlebender Tiere bewirkt haben. Bei dieser Art der Beweisführung können sich Fachleute für die Betreuung der wildlebenden Tierwelt nur entsetzt die Haare raufen. Wo sich Bestände wildlebender Tiere infolge der Anwendung von Pestiziden vermehrt haben, geschah das im allgemeinen nur, weil diese Mittel die Umwelt so vereinfachen, daß Tierpopulationen in einem Ausmaß anwachsen, das sie zu Schädlingen werden läßt. So nimmt die Zahl von Stärlingen und Staren um Farmen zu, während nützlichere, Insekten fressende Vögel verschwunden sind; und wo man die Raubtiere, die sie jagten, vergiftet hat, wachsen die Bestände von Hirschen, Kaninchen und kleinen Nagetieren zu Horden an, mit denen man nicht mehr fertig wird.

An anderer Stelle gibt der Bericht einen gewissen Schaden für Wildtiere zu, beteuert aber, daß die Gesundheit von Menschen nicht gefährdet sei. Dieser Teil des Berichts unterstützt die sonderbare Anschauung, daß der Gebrauch von als giftig bekannten Substanzen in der Umwelt so lange nicht eingeschränkt werden sollte, bis deren schädliche Wirkungen wissenschaftlich bewiesen worden sind. Die Schwierigkeit, diesen Beweis für menschliche Wesen zu erbringen, wird dabei ganz übergangen. Keine Unterstützung findet jedoch das Argument, daß als giftig bekannte Substanzen nicht auf den Markt gebracht werden dürfen, bis deren relativ ungefährlicher Gebrauch garantiert werden kann.

Die Bedeutung neuer Pestizide wird der von neuen Arzneimitteln gleichgesetzt. Aber der Bericht versäumt zu erwähnen, daß sehr viele neue Medikamente sich als schädlich erwiesen für die Patienten, bei denen sie angewendet wurden, und daß man zahlreiche Mittel erst aus dem Verkehr gezogen hat, nachdem das Unglück geschehen war. Arzneimittel sind jedoch nur für den, der damit behandelt wird, schädlich; die weiträumige Anwendung von Pestiziden macht uns dagegen alle zu Versuchskaninchen.

Der Bericht betont ganz besonders, daß sich im Körper des Menschen winzige Spuren von giftigen Chemikalien finden. Er erwähnt jedoch nicht, daß wissenschaftliche Untersuchungen über die Giftigkeit vieler neuer Verbindungen überhaupt noch nicht angestellt wurden, oder sich noch in einem sehr frühen Stadium befinden.

Der Bericht maßt sich folgendes Urteil an: „Die Gegner der Anwendung von Pestiziden behaupten, daß diese Mittel schädlich sind; die Befürworter der Anwendung von Pestiziden behaupten dagegen, daß diese Mittel unschädlich sind. Weil im gegenwärtigen Zeitpunkt niemand beweisen kann, wer recht hat, wäre jede Diskussion über langfristige Wirkungen winziger Spuren von Pestiziden auf den Menschen fruchtlos."

Gerade diese äußerst merkwürdige Erklärung wurde in der Presse zitiert und offenbarte selbst dem oberflächlichen Leser, was er von dem Bericht zu halten hatte.

Überzeugt, daß Pestizide zu „einer absoluten Notwendigkeit für unsere Art der Lebensführung" geworden sind, beschloß Whitten seine Meinung auch der amerikanischen Öffentlichkeit mitzuteilen. Er tat dies, indem er das Material des ‚Whitten-Berichts' zu dem genannten Buch verarbeitete, das 1966 erschien und stellenweise in seiner sich volkstümelnd anbiedernden Art recht fesselnd ist. Der Mensch, der dahinter steht, gewinnt deutlicher Gestalt als in den meisten von Politikern ‚geschriebenen' Büchern.

Aber Whittens Buch zeugt auch von der unkritischen Aneignung von Material, das schon den ursprünglichen Bericht verdarb. Es ist eindeutig eine Antwort auf Rachel Carsons Werk. In langen Abschnitten, in denen der Autor ab und zu innehält, um „ihrer fast unvergleichlichen Prosa und dem Widerhall, den diese in der eigenen Seele erweckt", Tribut zu zollen, wird sie von ihm tüchtig angepöbelt.

Ein so unwissenschaftliches Druckerzeugnis, ob es nun als Buch oder als Regierungsbericht erscheint, trägt nichts Wesentliches zur öffentlichen Debatte bei. Gelingen Wissenschaftlern wichtige Entdeckungen über Pestizide und deren Wirkung im Ökosystem, sollten die Tatsachen allgemein bekanntgemacht werden. Nur dann wird die Gesellschaft imstande sein, eine Pestizidpolitik durchzusetzen, die nicht auf technischen Verfahren zur Schädlingsbekämpfung, sondern auf grundlegenden biologischen Gesetzen beruht.

VIERTER TEIL

DIE UNSICHEREN VERTEIDIGER

XV. WASHINGTON BEGINNT AUFZUWACHEN

Der 1965 erschienene Bericht des wissenschaftlichen Beratungsausschusses des Präsidenten mit dem Titel ‚Wiederherstellung der Qualität unserer Umwelt'[1] erklärte: „Es ist soweit gekommen, daß der Vorteil der organisierten Gruppe die nationale Politik regiert."

Dieses wichtige Dokument erfaßte den entscheidenden Punkt des Problems. Straffere Gesetzgebung könnte die Gewinne der Industrie verringern. Die Umstellung von beständigen auf annehmbarere Pestizide könnte dem Farmer zunächst zusätzliche Mühen und Ausgaben verursachen. Persönlicher Vorteil gerät in Konflikt mit dem Gemeinwohl. Wer kann den Farmer abhalten, das Zehnfache der empfohlenen Menge Pestizide auf seinen Feldern anzuwenden?

Bis spätestens 1965 versuchten in Washington viele Beamte – Wissenschaftler und Nichtwissenschaftler gleichermaßen –, sich mit dem Pestizidproblem auseinanderzusetzen. Offensichtlich waren sie durch die Botschaft des ‚Stummen Frühling' und deren Auswirkungen im öffentlichen Leben beunruhigt worden. Man war sich allgemein bewußt, daß irgend etwas schief gegangen war. Aber es ist ein Gradmesser für die oft kurzsichtige, stets schwerfällige Art der Bundesregierung, daß die allgemeine Reaktion in Washington zwiespältig bleibt, obwohl Männer wie Präsident Kennedy und Innenminister Udall sich schon frühzeitig gegen den Mißbrauch von Pestiziden aussprachen.

Vorschriften für die Pestizidanwendung auf Land, das der Aufsicht der Bundesregierung untersteht, sind in vielen Fällen straffer gehandhabt worden. Doch werden von Bundesstellen nur 5 Prozent der in den

[1] Restoring the Quality of Our Environment

USA benützten Pestizide angewendet. Der Rest unserer enormen Produktion für die Binnenmärkte wird nach Gutdünken der staatlichen und örtlichen Regierungsstellen oder der privaten Staatsbürger gebraucht. (Der Absatz von Pestiziden übersteigt in den USA 567 Millionen Kilo jährlich, von denen 181 Millionen Kilo ins Ausland verschickt werden!)

Die Pestizidpolitik der Bundesregierung bleibt ein Stückwerk, weil sich jedes Ministerium des Kabinetts anderen Industriezweigen und Aufgaben zu treuen Diensten verpflichtet fühlt. Das Landwirtschaftsministerium ist dazu da, den Farmern zu helfen – und auf sie zu hören; das Innenministerium dient vielen Herrn, einschließlich der Viehzüchter, Bergarbeiter und Ferienreisenden; das Ministerium für Gesundheitswesen, Erziehung und Wohlfahrt führt mittels des Staatlichen Gesundheitsdienstes Krieg gegen Insekten, die Krankheiten übertragen. Unvermeidlich stehen die einzelnen Ministerien in der Schädlingsbekämpfungspolitik manchmal miteinander in Konflikt.

Diese Zersplitterung wird innerhalb der Ministerien selbst noch verstärkt, da untergeordnete Stellen in Familienhändel miteinander geraten. So können etwa die Programme zur Bekämpfung von Raubtieren, die im Innenministerium bearbeitet werden, ein Programm verderben, das anderswo im gleichen Ministerium durchgeführt wird und der Vermehrung von Wildtieren dient.

Die Bundesregierung übt keine Kontrolle aus über die Forschung der chemischen Industrie auf diesem lebenswichtigen Gebiet. Gesetze, die gefährlichere Pestizide wie etwa DDT verbieten, würden die Industrie zwingen, ihre Anstrengungen zur Entwicklung anderer Stoffe zu erhöhen. Doch schon ein Gesetzentwurf, der die amtliche Inspektion von Fabriken, die Pestizide herstellen, vorsah – und Katastrophen wie das Fischsterben im Mississippi verhüten helfen sollte –, ist im Kongreß wiederholt zu Fall gebracht worden; die Industrie erklärte, sie leiste einer solchen Gesetzgebung „totalen und tatkräftigen Widerstand", und sie hatte den starken Arm, um sich die Kongreßabgeordneten gefügig zu machen. Höheren Orts hat man vielfach das Gefühl, daß die chemische Industrie, wenn man sie sich selbst überläßt, schließlich auch sich selbst kontrollieren wird.

„Das gebietet die Volkswirtschaft des Landes", erklärte ein Beamter des Landwirtschaftsministeriums.

Dort, wo in den Vorschriften die große Lücke klafft, von Industrievertretern liebevoll als Laissez-faire bezeichnet, strömt die Propagandaflut ein, die so oft den gesunden Menschenverstand betäubt. („Wenn Unkraut gewinnt, verlieren die Menschen", predigen wohltönend die Anzeigen). Das Volk zahlt, entweder direkt oder durch Steuern, im Jahr über eine Milliarde Dollar für Pestizide. Die Industrie bekämpft daher mit Feuereifer jede Regierungsvorschrift; eine Milliarde Dollar steigern die Selbstgerechtigkeit ins Uferlose, und der Ruf nach einer Reform beschwört in der Seele mancher Industrieller bereits unfehlbar das Bild einer bolschewistischen Revolution herauf.

Der Bericht der wissenschaftlichen Berater des Präsidenten vom Jahre 1965, eine erschöpfende Untersuchung, die niemals die Beachtung fand, auf die sie Anspruch gehabt hätte, kam zu dem Schluß „daß die Verunreinigung der Umwelt durch Pestizide, ohne Einbuße an Wirksamkeit in der Schädlingsbekämpfung und unter Nutzung von bereits verfügbaren Methoden, wesentlich, in bestimmten Fällen um die Hälfte, verringert werden könnte. Um das zu erreichen, muß man aber eingesehen haben, daß im allgemeinen weder eine hundertprozentige Bekämpfung von Schädlingen auf einer Feldfrucht, noch die Ausrottung eines Schädlings erforderlich ist, um wirtschaftliche Verluste zu verhüten. Das Volk in seiner Gesamtheit, Landwirte im weitesten Sinne des Wortes und Forscher müssen davon überzeugt werden, daß es ein Fehler ist, sich faktisch völlig auf chemische Pestizide zu verlassen, und daß biologische, auf die Umwelt abgestimmte Bekämpfungsmethoden sehr vielversprechend sind. Dieses Versprechen ist bis heute nicht verwirklicht worden. Wir empfehlen den ausgedehnteren Gebrauch der bereits verfügbaren biologischen, auf die Umwelt abgestimmten Methoden, die Erfindung zusätzlicher Methoden und die Bereitstellung einer angemessenen Zahl von geschulten Arbeitskräften, die diese notwendigen Aufgaben übernehmen können."

Die Bundesregierung hat jedoch sehr wenig gesetzliche Gewalt über die Forschung der Industrie und überhaupt keine über die Anwendung von Pestiziden, sobald der Privatmann sie gekauft hat. Abgesehen von der amtlichen Registrierung chemischer Verbindungen ist die Regierung derzeit am besten dafür gerüstet, die Anwendung von Pestiziden durch Beratung und Beispiel zu regeln. In der Vergangenheit war manchmal freilich weder das eine noch das andere von Nutzen. Was die Beratung betrifft, sind bei den höchsten Regierungsstellen meist die besten Absichten vorhanden, und oft geht es einfach darum, daß Kenntnisse und Absichten zu den untergeordneten Mitarbeitern durchsickern, die mit der Öffentlichkeit in Verbindung stehen. Und was das Beispiel angeht, ist sehr viel Unheil dadurch entstanden, daß die verschiedenen Regierungsstellen sich weder über eine allgemeine Pestizidpolitik noch über die Einstellung zu einem ganz bestimmten Problem zu einigen vermochten.

Das Problem der Zusammenarbeit zwischen Behörden hat Präsident John F. Kennedy sehr beschäftigt, als er im Jahre 1961 sein Amt übernahm. Diese Sorge veranlaßte ihn unter anderem, am ersten Oktober des gleichen Jahres die Kommission der Bundesregierung zur Überprüfung der Schädlingsbekämpfung zu schaffen. Sie hatte beratende Funktion und bestand aus je zwei Mitgliedern der mit Pestizidprogrammen im großen Maßstab beschäftigten Bundesministerien: des Landwirtschafts-, Verteidigungs-, Innenministeriums und des Ministeriums für Gesundheitswesen, Erziehung und Wohlfahrt. Die Kommission sollte eine systematische gemeinsame Überprüfung aller größeren Schädlingsbekämpfungsprogramme der Bundesregierung garantieren und die Tätigkeit der vier Ministerien koordinieren. Aber sie war nicht sehr erfolgreich, was der Bericht des wissenschaftlichen Beratungsausschusses des Präsidenten vom Jahre 1963 zugab, als er empfahl: „Man sorge für klare Festsetzung der Verantwortlichkeit für die Überwachung der Pestizidanwendung."

Demgemäß wurde durch eine am 27. Juli 1964 von den vier zuständigen Ministern unterzeichnete Urkunde ein neuer Ausschuß der Bundesregierung für Schädlingsbekämpfung geschaffen. Wie zuvor bestimmt jedes Ministerium dafür zwei Mitglieder als seine Vertreter. Um die Bundesregierung von ihrer Gewohnheit, „mehr rückwirkend als vorausblickend zu handeln", etwas abzubringen, werden alle ihre Schädlingsbekämpfungsprogramme von den Mitgliedern des Ausschusses im voraus geprüft. Plant etwa der Forstdienst, ein Gebiet zur Bekämpfung des Fichtentriebwicklers zu sprühen, werden die zwei Mitglieder aus dem Landwirtschaftsministerium die vorgesehenen Anwendungspläne ihren Kollegen im Ausschuß ausführlich darlegen. Sie werden ebenso Daten,

Dosierungen und Zielgebiete wie die Sicherheitsvorkehrungen erörtern. Hat die Betreuungsstelle für Fische und Wildtiere im gleichen Gebiet ein Programm zugunsten der Wildtiere laufen, werden die zwei Mitglieder aus dem Innenministerium dies bekanntgeben und der Forstdienst wird sein Programm dann abwandeln oder aufgeben. Obwohl der Ausschuß keine Vollmacht besitzt, bindende Vorschriften zu erlassen, sind bisher von den Stellen, auf die es ankam, alle seine Empfehlungen bereitwillig angenommen worden.

In vorbildlicher Weise ist der Ausschuß eine Art Wachhund der Bundesregierung, er hat ein Gespräch zwischen den Ministerien zustande gebracht und ein Kontroll- und Ausgleichssystem geschaffen.

„Die Bundesregierung nimmt in der Pestizidfrage eine ganz neue Haltung ein", erklärte ein Beamter des Innenministeriums. „Die verschiedenen Ministerien streben jetzt so schnell sie können und mit allen ihnen verfügbaren Mitteln annehmbarere Alternativen an. So ist etwa das Landwirtschaftsministerium neuerdings sehr bereit zur Zusammenarbeit."

Shirley Briggs hat in einer Kritik an diesem Ausschuß hervorgehoben, was die Arbeit der Mitglieder erschwert. „Sie haben die unangenehme Pflicht, als Verteidiger von Projekten ihrer eigenen Behörde und zugleich als Richter über die Pläne der Ministerien anderer Ausschußmitglieder aufzutreten", schrieb sie im ‚Atlantic Naturalist'. „Dies verletzt ein Prinzip guter Staatsführung. Ein solcher Ausschuß sollte als quasi gerichtliche Institution anerkannt und vor Aufgaben, die im Widerspruch zueinander stehen, bewahrt werden. Man sollte eine übergeordnete Behörde einrichten, die das endgültige Urteil zu fällen hat ... Besteht etwa ein Mann vom Staatlichen Gesundheitsdienst darauf, daß seine Behörde ein beständiges, Rückstände hinterlassendes Pestizid wie DDT anwenden müsse, werden seine technischen Gründe, die auf der Kenntnis der Epidemie oder auf den Lebensgewohnheiten eines besonderen Krankheitsüberträgers beruhen, vielleicht ohne Gegenfrage von anderen Mitgliedern gebilligt, da diese nicht berechtigt sind, zusätzliches unparteiisches Beweismaterial zu verlangen."

Der Mitarbeiterstab des Ausschusses weiß sehr genau, wie schwierig es ist, die grundverschiedenen Zweige und Ziele eines riesigen Regierungsapparates zu harmonischer Arbeit zusammenzufassen. „Es ist manchmal sogar schwer, sie soweit zu bringen, daß sie sich über eine Erklärung einigen", meint eines der Mitglieder.

Um der Beaufsichtigung der Regierungsvorhaben auf dem Gebiet der Schädlingsbekämpfung besser gewachsen zu sein, hat der Ausschuß eine Anzahl von Unterausschüssen eingerichtet, die sich mit der Überwachung von Pestiziden, mit der Forschung, mit der Sicherheit bei der Versorgung des Marktes und im Verkauf und mit der Information der Öffentlichkeit befassen.

Von besonderem Interesse ist das Überwachungsprogramm. Landwirtschafts- und Innenministerium sowie das Ministerium für Gesundheitswesen, Erziehung und Wohlfahrt sind gemeinsam bemüht, Informationen zu liefern, die uns vielleicht endlich wissen lassen, bis zu welchem Grade der Mensch und seine Umwelt bereits verseucht worden sind. Die Nahrungs- und Arzneimittelprüfstelle führt ihre Untersuchungen des ‚Marktkorbs' durch, das Landwirtschaftsministerium macht Bodenanalysen, das Innenministerium beaufsichtigt Fische und Wildtiere sowie den Zustand der Gewässer, und der Staatliche Gesundheitsdienst hat sich in seinen Gruppenuntersuchungen auf die Menschen konzentriert.[2]

Der Ausschuß der Bundesregierung für Schädlingsbekämpfung koordiniert auch die Forschung und die Information der Öffentlichkeit. Auf letzterem Gebiet hat er sich bemüht, die Verlautbarungen von verschiedenen Abteilungen innerhalb der Bundesregierung über das Pestizidproblem einheitlich zu gestalten. Dabei besteht natürlich die Gefahr, daß der Ausschuß geneigt sein könnte, die Unterschiede in den Gesichtspunkten zu vertuschen, statt sich um deren Klärung zu bemühen. Der Unterausschuß, der für die Unterrichtung der Öffentlichkeit sorgt, liefert Redner-Mappen für Regierungsangestellte, die beauftragt werden, Vorträge über das Thema Pestizide zu halten.

Der Ausschuß ist auch besorgt über das Problem der Beseitigung von Abfällen. „Wir haben festgestellt, daß niemand wirklich verantwortlich war für die Beseitigung von Pestizidabfällen – etwa für das Abladen vor der Küste oder dergleichen", sagte ein Mitarbeiter. „Wir versuchen nun, Leute dafür zusammenzubringen. Eine der ersten Gruppen, an die

[2] Das Überwachungsprogramm wird ausführlicher im 18. Kapitel erörtert.

wir vor einigen Jahren herantraten, war die Nationale Gesellschaft für Agrikulturchemie; wir wollten sie bewegen, uns mitzuteilen, wie die Industrie das Problem der Beseitigung ihrer Abfälle, insbesondere der Behälter, in Angriff nimmt. Die Industrie ist jetzt diesbezüglich gewarnt."

Wurde das Pestizidproblem weitgehend hervorgerufen, weil die Information – und damit der Meinungsaustausch – versagte, könnte der Ausschuß für Schädlingsbekämpfung heute noch einen wertvollen Dienst leisten mit dem Aufbau eines Nachrichtensystems innerhalb der Bundesregierung. Es wäre klug, die eine Hand wissen zu lassen, was die andere tut; nur allzu oft ist ein Wildtierprogramm der Bundesregierung, in das man sehr viel Geld und Zeit investierte, zunichte gemacht worden, weil eine andere Abteilung sich mit einem besonderen Schädling befaßte. Da es an einer straffen Gesetzgebung, die den Gebrauch von Pestiziden einschränkt, fehlt, muß die Bundesregierung die Industrie wie auch die einzelnen Staaten richtig beraten und in konstruktiver Weise die Führung übernehmen. Wie wir sehen werden, mangelt es daran aber bedenklich.

XVI. RAUBTIERE UND GIFTE

In den letzten Monaten ihres Lebens beschäftigte sich Rachel Carson oft mit einem besonderen Aspekt der Schädlingsbekämpfung. Sinnbild dafür waren ihr die gedankenlosen Praktiken, nach denen man in den Bekämpfungsprogrammen der Bundesregierung gegen Raub- und Nagetiere [1] alles wahllos niedermetzelte. Rachel Carsons Briefwechsel in dieser Zeit spiegelte ihre Sorge wider oder bestärkte sie darin. Ein Beispiel dafür ist der Brief eines kleinen Mädchens aus Boulder. Die Kleine erzählte von Präriehunden, die sie immer gesehen hatte, wenn sie mit ihren Eltern ausritt. Als sie eines Tages bemerkte, daß die Tiere von ihren Lieblingsplätzen verschwunden waren, fragte sie nach ihnen, und erhielt zur Antwort, sie seien ausgerottet worden.

„Ich finde, man hätte sie nicht töten dürfen", schrieb sie an Rachel Carson. „Oder doch?"

Die Gründe für das Abschlachten gerade dieser Tiere waren Rachel Carson vielleicht nicht bekannt. Aber sie war zu der Überzeugung gelangt, daß sie in den meisten Fällen der Raubtier- und Nagetierbekämpfung auf die Frage des kleinen Mädchens mit einem entschiedenen „Nein" hätte antworten müssen. Ihre Vorbehalte dem Programm gegenüber beruhten auf Berichten von berühmten Biologen und Naturschutzvertretern unter ihren Bekannten und auf ihrer eigenen Lektüre. Ein Buch, das einen tiefen Eindruck auf sie machte, war Farley Movats ‚Never Cry Wolf' [2], das ausführlich von dem grausamen Ausrottungs-

[1] Federal Government's Predator and Rodent Control Program

[2] Etwa: Schrei nie: Achtung Wolf. Die Redensart cry wolf (= blinden Alarm schlagen) ist hier wörtlich genommen, da nach Ansicht des Autors der Wolf fälschlich als Gefahr gilt.

feldzug der kanadischen Regierung gegen den Wolf berichtet. Nur vier Monate vor ihrem Tod schrieb Rachel Carson einem englischen Naturschutzvertreter:

„Als ich Farley Movats Buch las, hatte ich das Gefühl, daß es eine schockierende Enthüllung der archaischen Anschauungen sei, von denen sich die kanadische Betreuungsstelle für Wildtiere bei der Behandlung dieser Angelegenheit leiten läßt. Die sogenannten Maßnahmen zur Raubtierbekämpfung unserer eigenen Betreuungsstelle für Fische und Wildtiere sind nicht besser."

In jedem Feldzug, den man unternommen hätte, um die Regierung zur Vernunft zu bringen, wäre Rachel Carsons Stimme stark ins Gewicht gefallen. Doch begann sich zum Zeitpunkt ihres Todes die herrschende Meinung bereits gegen diese „archaischen Anschauungen" zu richten, die Überbleibsel aus einer primitiveren Zeit, als man Raubtiere als ‚Mörder', ‚Verbrecher' und ‚Geschmeiß' brandmarkte.

Von alters her haben natürlich bestimmte Tiere ‚Schutz' erhalten – in den meisten Fällen, weil der Mensch zufällig merkte, daß sie gut schmeckten. Andere Tiere verdienten sich diese bevorzugte Behandlung nur, weil sie kurz vor der Ausrottung standen. Doch im letzten Jahrzehnt setzten Farmer und Viehzüchter die Bundesregierung und die Regierungen der verschiedenen Staaten unerbittlich unter Druck; man wollte erreichen, daß sie ganze Populationen von Tieren ausrotteten, die angeblich finanzielle Verluste verursachten. Als Ergebnis dieses Drucks entstand eine ‚Wissenschaft' der Raubtierbekämpfung, die schließlich, infolge einer gewissen Trägheit, der Aufsicht der verantwortlichen Leute entglitt.

Manchmal wird selbst von Naturschutzvertretern übersehen, daß Raubtierbekämpfung ein Teil des Pestizidproblems ist. Den Farmern und Viehzüchtern gilt ein Raubtier grundsätzlich als Schädling. Die Gifte, mit denen Bekämpfungsexperten Raubtiere töten, werden zu den wirtschaftlich angewandten Giften oder Schädlingsbekämpfungsmitteln gerechnet. Und wir finden in der Raubtierbekämpfung die meisten Mißstände wieder, deretwegen andere Schädlingsbekämpfungsprogramme kritisiert worden sind.

Über die Raubtierbekämpfung im Jahre 1967 schrieb G. G. Simpson, Professor für Wirbeltier-Paläontologie in Harvard: „Unter dieser beschönigenden Bezeichnung widmen sich die von unseren Steuern erhaltenen Behörden zur Betreuung der Wildtiere hauptsächlich deren Ausrottung. In ihrem Jargon bedeutet ‚Bekämpfung' völlige Vernichtung ..."

Das eben ist der Irrtum moderner Methoden zur Schädlingsbekämpfung. Sie gehen verschwenderisch mit der wildlebenden Tierwelt und mit öffentlichen Geldern um. Raubtiere richten tatsächlich manchmal Verwüstungen an, und gelegentlich ist eine gewisse Bekämpfung gerechtfertigt. Öfter jedoch wird die Zerstörung, die sie verursachen, übertrieben. Fischer, die ihre Gewässer zu stark befischen, und Viehzüchter, deren Rinder und Schafe das Land kahlgefressen haben, schreiben ihre schwindenden Gewinne lieber Raubtieren als ihrer eigenen Dummheit zu.

Selbst wo die Beutezüge von Raubtieren nachweislich überhand genommen haben und deren Bekämpfung gerechtfertigt ist, mißbrauchen die Behörden immer wieder die dafür erteilte Genehmigung. Ein uneingeschränkter Krieg gegen weit umherstreifende Tierpopulationen läßt sich niemals vertreten. Das System, Abschußprämien zu bezahlen, sowie ausgedehnte Jagdprogramme der Regierung haben sich zwar biologisch und finanziell als grober Mißgriff erwiesen, aber sie lassen sich zumindest insofern verteidigen, als sie theoretisch auf die Tierart, die das Ziel bildet, begrenzt bleiben. Der wiederholte Betrug von Prämienjägern, die, wenn sie um Prämien eingeben, Kadaver von leichterer Beute unterschieben, als es die ausersehenen Tiere sind, droht allerdings selbst diese Rechtfertigung zu entkräften.

Aber uns geht es hier vor allem um Gifte. Die Raubtierbekämpfung mit ihnen zählt zu den traurigen Kapiteln in der Geschichte der Beziehungen des Menschen zu „jenen anderen Stämmen, die mit uns im Netz des Lebens und der Zeit gefangen sind", wie Henry Beston es ausdrückt.

Irrt die Bundesregierung hier? Ja und nein. Das Thema der Raubtierbekämpfung bildet eine aufschlußreiche Einführung in jede Untersuchung der Pestizidpolitik der Bundesregierung, denn es erklärt zum Teil, wie schwierig selbst unter der besten Staatsverwaltung eine Änderung von angefochtenen Praktiken ist. Im allgemeinen werden das Innenministerium und dessen Betreuungsstelle für Fische und Wildtiere von Naturschutzvertretern mit Wohlwollen betrachtet. Aber das Ministerium beherbergt eine Vielfalt von Behörden, die einander manchmal ohne es zu wollen entgegenarbeiten.

Überdies hat das Ministerium im Jahre 1939 bestimmte Probleme übernommen, die es nie ganz lösen konnte. Damals wurden vom Landwirtschaftsministerium die Biologische Überwachungsstelle[3] und vom Handelsministerium die Abteilung für Fischerei getrennt und beide in der dem Innenminister unterstellten Betreuungsstelle für Fische und Wildtiere miteinander vereint. Früher waren die Programme der Bundesregierung zur Raubtierbekämpfung von der Biologischen Überwachungsstelle beaufsichtigt worden.

Die erheblichen Fortschritte, die in den dreißiger Jahren die Regierung der USA auf dem Gebiet der Naturschutzerziehung und der praktischen Maßnahmen gemacht hatte, wurden durch den Ausbruch des Zweiten Weltkrieges beeinträchtigt. Sie erlitten einen noch größeren, wenn auch weniger erklärlichen Rückschlag, als Präsident Dwight D. Eisenhower 1952 Douglas McKay zum Innenminister ernannte. McKays Verständnis für Naturschutz dokumentiert sich am besten darin, daß er Naturschutzanhänger ‚Fatzkes' nannte; sein Programm zeichnete sich dadurch aus, daß er staatliche Ländereien verpachtete und so aufopfernd tätige Spezialisten für wildlebende Tiere wie Alfred M. Day, Clarence Cottam und Durward L. Allen aus dem Ministerium vertrieb.

Mittlerweile entdeckten die Leute von der Raubtierbekämpfung, daß die tödlichen Gifte, die nach dem Zweiten Weltkrieg auf den Markt gelangt waren, ihnen das Leben wesentlich leichter machten. Ihre Hauptwaffe wurde Natriumfluorazetat, allgemein nach seiner Experimentnummer auch Verbindung 1080 genannt. Dieses Rodentizid – oder Nagetierbekämpfungsmittel – ist eine stabile, wasserlösliche Verbindung, die geschmacklos ist und daher von dem Tier, das den Köder verzehrt, nicht bemerkt werden kann. Obwohl die Wirkung von 1080 sich so verzögert, daß dem Tier nicht übel wird, ehe es die vorgeschriebene tödliche Dosis gefressen hat, hält man dieses Gift im allgemeinen für das wirksamste, das heute weitgehend in der Schädlingsbekämpfung verwendet wird. Kein Wunder, daß 1080 ebenso enthusiastisch begrüßt wurde wie DDT!

[3] Biological Survey

Trotz der neuen Gifte wurden die Methoden der Raubtierbekämpfung jedoch immer weniger auf eine besondere Tierart abgestimmt. Hatte man einst vergiftete Köder mit der Hand ausgelegt, wurden sie nun wahllos von Flugzeugen aus über ganze Landstriche verstreut. Vergiftete Köder, aus der Luft abgeworfen, um Grauwölfe in abgelegenen Regionen von Alaska zu bekämpfen, töteten Bären und wertvolle Pelztiere. Vergiftete Körner, achtlos verteilt im Laufe eines Feldzuges gegen Wühlmäuse, töteten Ende der fünfziger Jahre Tausende von Gänsen im Gebiet des Tule-Sees in Oregon und Kalifornien.

Noch dazu wurden immer mehr Vorfälle bekannt, bei denen eine ‚sekundäre Vergiftung' eintrat, das heißt, ein Tier vergiftet wurde, das den Kadaver eines anderen, bereits vergifteten Tieres gefressen hatte. Diese Erscheinung war bald weit verbreitet. Denn die Eigenschaften von Verbindungen, die wie 1080 geschmacklos waren und mit Verzögerung wirkten, erlaubten es dem ursprünglichen Opfer, große Mengen des Giftes zu verzehren. Nachdem es verendet war, blieb eine tödliche Dosis in den Eingeweiden und in anderen Organen zurück, die von Aasfressern gewöhnlich bevorzugt werden. Adler fielen nach Bekämpfungsprogrammen, die sich gegen den Präriehund richteten, einer sekundären Vergiftung zum Opfer; Kojoten verendeten, nachdem sie vergiftete Mäuse und andere Nagetiere gefressen hatten. Das als Ziel ausersehene Tier bleibt, wenn es zugrunde geht, ein todbringender Giftspeicher.

Es gereicht Stewart L. Udall, dem vielleicht hervorragendsten Innenminister, den die Nation je hatte, sehr zur Ehre, daß er eine Überprüfung aller Schädlingsbekämpfungsprogramme seines Ministeriums – einschließlich der Raubtierbekämpfung – in die Wege leitete. Im Jahre 1964 setzte der Mitarbeiterstab eines Programms, das einen klugen Ausweg finden sollte, für die Bewertung eines bestimmten Pestizids ein Kriterium fest, an das heute noch viele andere Bundes- und Staatsstellen nicht heranreichen können: „Grundsätzlich ist in einem Rechtsstreit nicht gleich viel Beweismaterial gegen ein gegebenes Produkt wie zu seinen Gunsten erforderlich. Erforderlich ist lediglich genügend Beweismaterial zur Begründung eines berechtigten Zweifels an der Gefahrlosigkeit."

Das Innenministerium begann sich nicht erst mit der Pestizidfrage zu befassen, als ‚Der stumme Frühling' veröffentlicht wurde. Schon seit einer Reihe von Jahren hatte es Informationen beunruhigender Art über die Wirkung von Pestiziden auf die Umwelt gesammelt. Als Rachel Carson das Problem plötzlich offen darlegte, besaß Udall eine Fülle von zuverlässigen Informationen, auf die er sich stützen konnte: Da er seine Mitarbeiter aufgerufen hatte, sich über alle Nachwirkungen der Veröffentlichung des ‚Stummen Frühling' auf dem laufenden zu halten, fiel es ihm leichter, für sein Ministerium eine vernünftige Politik festzulegen.

Im Jahre 1964 billigte Udall ein Memorandum, das jedem seiner Abteilungsleiter vorschrieb, für alle Verwendungszwecke von Pestiziden in Programmen, die der Aufsicht ihrer Abteilung unterstanden, die Verantwortung zu übernehmen; sie seien verpflichtet, den Rat von Fachleuten innerhalb oder außerhalb der Regierung einzuholen um sich zu vergewissern, daß die Wirkungen auf die Umwelt vollständig erfaßt worden seien.

„Die Maßstäbe dieses Ministeriums für die Anwendung von Pestiziden sollten höher sein als alle anderen", schrieb Udall in seinem Memorandum. „Wir sollten ein Beispiel setzen, dem andere folgen können."

Udall verbot den Gebrauch von DDT auf Grundbesitz des Innenministeriums, wenn andere Mittel dem Zweck genügen. Allerdings haben Sprühmaßnahmen innerhalb der Nationalparks gelegentlich Kritik erregt. Im Jahre 1963 protestierte Richard M. Leonard, der Schriftführer des Sierra-Klubs, in einem Telegramm an Udall gegen das Sprühen von Malathion zur Bekämpfung von sogenannten minierenden Insekten, die Gänge in die Nadeln der Bäume im Yosemite-Nationalpark fraßen:

„Befürworte stark, mit Gift in Nationalparks aufzuhören." Nadel-Minierer haben eine Million Jahre lang unter Kontrolle von räuberischen und parasitischen Feinden existiert. Einige Naturgebiete müssen auf Erden übrigbleiben, um die Weiterführung der ursprünglichen Evolution zu erlauben. Halten Parks keine strengen Naturschutzbedingungen aufrecht, wird grundlegende Erforschung der urtümlichen Ökologie, die für Forstwirtschaftsökologen andernorts so wertvoll ist, unmöglich... Man muß sich zugunsten der ökologischen Grundlage des Parks entscheiden und deren Erhaltung nicht zeitweilig auf einige Flächen beschränken. Sprühen von der Luft aus sollte über Nationalparks nicht gestattet werden."

Es wurde trotzdem gesprüht. Die Beamten des Innenministeriums rechtfertigten dies nicht mit dem ernsten Schaden, den der Wald möglicherweise erleiden könnte, sondern man sprühte, weil fleckige Baumwipfel vielleicht das Feingefühl von Touristen verletzen würden. Heute wehren sich Naturschutzvertreter immer energischer gegen eine derartige ‚Schönheitspflege' von Wäldern mit starken Giften.

Udall hatte auch ein Raubtier-Bekämpfungsprogramm übernommen, das in einen Sumpf gedankenloser Trägheit geraten war. Im Jahre 1962 regte er eine Überprüfung der Vorhaben seines Ministeriums auf dem Gebiet der Raubtier- und Nagetierbekämpfung an. Sicherlich war seine Untersuchung nicht von politischen Erwägungen diktiert. Raub- und Nagetiere besitzen nur wenige einflußreiche Freunde. Die Gesundheit von Menschen wird durch solche Programme nicht gefährdet, wenn auch oft kleine Haustiere Schaden leiden. Farmer und Viehzüchter ebenso wie die Gesetzgeber, die deren Interessen mit solchem Eifer schützen, üben beträchtlichen Druck aus, um ausgedehntere Bekämpfungsprogramme durchzusetzen.

Udall berief also einen von A. Starker Leopold[4] geleiteten Ausschuß von hervorragenden Biologen ein, um diese Programme überprüfen zu lassen, obwohl es dabei kaum um die Gesundheit des Menschen oder wirtschaftliche Interessen ging. Der Angler, der das Verlangen nach ein paar gebackenen Forellen verspürt, die Hausfrau, die von Mäusen oder Ameisen heimgesucht wird, ja sogar der Jäger, der sein Zimmer mit Trophäen füllen will – sie alle haben einen Grund, Tiere umzubringen. Aber man betrachtet mit wachsendem Abscheu deren unnötiges und wahlloses Abschlachten.

Die Aufmerksamkeit des Leopold-Ausschusses, wie er genannt wurde, richtete sich auf die Abteilung für Raubtier- und Nagetierbekämpfung in der Betreuungsstelle für Fische und Wildtiere[5]. Die meisten der 800 Angestellten dieser Abteilung waren im fernen Westen stationiert, wo sie reichlich Gelegenheit fanden, ihrem grausamen Geschäft nachzugehen; sie blieben daher in engerer Verbindung mit Farmern und Viehzüchtern

[4] Die anderen vier Mitglieder des Beraterausschusses für die Betreuung von Wildtieren waren Stanley A. Cain, Clarence M. Cottam, Ira N. Gabrielson und Thomas L. Kimball.

[5] Predator and Rodent Control of the U. S. Fish and Wildlife Service (PARC)

als mit ihren Vorgesetzten in Washington. Nach allem, was man von ihnen hört, waren diese berufsmäßigen ‚Taschenratten-Würger' sich keineswegs zu schade, für ihre Tätigkeit die Werbetrommel zu rühren. Jahr für Jahr lagen sie den Landwirten mit der Litanei in den Ohren: Wilde Tiere vernichten Feldfrüchte und Vieh, und Bekämpfung ist eine Notwendigkeit. Seit die Regierung für die Programme bezahlte, machten die Farmer und Viehzüchter gerne mit. Und die Abteilung für Raubtier- und Nagetierbekämpfung baute ihr kleines Reich aus.

Der Leopold-Ausschuß gelangte zu eindrucksvollen Schlußfolgerungen: „Die Bekämpfung geht weit über das gerechtfertigte Ausmaß hinaus. Tiere, die weder privaten Grundbesitzern je etwas zuleide getan noch für das ganze Volk wertvolle Naturschätze bedroht haben, werden unnötig hingemordet."

Bekämpfung war zum Selbstzweck geworden. Sie gründete sich fast ausschließlich auf subjektive Beurteilung und nicht auf Daten, die das Ausmaß des von wildlebenden Tieren angerichteten Schadens bestätigten. So unterstützen etwa Viehzüchter die wahllose Vergiftung ganzer Präriehund-Siedlungen, obwohl nie bewiesen worden ist, daß diese Nagetiere eine Hauptursache der Verschlechterung großer Weideflächen sind; tatsächlich zeigen Untersuchungen von Weideland, daß die Präriehunde und auch Hasen vor allem auf Weiden gedeihen, die bereits von Vieh stark abgegrast worden sind. Schafzüchter sind dafür berüchtigt, daß sie die Schuld an ihren Verlusten ausschließlich Raubtieren geben. So wird etwa der Kojote, den man dabei ertappt, daß er ein vielleicht schon totgeborenes Lamm oder ein aus natürlichen Gründen verendetes Schaf frißt, unabänderlich als ‚Killer' gebrandmarkt.

„Das Programm der Bundesregierung ist in beträchtlichem Maße von den Leuten entworfen worden, die durch Wildtiere Schaden zu erleiden glauben", stellt der Leopold-Report fest. „Allzu oft unterstützen die Angestellten der Abteilung für Raubtier- und Nagetierbekämpfung ohne kritische Wertung Entscheidungen zugunsten einer Bekämpfung. Gelegentlich geben sie sogar die Anregung zu Gesuchen um Bekämpfung und machen Propaganda gegen Raubtiere. Auf keine Weise ist sichergestellt, daß auch den positiven Werten von Wildtieren für die Gemeinschaft Bedeutung beigemessen wird, oder daß man die Bekämpfung auf das unbedingt erforderliche Mindestmaß beschränkt."

Einer der anfechtbarsten Punkte des Bekämpfungsprogramms der Bundesregierung war, daß man Schafzüchtern, die bereits subventioniert wurden durch die Erlaubnis, ihre Schafe auf bundeseigenem Land weiden zu lassen, noch weitere Beihilfen bewilligte, indem man auf diesem Land aus Steuergeldern bezahlte Bekämpfungsprogramme durchführte. In den Jahren 1941 bis 1962 überstiegen die Kosten für die Bekämpfung in Staatswäldern die sämtlicher Verluste an Schafen. In achtzehn Staatswäldern in Kalifornien zeigten die Berichte für 1962, daß man 90 195 Dollar für die Raubtierbekämpfung ausgegeben hatte, während Schafe nur im Werte von 3501 Dollar verlorengegangen waren.

„Zugegeben, die Verluste wären ohne Bekämpfung von Kojoten höher gewesen", meinte der Leopold-Report. „Aber wieviel von dieser Bekämpfung ist wirklich gerechtfertigt? Die 64 743 heute in Kalifornien in den Staatswäldern weidenden Schafe konzentrieren sich zumeist auf den Norden und Osten, doch die herkömmlichen Programme zur Bekämpfung von Kojoten werden auch in anderen Gebieten fortgesetzt, wo heute nur wenige, wenn überhaupt noch Schafe grasen und Erholung der Hauptzweck ist."

Der Bericht kritisierte besonders das gegen Nagetiere gerichtete Giftköder-Programm:

„Im Jahre 1963 verteilte die Abteilung für Raubtier- und Nagetierbekämpfung rund 113 400 Kilo präparierte Köder für Nagetiere; davon waren 47 534 Kilo mit der Verbindung 1080 behandelt worden. Kurios ist, daß die Abteilung große Mengen von Getreidekörnern, die mit 1080 gebeizt worden sind – manchmal, ähnlich wie bei Aufforstungsprojekten, vom Flugzeug aus –, in den gleichen Gebieten verstreut, in denen sie zu anderen Zeiten sorgfältige Vorsichtsmaßnahmen zum Schutz von Raubtierarten ergreift, die nicht das Ziel einer Bekämpfung sind.

Selbst dort, wo es keine Schafe gibt und der von Kojoten verursachte Schaden unbedeutend ist, wurde als Nebenergebnis der Bekämpfungsprogramme gegen Nagetiere auch der Kojote ausgerottet. Außer den Kojoten, Dachsen, Bären, Füchsen, Waschbären, Stinktieren und Opossums sind möglicherweise auch Adler, Falken, Eulen und Geier einer sekundären Vergiftung ausgesetzt. In manchen Gegenden wird 1080 verwendet, um Nagetiere zu töten, die die Aufforstung behindern, mit dem Erfolg, daß auch viele andere Tiere von dem Gift bedroht werden."

Im Jahre 1964 legte der Leopold-Ausschuß seinen Bericht Minister Udall vor und ersuchte dringend um eine drastische Verkleinerung des Wirkungsbereichs von Bekämpfungsprogrammen; um größere Betonung der örtlichen Bekämpfung und die Ausmerzung schädlicher Einzeltiere; um weitere Forschung, da zur Bekämpfung von Schädlingen in Gebieten, in denen sich Programme als notwendig erwiesen haben, spezifische Methoden entwickelt werden müssen. Man habe annehmbare Verfahren gefunden, um Jagdwildarten, wenn sie zu Schädlingen wurden, zu bekämpfen; warum dann nicht für Arten, die nicht gejagt werden?

„Die Bundesregierung sollte mit gutem Beispiel vorangehen", erklärte der Ausschuß. „Statt dessen hat sich die Abteilung für Raubtier- und Nagetierbekämpfung zu einer halb autonomen Behörde entwickelt, deren Tätigkeit nur in geringer Beziehung zu den Erfordernissen und ihrer wissenschaftlichen Behandlung steht."

Um die Abteilung energisch auf den richtigen Weg zu lenken und auch ihr Ansehen etwas zu heben, schlug der Ausschuß eine Namensänderung vor. Daraufhin begann im Jahre 1965 unter einer Reihe von neuen Männern, zu denen auch Stanley A. Cain, ein Mitglied des Leopold-Ausschusses, gehörte, die Neugestaltung und Umwandlung zur Abteilung für Wildtierbetreuung.

Fast unmittelbar darauf unterzeichnete Cain einen Erlaß, der in Teilen von Süddakota die Vergiftung von Präriehunden unterband, weil dort der Schwarzfuß-Iltis vorkam, der kurz vor der Ausrottung steht. Dieser Iltis macht auf Präriehunde Jagd. Laut Cains Erlaß sollte 1080 erst gegen Siedlungen von Präriehunden verwendet werden, wenn Beobachter festgestellt hatten, daß sich kein Schwarzfuß-Iltis in dem Gebiet befand. Das Innenministerium beauftragte auch einen Biologen, die für den Iltis bestehenden Gefahren und dessen Bedürfnisse zu erforschen. Ferner lehnte es eine Beteiligung an dem Feldzug Süddakotas gegen Füchse ab, weil dieser Staat nicht zu beweisen vermochte, daß tatsächlich die Füchse und nicht Futtermangel eine Abnahme des Fasanenbestandes verursacht hatten.

Viele Naturschutzvertreter sind nach wie vor unbefriedigt. E. Raymond Hall, ein Biologe aus Kansas, meint, daß Änderungen der Politik in Washington an den mehrere tausend Kilometer entfernten Außenstellen oft nicht beachtet werden: „Obwohl die drei bis vier höchsten

Ämter im Innenministerium fortschrittlich eingestellt sind und sich daher eine Chance für den dringend erforderlichen Wandel in der Politik bietet ... denken die Angestellten im Außendienst noch nicht daran, sich umzustellen. Sie wissen, daß die für die Politik bestimmenden Leute durchschnittlich nur kurze Zeit im Amt sind; viele von ihnen haben unter mehr als einem Direktor, Abteilungsleiter und Minister gedient und beabsichtigen noch unter mehreren weiteren zu dienen."

Wachsende Besorgnis erregt, daß die Regierung bei Vergiftungsfeldzügen gegen den Schwarzschwänzigen Präriehund die Hand im Spiel hat. Diese reizenden kleinen Nagetiere sind Teil der Legende vom ‚Großen Westen'; ihre aus unzähligen unterirdischen Bauen bestehenden Siedlungen erstreckten sich einst oft meilenweit über die Prärie. Aber Viehzüchter, deren Herden so viel von dem ursprünglichen Weideland verwüstet hatten, sahen in dem Präriehund einen Konkurrenten für den Rest, der noch blieb. Sie veranlaßten die Regierung, ein riesiges Vergiftungsprogramm in die Wege zu leiten; es begann gegen Ende des letzten Jahrhunderts mit Körnern, die man mit Strychnin durchtränkt hatte, und wurde die ganzen Jahre hindurch mit immer mehr verfeinerten Giften wie Thalliumsulfat und 1080 fortgesetzt. Hunderttausende Hektar von Präriehund-Siedlungen sind dadurch ausgetilgt worden.

Die alten Mitarbeiter der Abteilung für Raubtier- und Nagetierbekämpfung waren wütend über die Direktiven der neuen Politik, die aus Washington zu ihnen kamen. John Madson, ein führender Naturschutzvertreter, der sich auch als Schriftsteller mit einschlägigen Themen befaßt, berichtete im Jahre 1968, daß sich viele staatliche Jagdaufseher im Westen der USA zu beklagen begannen, weil die ehemaligen Mitarbeiter der Abteilung für Raubtier- und Nagetierbekämpfung den Feldzug zur ‚Ausrottung' des Präriehundes fortsetzten. Als ein Jagdaufseher gefragt wurde, wie viele Hektar Präriehund-Siedlungen in seinem Staate noch übriggeblieben seien, erwiderte er: „Ich weiß es nicht. Wir haben sie amtlich niemals genau erfaßt und ich hoffe, daß wir das auch nie tun werden. Fiele eine solche Karte in die Hände von Bundesbeamten, wäre sie ein idealer Wegweiser für die völlige Vernichtung unserer Präriehunde."

Andere erzählten Madson, daß verärgerte Mitarbeiter der Bundesbehörde ihre Freunde unter den Viehzüchtern gegen die aufgeklärten

Methoden des Ministeriums aufgehetzt hätten, indem sie etwa erklärten: „Eigentlich dürfen wir mit euch überhaupt nicht mehr reden oder euch anbieten, das Geschmeiß, das euch Geld kostet, ausrotten zu helfen. Tut mir leid, alter Kumpel, aber es ist Befehl aus Washington."

Madson folgert, daß diese Leute zwar ihren Krieg gegen den Präriehund weiterhin übereifrig führen, aber wenig Begeisterung zeigen, die damit verbundene Verpflichtung zu erfüllen und für den Schutz des Schwarzfuß-Iltisses zu sorgen. Werden Präriehund-Siedlungen beobachtet, um sicherzustellen, daß Gift nur verstreut wird, wenn keine Iltisse da sind, so geschieht das meist mit einem erschreckenden Mangel an Anteilnahme oder Sachkenntnis. Das ist besonders ernst zu nehmen in Süddakota, der anscheinend letzten Zuflucht der dahinschwindenden Iltis-Population. Madson schreibt über eine Zusammenkunft zwischen den Leuten, die für die Bekämpfungsabteilung arbeiteten, und den Staatsbeamten für die Wildtierbetreuung:

„Ein Vertreter der Bundesbehörde erklärte, daß die Vergiftung der Präriehunde an erster Stelle stehe und die Forschungsarbeit über Iltisse und Präriehunde von zweitrangiger Bedeutung sei. Als der Beamte von der Staatlichen Wildtierbetreuung bemerkte, die Forschung müsse den Vorrang haben, weil Süddakota vielleicht der letzte Fleck auf der Welt sei, wo man den Schwarzfuß-Iltis noch retten könne, erhob sich Gelächter."

Die für diese Aufgabe verantwortlichen Männer im Innenministerium sind offenkundig überzeugt, daß auf dem Gebiet der Bekämpfung von schädlichen Wirbeltieren eine neue Zeit angebrochen ist. Doch, wie Madson schreibt: „Diese Überzeugung strahlt von Washington D.C. aus. Auf dem Weideland daheim, wo buntgefärbter Hafer einen giftigen Schmelz trägt, ist das eine andere Geschichte."

XVII. DAS GIFTREICH DES MARS

Verliert das Innenministerium manchmal die Kontrolle über die Art, wie seine untergeordneten Amtsstellen bei der Anwendung von Pestiziden verfahren, so verfolgt ein anderes Bundesministerium eine Pestizidpolitik, die gänzlich außerhalb des üblichen Rahmens einer Regierungskontrolle liegt. Das Verteidigungsministerium steht in diesem wie in vielen anderen Fällen einzig da. Es arbeitet nach dem Grundsatz, daß man Pestizide ebenso in einem Kreuzzug zur Vernichtung von Menschen verwenden darf, wie um sie zu retten oder zu ernähren.

Natürlich befaßt sich das Verteidigungsministerium mit vielen Giften. Ein Großteil dieser Tätigkeit ist geheim, es sei denn, daß plötzlich eine Katastrophe eintritt, wie 1968, als auf dem Dugway Proving Ground des Ministeriums in Utah etwas schief ging. Die Armee bedient sich dieses Versuchsgeländes für Teste auf dem Gebiet der chemischen und biologischen Kriegführung. Im März 1968 begann sie ein Nervengas zu erproben, indem sie es aus 150-Millimeter-Geschossen und aus tieffliegenden Flugzeugen in diesem Raum verbreitete. Das Nervengas oder der ‚Wirkstoff' gehörte zur Gruppe der organischen Phosphate. Man betrachtete die Teste nicht als gefährlich, aber anscheinend blieb infolge eines schlecht funktionierenden Sprühgeräts einer der Behälter, die den Wirkstoff enthielten, im Flugzeug noch wenige Sekunden offen, als er eigentlich bereits hätte geschlossen sein müssen. So wurde der giftige Wirkstoff in größerer Höhe versprüht als vorgesehen und der Wind trug ihn von dort in benachbarte Täler. Am nächsten Tag verendeten Schafe, die im nahen Skull Valley grasten. Obwohl die Armee ihre Teste abbrach, erlagen über 5000 Schafe dem tödlichen Gas, und der Chefarzt eines Krankenhauses am Ort äußerte Befürchtungen für die Sicherheit von Schafhirten, Viehfarmern und Indianern, die das Gebiet bewohnten. Untersuchungen der Regierung offenbarten keine unmittelbaren üblen Folgen bei der ortsansässigen Bevölkerung, und man ergriff Maßnahmen, um weitere Unfälle zu verhüten.

Immerhin war dies ein Unfall, und Unfälle werden ohne weiteres hingenommen, weil man es als Los des Menschen betrachtet, gefährlich zu leben. Von größerer Bedeutung für die wissenschaftliche Welt war der Entschluß des Verteidigungsministeriums, ganze Landstriche von Südvietnam, unserem Verbündeten, mit Herbiziden zu verwüsten. Die Operation sollte feindliche Stellungen entlarven und indirekt amerikanischen und südvietnamesischen Soldaten das Leben retten. In geheimer Debatte überwog der Nutzen eindeutig das Risiko – das vom Verteidigungsministerium ohnedies als unerheblich angesehen wurde. Eine offenere wissenschaftliche Diskussion über das Thema hätte die Generale vielleicht daran erinnert, daß die Regierung der USA in der Vergangenheit Fehler gemacht hat, als sie eine Politik verfolgte, die ihrer Ansicht nach den eigenen politischen und militärischen Interessen entsprach. Dazu zwei Zitate:

Am 24. Oktober 1956 sagte Präsident Dwight D. Eisenhower über die Wasserstoffbomben-Teste der Atomenergiekommission:

„Die Fortsetzung des gegenwärtigen Ausmaßes der H-Bomben-Teste gefährdet nach nüchternster und verantwortungsvollster wissenschaftlicher Beurteilung ... die Gesundheit der Menschheit nicht."

Am 12. Oktober 1964 sprach Präsident Lyndon B. Johnson von dem neuen Abkommen über das Verbot von Atomtests [1] und erklärte:

„Dieser Vertrag hat der stetigen, gefährlichen Zunahme radioaktiven Fallouts Einhalt geboten. Die tödlichen Produkte von Atomexplosionen vergifteten unseren Boden und unsere Nahrung, die Milch, die unsere Kinder tranken, und die Luft, die wir alle atmeten. Radioaktive Ablagerungen bildeten sich in steigender Menge in den Zähnen und Knochen junger Amerikaner. Radioaktive Gifte begannen die Sicherheit der Menschen auf der ganzen Welt zu gefährden. Sie waren eine wachsende Bedrohung für die Gesundheit eines jeden ungeborenen Kindes."

Was war in den nicht ganz acht Jahren geschehen, daß sich die Ein-

[1] Nuclear Test Ban Treaty

stellung unserer höchsten Amtsträger gegenüber einer Angelegenheit von so entscheidender Bedeutung für die Menschheit in das Gegenteil verkehrt hatte? Wie Barry Commoner in seinem Buch ‚Science and Survival'[2] betont, umgab die anfängliche Tätigkeit der Atomenergiekommission geheimnisvolles Schweigen. Die Öffentlichkeit, und zwar Wissenschaftler ebenso wie Laien, hatte keine andere Wahl, als die Versicherung der Regierung, daß ‚keine Gefahr' bestehe, zu akzeptieren. Um die Mitte der fünfziger Jahre begann dann die Atomenergiekommission bestimmte Informationen für die Wissenschaftler freizugeben. Unabhängige Forscher entdeckten sehr schnell die Gefahren des nuklearen Fallout. Linus Pauling und andere wiesen auf die beängstigenden Folgen hin, die von Natur aus mit der Freisetzung radioaktiver Stoffe in der Umwelt verbunden sind. Zuerst wurden Paulings Schlußfolgerungen von Wissenschaftlern der Regierung angezweifelt. Später, als sich die Frevel unter anderem in der Form rächten, daß Kinder, die der Strahlung von Explosionen ausgesetzt waren, sowohl in Utah als auch im Pazifik Knötchen in der Schilddrüse bekamen, waren die unabhängigen Forscher gerechtfertigt. Heute scheinen selbst die Wissenschaftler der Regierung gemerkt zu haben, daß explodierende Wasserstoffbomben kaum eine heilkräftige Wirkung haben.

Dennoch ließ Ende der sechziger Jahre das Verteidigungsministerium mit leichtfertiger Unbekümmertheit einen Regen von Herbiziden, unter deren Pesthauch alles verdorrte, auf die Wälder und bebauten Felder von Vietnam niedergehen. Den ganzen September 1967 hindurch waren, wie das Ministerium zugab, 400 000 Hektar dieses vom Krieg verwüsteten Landes mit Entlaubungsmitteln, sogenannten Defoliantien, hauptsächlich mit 2,4-D und 2,4,5-T gesprüht worden. Und man begann damals das Verfahren noch zu beschleunigen. Nach einer Broschüre des Landwirtschaftsministeriums, die einen Monat später herauskam, „mußten 1967 manche Leute, die sonst mit 2,4,5-T arbeiten, statt dessen entlang von Eisenbahnlinien andere Chemikalien verwenden. Jedoch genügten die für Inlandverbraucher verfügbaren Vorräte, ... um für das Jahr 1967 eine ernste Verknappung auf dem Binnenmarkt zu vermeiden. Für 1968 wird die Erfüllung laufender Verträge für die Lieferung von

[2] Wissenschaft und Überleben

2,4,5-T zu Kriegszwecken den Nachschub für den Inlandgebrauch drastisch vermindern".

In den Jahren 1967 und 1968 requirierte das Verteidigungsministerium tatsächlich einen großen Teil der amerikanischen Produktion von 2,4-D und 2,4,5-T, die insgesamt etwa 6,4 Millionen Kilo betrug. (Ausgenommen davon waren kleine Packungen für amerikanische Hausbesitzer.) Diese Herbizide wirken vernichtend auf Bäume, Büsche und breitblättrige Pflanzen. Der Aktionsradius dieser Politik der verbrannten Erde, bei der Chemikalien aus der Luft eingesetzt wurden, erreichte ein noch nie dagewesenes Ausmaß.

Überdies mischte man 2,4-D mit Picloram – so lautet die gebräuchliche chemische Bezeichnung des von der Dow Chemical Company erzeugten Tordon – zu einem Defolians, das in Vietnam ‚White' genannt wird. Picloram, das für Pflanzen die giftigste jemals entwickelte Chemikalie sein soll, ist auch äußerst beständig im Boden. Vor mehreren Jahren wurden Maultiere in Amerika von einer Weide, die man mit Picloram behandelt hatte, auf ein Tabakfeld gebracht und zum Pflügen verwendet. Der Tabak, der darauf wuchs, war verkümmert und deformiert. Später entdeckten Wissenschaftler, daß das Picloram das Verdauungssystem der Maultiere unverändert passiert und die Tabakernte vernichtet hatte.

Angesichts der steigenden Besorgnis innerhalb der wissenschaftlichen Welt Amerikas ordnete das Verteidigungsministerium eine Untersuchung der Wirkungen seiner Entlaubungstaktik an. Diese Arbeit übernahm das Forschungsinstitut des Mittleren Westens[3], und man muß sich über die Unverfrorenheit dieses Institutes wundern. Da eine solche Untersuchung in der unter Beschuß stehenden Zone offensichtlich unmöglich war, führte das Institut sie ausschließlich in den USA durch und stützte sich dabei auf Interviews und auf Forschungsarbeiten in bereits vorhandenen Herbiziduntersuchungen. Der endgültige Bericht kam Anfang 1968 heraus, nachdem ihn die Nationale Akademie der Wissenschaften durchgesehen und dem Verteidigungsministerium zugeleitet hatte mit dem Kommentar, daß es eine „löbliche Arbeit" sei. Dieses Urteil wurde jedoch von Dr. Frederick Seitz, dem Präsidenten der

[3] Midwest Research Institute

Akademie mit der Bemerkung abgeschwächt: „Selbstverständlich ist die Zusammenstellung dieses Berichtes nur ein erster Schritt in der Untersuchung weiterer ökologischer Wirkungen einer intensiven Anwendung von Herbiziden."

Die Untersuchung gelangte zu dem Schluß, daß das in Vietnam laufende Entlaubungsprogramm dort keinen langfristigen Schaden anrichten werde. „Entlaubungsstudie erweckt Zweifel an langfristigem Schaden in Vietnam", verkündete eine Schlagzeile in der ‚New York Times'. Aber jeder, der sich die Mühe nahm, entweder den Bericht oder die auf ihm basierenden Zeitungsartikel zu lesen, erfuhr, daß seiner Schlußfolgerung eher Ignoranz als Tatsachenmaterial zugrunde lag. Sie gründete sich nicht auf unmittelbare Beobachtung, sondern auf die Anwendung von Herbiziden in der Land- und Forstwirtschaft der USA. Da weder das Klima noch das Ausmaß und die Methoden der Anwendung in den zwei Ländern auch nur einigermaßen ähnlich waren, ließ sich schwerlich behaupten, daß die Schlußfolgerung durch Tatsachen untermauert war. Der Bericht gab zu, man wisse nicht, ob die Entlaubung des Regenwaldes eine Reihe von seltenen Tieren endgültig zum Aussterben verurteilen werde; ob der dauernde Regen von Herbiziden die Qualität des Wassers in nahegelegenen Flüssen und Seen beeinträchtigen könnte; ob durch die ausgedehnte Entlaubung der Regenfall der Region beeinflußt werde; ob „die Entfernung der Walddecke vielleicht zur Folge haben könnte, daß sich bestimmte tropische Bodenarten in Laterit umwandeln, was die Leistungs- und Ertragsfähigkeit des behandelten Ökosystems außerordentlich und unwiderruflich herabsetzen würde".

Dieser Bericht, durch den das Verteidigungsministerium anscheinend die Angst der wissenschaftlichen Welt beschwichtigen wollte, ging nicht näher ein auf mögliche langfristige Wirkungen der Herbizidanwendung auf die Gesundheit des vietnamesischen Volkes. Doch fast gleichzeitig mit der Abfassung des Berichts entwickelten Naturwissenschaftler eine Theorie über die Wirkung von schwerwiegenden Veränderungen der Umwelt auf ‚vor dem naturwissenschaftlichen Zeitalter' lebende Bevölkerungsgruppen. In seinem Vortrag auf der 66. Jahresversammlung der Amerikanischen Anthropologischen Gesellschaft[4] erinnerte Dr. Alexan-

[4] American Anthropological Association

der Alland junior von der Columbia-Universität daran, daß die große Pest, die England im vierzehnten Jahrhundert verwüstete, möglicherweise zum Teil durch die Rodung von Waldland ausgelöst wurde.

„Es liegt jedoch Beweismaterial dafür vor, daß Störungen von normalen, d. h. langfristigen, ökologischen Gesetzmäßigkeiten und / oder Verhaltensmustern meist zu erhöhten Erkrankungsziffern und verringerter Lebensfähigkeit führen ... Erb- und Verhaltensanpassungen an Krankheit gehören zu einem allgemeinen Anpassungsprozeß an die Umwelt. Die Volksgesundheit hängt besonders bei einer Bevölkerung in der vor-naturwissenschaftlichen Zeit von solchen Anpassungen ab."

Dieses empfindliche Gleichgewicht wurde im vierzehnten Jahrhundert gestört, als wildlebende Nagetiere, die den Pestbazillus beherbergten, aus den dahinschwindenden Wäldern vertrieben wurden. Als sie die besiedelten Gebiete erreichten, gaben sie den Bazillus – wobei ein Floh als Überträger diente – an höchst anfällige Hausratten weiter. Nach dem Tode dieser Ratten suchten sich die Flöhe andere Wirte, meist Menschen. Wie man weiß, existieren ähnliche Pestherde in Vietnam und eine drastische Veränderung des Waldes könnte den wohlbekannten Ablauf der Ereignisse in Gang setzen.

Das Verteidigungsministerium würde, wenn es sein Vorhaben unbeirrt ausführt, auch beitragen zu der Flut von anfechtbarem Wissen, das den beunruhigenden Hintergrund der Pestizid-Kontroverse gebildet hat. Zu einem Zeitpunkt, zu dem Naturwissenschaftler gerade erst der verwirrenden langfristigen Wirkungen der Pestizidanwendung gewahr werden, könnten die Bemühungen, sie in vollem Maße zu ergründen, aus staatspolitischen Erwägungen einen Rückschlag erleiden. Das Verteidigungsministerium scheint sich nicht bewußt zu sein, daß es, selbst mit der Anwendung von ‚harmlosen' Herbiziden, noch zu den Martern Vietnams beiträgt.

„Wir wissen zu wenig von dem Wechselspiel der Kräfte bei ökologischen Problemen und können daher nicht erkennen, wie weitreichend und wie nachhaltig die Veränderungen in der Ökologie sein werden, die weiträumiges Sprühen von Herbiziden in Vietnam verursacht", schreibt Dr. Arthur Galston, Professor der Biologie in Yale und Präsident der Botanischen Gesellschaft Amerikas[5]. Vielleicht gehört es zu

[5] Botanical Society of America

diesen Veränderungen, daß die Menschen in den besprühten Gebieten unmittelbar geschädigt werden, und vielleicht erstrecken sie sich auch auf eine ernste und dauernde Schädigung von Boden und Landwirtschaft und erschweren noch die Erholung Südvietnams vom Krieg, gleichgültig, wer der ‚Sieger' ist."

Doch selbst ein Land, das Tag für Tag die Schrecken des Krieges erlebt, muß die Wirkung der Herbizide des Verteidigungsministeriums als einen schweren Schlag empfinden. Darauf machte Thomas O. Perry von der Harvard-Universität in einem Brief an ‚Science' aufmerksam:

„Die langfristigen Wirkungen des Sprühens in einem solchen Gebiet sind vielleicht nicht abzuwägen, aber die kurzfristigen Wirkungen der Anwendung dieser Chemikalien sind unbestreitbar: Blätter, Bäume, Reispflanzen und andere Vegetation sind in Massen vernichtet oder am Absterben; eine Menge Insekten, Vögel, Tiere und etliche Menschen sind entweder fortgewandert oder verhungert. Die Nordvietnamesen sind glücklich zu preisen – sie haben nur mit Bomben zu kämpfen."

Angesehene Gesellschaften stimmten in den lautstarken Ruf nach Vernunft ein. Die Amerikanische Gesellschaft für den Fortschritt der Wissenschaft drängte das Verteidigungsministerium im Sommer 1968, Arsenverbindungen in Vietnam nicht mehr zur Vernichtung von Reis und Elefantengras zu verwenden, bis dort eine gründliche Freilanduntersuchung der Wirkungen dieser Mittel erfolgt sei. Fast gleichzeitig beschloß die Ökologische Gesellschaft von Japan[6], von den USA zu verlangen, daß sie unverzüglich mit dem militärischen Masseneinsatz von Herbiziden und dem Niederbrennen des Waldes in Vietnam aufhören.

Mit dem Märchen, daß man Herbizide wahllos ohne schlimme Folgen in die Umwelt strömen lassen kann, wurde endlich aufgeräumt.

[6] Ecological Society of Japan

XVIII. DIE ZWEI GESICHTER DES STAATLICHEN GESUNDHEITSDIENSTES

Im Idealfall praktizieren die Behörden des Gesundheitsdienstes Schädlingsbekämpfung auf eine höchst selektive Weise. Ein Team des Gesundheitsdienstes, das die Malaria in einem tropischen Dorf bekämpft, nimmt sich nicht vor, die gesamte Moskito-Population des Gebietes auszurotten. Angriffsziel ist der Überträger – ein Lebewesen, das den Krankheitserreger auf den Menschen oder dessen Haustiere überträgt. Folglich nimmt das Team jene Moskitos unter ‚Massenbeschuß', die auf den Wänden der Häuser am Ort sitzen. Dies sind die mit Menschenblut vollgesogenen Insekten, die den Malaria-Erreger – ein parasitisches Sporentierchen – von einem Menschen auf den anderen übertragen. Wenn die Leute vom Gesundheitsdienst Rückstände hinterlassende Pestizide auf ausgewählte Oberflächen im Innern des Hauses anwenden, bemühen sie sich, das Gift mit dem Überträger an einer Stelle in Berührung zu bringen, wo mit größter Wahrscheinlichkeit die Weitergabe des Erregers unterbrochen wird.

Trotz der Tragödien, die sich als Folge von – selbst genehmigter – Pestizidanwendung ereigneten, haben diese Chemikalien in Weltgegenden, wo auf dem Gebiet der Volksgesundheit nur geringe Fortschritte zu verzeichnen sind, oft Wunder gewirkt. Der Schweizer Chemiker Paul H. Mueller, der DDT als Pestizid entwickelte, gewann 1948 den Nobelpreis für Physiologie und Medizin. DDT hatte im Zweiten Weltkrieg bei der Bekämpfung von Typhus und Malaria in Italien großartigen Erfolg gehabt und die gleiche Leistung später in anderen Ländern wiederholt. Damals erkannte man die Nebenwirkungen noch nicht; ebensowenig merkte man, daß die Wirksamkeit von DDT dadurch begrenzt wurde, daß Insekten, die – wie etwa Fliegen und Moskitos – das Angriffsziel bildeten, bald Resistenz dagegen entwickelten,[1] während die natürlichen Feinde dieser Insekten ausgerottet wurden. Schadinsekten blieben nicht nur am Leben, sondern gediehen prächtig.

Dazu schreibt Rudd in dem bereits erwähnten Buch: „Eine in größeren Mengen auftretende resistente Insektenpopulation wird weniger von einer angeborenen Überlegenheit herrühren als von Insektizidwirkungen auf Arten, die nicht Ziel der Bekämpfung sind und normalerweise mit den resistenten Formen konkurrieren oder auf sie Jagd machen.

Wiederholt zeigte sich bei Insekten von landwirtschaftlicher oder medizinischer Bedeutung, daß die natürliche Begrenzung ihrer Zahl aufgehoben wurde... In Sansibar vermehrten sich nach Sprühen mit Dieldrin Bettwanzen, Flöhe und Hühnermilben. In Rhodesien traten Bettwanzen, die gegen Hexachlorcyclohexan, DDT und Dieldrin resistent waren, in früher in diesem Gebiet unbekannten Scharen auf. In Phoenix in Arizona kamen aus Aborten, die man mit Dieldrin behandelt hatte, resistente Stubenfliegen in noch viel größeren Mengen als zuvor; der Grund scheint die Ausrottung einer hochempfindlichen konkurrierenden Fliegenart zu sein, deren Anwesenheit normalerweise den Inhalt von Aborten ungeeignet macht als Brutstätte für Stubenfliegen. A. B. A. Brown[2] hat darauf hingewiesen, daß sich nach Sprühmaßnahmen in Liberia, Nepal, Saudi-Arabien, Japan, Sizilien, Sardinien, Ägypten und Tanganjika Stubenfliegen noch stärker vermehrten. Die Liste wächst also; das Problem ist weltweit."

Allerdings gebietet, wie Rudd betont, die Größe der Volksgesundheitsprobleme in diesen Gebieten oft die Anwendung von chemischen Pestiziden. Die maßgebenden Leute des Staatlichen Gesundheitsdienstes nehmen Zuflucht zu neuen Chemikalien, manchmal auch zu stärkerer Dosierung, und behalten auf diese Weise die Oberhand über Moskitos und andere lästige Überträger von Krankheiten. Solche Notmaßnahmen sind in den meisten Ländern Nordamerikas oder Nordeuropas nicht erforderlich. So kann etwa die erfolgreiche Bekämpfung der Malaria in

[1] ‚Der stumme Frühling', S. 259–272.

[2] Rudd bezieht sich auf dessen Abhandlung ‚The spread of insect resistence in pest species' (‚Die Ausbreitung von Insektenresistenz bei Schädlingsarten'), die 1958 in ‚Advances Pest Control Research' S. 351–414 erschien.

den USA neben der Anwendung von Pestiziden noch einer Reihe von anderen Umständen zugeschrieben werden; zu ihnen zählen Erziehung der Öffentlichkeit, Beseitigung von Brutplätzen für Moskitos, der wirksame Schutz von Räumen durch Fliegengitter und die Erhöhung der Bundeshilfe für Neubauten. Sprühprogramme des Gesundheitsdienstes zur Bekämpfung von Krankheitsüberträgern sind mehr als zwecklos, wenn sie nicht von derartigen sozialen Maßnahmen begleitet werden.

Die Bemühungen der amerikanischen Regierung, die Problematik moderner Pestizidanwendung zu enträtseln und der Öffentlichkeit verständlich zu machen, weisen manche Schwächen auf. Das zeigt sich etwa in der Tätigkeit des Staatlichen Gesundheitsdienstes. Er ist sich der Giftigkeit chemischer Pestizide durchaus bewußt und beteiligt sich aktiv an Diagnose und Behandlung akuter Vergiftung durch Pestizide sowie an Überwachungsprogrammen, die deren heimtückischere, fast unmerkliche Wirkungen entdecken sollen. Andererseits aber befaßt er sich mit der Anwendung von Pestiziden, die von Organismen übertragene Krankheiten bekämpfen sollen. Selbstverständlich stehen beide Tätigkeiten unter dem Motto ‚Volksgesundheit'.

Der Gesundheitsdienst hat also fast ausschließlich mit den unmittelbaren – guten oder schlechten – Wirkungen von Pestiziden auf den Menschen zu tun. Bei der Aufgabe, bestimmte Pestizidprogramme zu bewerten, zieht er oft Konsequenzen, die sich nur auf einen einzigen Faden eines ungemein komplizierten Netzwerks gründen. Ist eine direkte Beziehung von Ursache und Wirkung zwischen Anwendung – oder Mißbrauch – eines Pestizids und der Gesundheit von Menschen nicht klar erkennbar, erklärt der Gesundheitsdienst, daß das Mittel keinen Schaden anrichten kann. Das Unvermögen, derlei Programme vor einem ökologischen Hintergrund zu sehen, kann jedoch schlimme Folgen haben: Entweder kommt es dadurch plötzlich zu aufregenden Katastrophen – wie jener, die über die Katzen und später über die Bevölkerung von San Joaquin hereinbrach – oder zu den verschleierten, langfristigen Umweltübeln, die für Naturschutzvertreter die Hauptsorge sind.

Das Ministerium für Gesundheit, Erziehung und Wohlfahrt – dem der Staatliche Gesundheitsdienst wie auch die Nahrungs- und Arzneimittelprüfstelle unterstellt sind – hat jetzt verschiedene wissenschaftliche Untersuchungen veranlaßt; man erhofft sich von ihnen einen wesentlichen Beitrag zum besseren Verständnis des Ausmaßes, in dem die Pestizide die Umwelt verseucht haben. Die Nahrungs- und Arzneimittelprüfstelle übernimmt zwar nicht die Registrierung von Pestiziden – das ist die Pflicht des Landwirtschaftsministeriums –, aber sie berät dieses und teilt ihm mit, ob Rückstände, die von einer bestimmten Chemikalie auf Lebensmitteln haftenbleiben, sich als gefährlich für den Menschen erweisen könnten oder nicht; die Prüfstelle setzt dann fest, welche Konzentrationen auf den Nahrungsmitteln, die durch das registrierte Pestizid vor Schädlingen geschützt werden sollen, zulässig sind. Besonderen Wert mißt diese Behörde ihrer wissenschaftlichen Untersuchung ‚der gesamten Kost' bei; es handelt sich dabei um Nahrungsmittel die von Sechzehn- bis Neunzehnjährigen, von heranwachsenden Jungen, konsumiert werden, die normalerweise unsere stärksten Esser sind. Im allgemeinen hat die Nahrungs- und Arzneimittelprüfstelle auf verschiedenen Lebensmitteln Rückstände gefunden, die weniger als ein Prozent der zulässigen Konzentration betragen.

Trotzdem empfahl im Jahre 1968 die Prüfstelle gemeinsam mit dem Landwirtschaftsministerium, daß DDT-Rückstände, die damals noch auf 36 Früchten und Gemüsen erlaubt waren, drastisch verringert werden sollten. Damals durften manche dieser landwirtschaftlichen Erzeugnisse noch DDT-Rückstände bis zu sieben Teilen pro Million aufweisen. Neue Höchstmengen an Rückständen von 3,5 Teilen pro Million wurden für Produkte von Avocatobirnen, Karotten, Kirschen und Zitrusfrüchte vorgeschlagen, Höchstmengen von einem Teil pro Million etwa für Rote Beete, Brombeeren, Blumenkohl, Erdnüsse, Himbeeren, Erdbeeren und Steckrüben. Weitere Verminderungen wurden für die nächsten Jahre erwogen. Denn nach Ansicht der Prüfstelle sind diese Rückstände höher als nötig für eine angemessene Schädlingsbekämpfung, wenn DDT gemäß den Anweisungen auf dem Etikett angewendet wird.

Der Schlüssel zu dem staatlichen Überwachungsprogramm für Pestizide liegt in den ‚Gruppenuntersuchungen', die der Staatliche Gesundheitsdienst unternimmt, ein Vorhaben, das seinen Untersuchungen über das Rauchen genau entspricht. Und zwar untersuchen Wissenschaftler eine typische Auswahl von Leuten aus der Bevölkerung nach Wirkungen von Pestiziden, denen sie ausgesetzt sind. Dieser Querschnitt umfaßt Menschen, die dauernd mit solchen Mitteln umgehen: Piloten von

Sprühflugzeugen, Arbeiter in Gewächshäusern, Leute, die berufsmäßig Pestizide anwenden, fanatische Hausfrauen, die schon beim Summen einer Mücke nach der Sprühdose greifen, usw.; ferner Zwischengruppen, darunter Bewohner von Städten, in denen dauernd gegen Stechmücken und Ulmensterben gesprüht wird oder die dicht neben stark besprühtem Ackerland liegen; schließlich noch die allgemeine Bevölkerung. Eine Vielfalt von Methoden wird in dieser ‚Volksüberwachung' angewendet. Gesunde Freiwillige werden überprüft, indem man Stichproben aus lebendem Gewebe entnimmt, Patienten, die operiert werden, liefern ‚Schnipsel' von Organen, die man entfernen muß, und Leichen, die man obduziert, liefern das wichtige Fettgewebe und verschiedene Organe. Man ist sich darüber einig, daß der Durchschnittsamerikaner, der weder in der Herstellung noch in der Anwendung von Pestiziden arbeitet, in seinen Fettgeweben Pestizidrückstände in Höhe von 12 Teilen pro Million in sich trägt. Die Untersuchungen des Staatlichen Gesundheitsdienstes werden noch genauere Informationen darüber liefern.

Anfangs konzentrierte sich der Gesundheitsdienst bei dieser Arbeit vor allem auf die akute Giftigkeit. Die älteren anorganischen Pestizide, wie etwa Arsenverbindungen, waren hochgiftig für den Menschen und verursachten heftige Krämpfe, die zum Tode führten. Die neue Gruppe synthetischer organischer Verbindungen, die als organische Phosphate bezeichnet werden – darunter vor allem Parathion[3] –, verursachen ebenfalls fast sofortige Vergiftungssymptome. Die anderen synthetischen organischen Pestizide jedoch, die chlorierten Kohlenwasserstoffe – wie DDT, Aldrin, Dieldrin, Endrin usw. –, sind, wie bereits gesagt, in ihren Wirkungen viel tückischer und irreführender. Heute sehen die Wissenschaftler vollkommen ein, daß es mindestens fünf, vielleicht sogar zehn Jahre dauern wird, bis die neuen Forschungsarbeiten darüber abgeschlossen sind.

„Man stirbt nicht, wenn man einen Karton Zigaretten raucht", sagte ein Wissenschaftler der Regierung. „Ebenso sind es nicht die akuten Formen einer Pestizidvergiftung, die den meisten Schaden stiften könnten. Man muß sich heutzutage ständig mit Giften beschäftigen, um auf dem laufenden zu bleiben."

[3] In Deutschland als E 605 bekannt.

Aber trotz dieses Interesses an Pestizidrückständen in der Umwelt trägt der Staatliche Gesundheitsdienst manchmal in seinen Bekämpfungsprogrammen für Krankheitsüberträger selbst wesentlich zu solchen Rückständen bei. Man denke nur an den Versuch, die Stechmücke *Aedes aegypti* in den USA, auf Puerto Rico und den Jungfern-Inseln auszurotten. *Aedes aegypti,* Überträgerin von Gelbfieber, war von den Sklavenschiffen, an deren Bord sie in den Wassertanks brütete, zusammen mit ihren menschlichen Wirten nach Amerika gebracht worden. Sie siedelte sich in großen und kleinen tropischen Städten Amerikas an und brütete hauptsächlich in den vom Menschen angefertigten Wasserbehältern. Das Virus, das von *Aedes aegypti* übertragen wurde, fand in den Menschen wie auch in bestimmten Affen Südamerikas geeignete Wirte, und das Gelbfieber wurde zu einer Geißel der Neuen Welt. Anfang dieses Jahrhunderts wurde es schließlich dort in den meisten Gebieten unter Kontrolle gebracht; in den USA ist seit 60 Jahren kein Fall von Gelbfieber mehr vorgekommen. Nur in einigen Gebieten Lateinamerikas besteht noch immer eine Dschungelfieber genannte Form, die durch Affen am Leben erhalten wird und von Moskitos auf den Menschen übertragen werden könnte.

Warum also stürzte sich im Jahre 1964 der Staatliche Gesundheitsdienst in einen Feldzug zur Ausrottung der Stechmücke *Aedes aegypti* in den USA, dessen Kosten auf 50 bis 100 Millionen Dollar geschätzt wurden? Der Gesundheitsdienst behauptete, daß er damit einen Vertrag erfülle, den die US-Regierung mit der Panamerikanischen Gesundheitsorganisation [4] geschlossen habe. Später, nachdem man mit dem Sprühen bereits begonnen hatte, erfuhr die Öffentlichkeit, daß kein solcher Vertrag existierte. Das Programm gründete sich auf eine Resolution des obersten Rates der Panamerikanischen Gesundheitsorganisation aus dem Jahre 1947; die Mitgliedstaaten waren darin aufgefordert worden, durch Ausrottung von *Aedes aegypti* ihr Scherflein zum Kampf gegen das Wiederaufleben des Gelbfiebers beizutragen.

Im Laufe der sechziger Jahre wurde die Regierung der USA von den lateinamerikanischen Staaten unter Druck gesetzt, auch weiterhin ihren Anteil an dem Programm zu leisten. Diese Staaten hatten jahrelang

[4] Pan American Health Organisation

hauptsächlich mit Sanierungsmethoden an der Ausrottung von *Aedes aegypti* gearbeitet. Man wußte, daß diese Stechmücke im Südteil der USA existierte, wo sie jedoch keinen Schaden anrichtete, weil dort kein Gelb- oder Denguefiebervirus vorhanden ist, das sie übertragen könnte. Aber nun äußerten die lateinamerikanischen Staaten die Besorgnis, daß *Aedes aegypti* irgendwie bei einer Verschiffung von Gütern verschleppt werden könnte. In Lateinamerika würde dieser gefährliche Moskito vielleicht mit Menschen in Berührung kommen, die im Urwald Gelbfieberviren aufgenommen hatten. Es bestand also die Möglichkeit, daß der tödliche Kreislauf noch einmal begann. Mit einer Schiffsfracht von alten Automobilreifen, in denen sich, während die Stapel auf einem Schrottplatz lagen, Regenwasserpfützen gesammelt hatten, waren anscheinend ein paar dieser Moskitos nach El Salvador gelangt. Man hatte die Stechmücken schnell beseitigt, aber die Angst davor blieb.

Nach dem Zweiten Weltkrieg war das Programm der Malariabekämpfung in Kriegsgebieten[5], das vom Zentrum für übertragbare Krankheiten[6] in Atlanta geleitet wurde, ein Hauptunternehmen des Staatlichen Gesundheitsdienstes. Es fiel jedoch während der Eisenhower-Regierung den wirtschaftlichen Sparmaßnahmen im Kongreß zum Opfer. In der plötzlich aufgetauchten Angst vor *Aedes aegypti* erkannten die Leute vom Zentrum für übertragbare Krankheiten nun eine günstige Gelegenheit, ihre frühere Bedeutung – und die damit verbundenen Geldzuwendungen – wiederzuerlangen.

Statt abgehende Frachten, die *Aedes aegypti* beherbergen könnten, zu sprühen, beschloß der Staatliche Gesundheitsdienst daher, ein großes Sprühprogramm in Szene zu setzen und die Stechmücke mit DDT auszurotten. Trotz des Mißerfolges anderer ausgedehnter Kampagnen, bei denen man chemische Pestizide anwendete, um eine ganze Art – wie etwa die Feuerameise – auszutilgen, stellte der Gesundheitsdienst, ohne auf Widerstand zu stoßen, sein Programm zusammen und trieb die Geldzuwendungen dafür auf; die Beamten brauchten nur das Wort ‚Epidemie' zu flüstern, obwohl wenig Aussicht bestand, daß in den USA eine ausbrechen könnte, und schon war jeder bereit mitzumachen.

[5] Malaria Control in War Areas Program (MCWA)
[6] Communicable Disease Center

Anlaß zu entrüstetem Geschrei gab tatsächlich erst die Entschlossenheit des Gesundheitsdienstes, *Aedes aegypti* wirklich ganz auszurotten. Als diese Behörde zu erreichen suchte, daß jedes staatliche und private Laboratorium die eigenen Bestände dieses Moskitos vernichtete, geriet die naturwissenschaftliche Zunft in Harnisch. Die Wahrscheinlichkeit, daß ein Moskito aus dem Laboratorium entkommt und in der Wildnis eine neue Population gründet, ist äußerst gering. Das trifft besonders in den nördlichen USA zu. Überdies ist *Aedes aegypti* ein unschätzbares Versuchsobjekt für die Forschung. Wie ein Wissenschaftler erklärte, „würde die Vernichtung der Kolonien einen Verlust von 25 Prozent der gesamten Forschungsarbeit über Moskitos auf der Welt bedeuten und gleichzeitig jahrelange Arbeit sowie den riesigen Grundstock an bereits angehäuftem Wissen praktisch wertlos machen".

Nachdem sich der Staatliche Gesundheitsdienst die Proteste der Entomologischen Gesellschaft von Amerika und anderer einflußreicher Organisationen angehört hatte, änderte er seine Pläne in dieser Richtung ab.

Nicht so erfolgreich war der Protest gegen die Pläne des Gesundheitsdienstes, DDT in der ganzen Umwelt zu verbreiten. Die Leute im Zentrum für übertragbare Krankheiten waren mit beiden Beinen in dieses Unternehmen gesprungen. Da der Kongreß die Gelder lieferte, erweiterte der Gesundheitsdienst das Programm so schnell, daß pensionierte, oft untaugliche Entomologen herangezogen wurden, um die Reihen der Mitarbeiter aufzufüllen.

Zu den Gegnern des Projekts, die am schärfsten protestierten, gehörte Dr. L. A. Terzian, Leiter der medizinischen Entomologie-Abteilung des medizinischen Forschungsinstitutes der Marine[7] in Bethseda in Maryland. In seiner Aussage vor einem Unterausschuß des Abgeordnetenhauses, der sich mit der Bewilligung von Geldern für das Ministerium für Gesundheitswesen, Erziehung und Wohlfahrt im Jahre 1965 befaßte, schilderte er die Lebensgewohnheiten von *Aedes aegypti:*

„*Aedes aegypti* ist ein tropischer, in Städten sich fortpflanzender und hausender Moskito, und er gesellt sich fast immer zum Menschen. Da er eine Stechmücke der Stadt ist und ziemlich schlecht fliegt, findet man ihn

[7] Medical Entomology Division of the Naval Medical Research Institute

normalerweise nie in großer Entfernung von menschlichen Behausungen. Dr. Fred Soper, Schöpfer des derzeitigen Ausrottungsprogrammes, hat selbst festgestellt, daß der Flug von *aegypti* auf einen Raum begrenzt bleibt, der innerhalb einer Entfernung von 23 bis 28 Metern vom Brutplatz liegt. Es ist also erwähnenswert, daß allein schon diese Eigentümlichkeiten selbst unter verhältnismäßig optimalen Bedingungen die schnelle Ausbreitung von *aegypti* auf entfernte Orte verhindern. Die Brutplätze sind fast ausschließlich auf künstliche Wasseransammlungen beschränkt, wie sie sich in Blechdosen, Regenfässern, Zisternen, alten Autoreifen, zerbrochenen Flaschen, Blumentöpfen und anderem Gerümpel finden. Mit anderen Worten: in den Abfällen, die man in jenen Stadtgebieten antrifft, wo die sanitären Einrichtungen erbärmlich und die Lebensbedingungen bestenfalls unter dem allgemeinen Standard liegen.

Wirklich kostspielig sind die Bekämpfungs- und Ausrottungsprogramme, die für andere Moskitos erforderlich sind, da diese in Gräben, Flüssen, Teichen, Sümpfen, auf freiem Feld, in kleinen Wäldchen oder Urwäldern aufgespürt werden müssen, und man Gräben ziehen, entwässern, sprühen und andere kostspielige Methoden benützen sowie einen ungeheuren Aufwand an Arbeit leisten muß; die Bekämpfung und Ausrottung von *Aedes aegypti* hingegen ist eine vergleichsweise einfache Sache gründlicher Säuberung und Sanierung ... In der Tat würde jedes Programm einer Sanierung und Besserung von Slums, in Übereinstimmung mit der in dieser Angelegenheit angekündigten Politik der gegenwärtigen (Johnson-)Staatsverwaltung, in den meisten Fällen einen Großteil der Kosten gerade dieses Projektes überflüssig machen."

Auch Shirley A. Briggs übte Kritik an dem Programm des Gesundheitsdienstes. In einem Artikel im ‚Atlantic Naturalist' betonte sie, daß wir vom Bau des Panamakanals an bis zum ausgedehnten Truppeneinsatz in den Tropen während des Zweiten Weltkriegs erfolgreich mit wirksamen Impfstoffen und energischer Sanierung gegen *Aedes aegypti* vorgegangen sind. Damals war DDT noch nicht auf dem Markt. Dann schreibt sie:

„Um die Anwendung von DDT zu rechtfertigen, behaupteten die Sprecher des Staatlichen Gesundheitsdienstes, daß die Eier von *aegypti* dauerhaft seien und sich später, wenn sich wieder Feuchtigkeit ansammle, weiterentwickeln könnten. Dies läßt den Hauptbestandteil von Sanierungsprogrammen außer acht: Nirgendwo darf sich Wasser genügend lange – etwa eine Woche – ansammeln und ein Ausschlüpfen der Larven ermöglichen. Hat das Insekt keinen Platz, an dem es die Eier ablegen kann, wandert es nicht einfach umher und läßt sie in der Hoffnung auf künftige Pfützen fallen... Es ist tatsächlich eines der zur Mitwirkung an den Zielen eines vernünftigen Sanierungsprogrammes am besten geeigneten Insekten.

Es ist auch – welche Ironie! – eines der am wenigsten für eine Bekämpfung mit DDT tauglichen Insekten. Sehr frühzeitig erhob sich – hauptsächlich bei Moskitos und Stubenfliegen – beim Gebrauch von DDT das Problem der Resistenz. *Aegypti* ist ein sehr heterozygotes, d. h. mischerbiges Insekt, wodurch eine Population mit vielen geringfügigen Abweichungen in der genetischen Struktur entsteht.[8] Das ist ein Grund für den Wert als Versuchstier, denn manchmal findet man Invividuen, die fast allem gegenüber resistent sind. Leicht können sich dabei merkwürdige Formen von Resistenz entwickeln. So wird nach dem wohlbekannten Muster das Sprühen im großen Maßstab mit DDT einfach schneller resistente Spielarten hervorbringen. Tatsächlich ist das bereits auf Jamaika, auf Haiti sowie auf einigen anderen karibischen Inseln geschehen.

Aber seit dem Auftauchen von DDT und den mit ihm verwandten Chemikalien scheinen die Beamten des Staatlichen Gesundheitsdienstes außerstande zu sein, an andere Angriffsmethoden zu denken. Ihre Reaktion auf die Entwicklung von Resistenz bei dem Insekt, das Ziel der Bekämpfung ist, wird wahrscheinlich die Suche nach giftigeren Chemikalien sein, für die dann die gleichen Nachteile gelten. Auf neuen Inseln mit Resistenz hat man anscheinend in ratloser Bestürzung bereits Programme abgebrochen."

[8] Allgemeines Mißverständnis herrscht bezüglich der Entstehung von Resistenz bei Insekten. Resistenz wird nicht von einem bestimmten Individuum als Reaktion auf eine oder mehrere Pestizidanwendungen erworben. Vielmehr enthalten ein paar Individuen in ihren Erbanlagen bereits die Eigenschaften, die sie resistent gegenüber einer bestimmten chemischen Verbindung machen. Infolge dieser ‚unnatürlichen' Auslese überleben sie und geben diese Eigentümlichkeit durch den genetischen Code an ihre Nachkommen weiter. So entsteht schließlich eine überwiegend resistente Population.

Eine weitere Ironie war, daß der Gesundheitsdienst seine Sprühkolonnen in Florida wüten ließ, von dessen Gesundheitsamt seit fast zehn Jahren weder DDT noch irgendein anderer chlorierter Kohlenwasserstoff als Bekämpfungsmittel für Moskitos empfohlen worden war. Das Gesundheitsamt wurde tatsächlich gezwungen, das Programm des Staatlichen Gesundheitsdienstes durchzuführen – das einzige dieser Art in Florida.

Die Reaktion der Öffentlichkeit erfolgte umgehend. Irwin W. Fritz von der Audubon-Gesellschaft Floridas schrieb im ‚Florida Audubon' vom Juli 1965: „Der Aufsichtsbeamte für das Gebiet von Palm Beach und sein Trupp gingen gegen die Bevölkerung mit geradezu polizeistaatlicher Härte vor. Die Sprühkommandos durchtränkten das Gebiet mit DDT, als müßten noch vor einem nahen Stichtag eine bestimmte Anzahl Tonnen Pestizide verteilt werden."

Und Shirley Briggs erzählte vom Brief eines Naturschutzvertreters aus Florida, der erklärte: „Wenn der Staatliche Gesundheitsdienst versicherte, den Wildtieren werde kein Schaden zugefügt, so hielt man überhaupt erst Monate später nach einem solchen Schaden Umschau und hatte vor dem Sprühen natürlich keine Kontrolle vorgenommen, um die Tierbestände vergleichen zu können... Es war das nur allzu vertraute Bild: unfähige und ungebildete Leute sprühten, es fehlte an richtiger Aufsicht, und verantwortliche Beamte erteilten einem eine Abfuhr."

Der allgemeine Entrüstungsschrei bewirkte einige Verbesserungen. Man verringerte den Gehalt der DDT-Lösungen, verwendete andere Chemikalien statt DDT, sprühte nur auf Grundbesitz, wo man tatsächlich Moskitos entdeckte, und verzichtete auf Sprühmaßnahmen auf Land, dessen Eigentümer Einspruch erhob. Die Betreuungsstelle für Fische und Wildtiere beteiligte sich stärker an dem Programm, forschte nach Verlusten an Wildtieren und bot ihren Rat an.

Das Programm, das niemals hätte genehmigt werden dürfen, fand schließlich ein unrühmliches Ende. Ehe Präsident Lyndon B. Johnson sein Amt niederlegte, enthielten die Haushaltvorschläge eine Notiz, daß 905 000 Dollar beiseitegelegt werden sollten, um das *Aedes aegypti*-Programm im Jahre 1970 weiterzuführen. Die Staatsverwaltung unter Präsident Nixon, die nach schwachen Stellen im Budget suchte, strich das Programm.

Heute gewinnen die Weltgesundheitsorganisation und andere um die Volksgesundheit bemühte Gruppen in ihrem Kampf gegen Krankheiten, die von Insekten übertragen werden, immer mehr an Boden. Indem sie geschickt sanitäre Maßnahmen mit Pestiziden verbinden, vertreiben sie Malaria und andere Geißeln der Menschheit aus so riesigen Ländern wie Indien und der Sowjetunion. Die gegen die Malaria übertragenden Moskitos in Indien angewendete Menge DDT stieg von 375 Tonnen im Jahre 1952 auf 21 000 Tonnen im Jahre 1961 und sank dann 1964 auf 8700 Tonnen ab. Dies wiederholt sich in vielen Gegenden der Welt.

Aber die geringer werdende Abhängigkeit der Behörden des Gesundheitsdienstes von chemischen Pestiziden bedeutet nicht, daß auch die weltweite Nachfrage nach diesen Mitteln abnimmt. Da allerlei Maßnahmen für die Volksgesundheit immer mehr Menschenleben retten, schwillt die Bevölkerung der Welt zu unkontrollierbaren Massen an. Es gilt die zusätzlichen hungrigen Mäuler zu füttern und der Gedanke liegt nahe, daß man in dem Versuch, landwirtschaftliche Schädlinge zu bekämpfen, immer größere Mengen von Pestiziden verwenden wird.

XIX. „BIOLOGISCHE SCHWÄCHLINGE UND UNVERBESSERLICHE IGNORANTEN"

Ralph Nader, ein bekannter Kritiker von Verwaltungsstellen der Industrie und der Regierung, hat das Landwirtschaftsministerium der USA „the Department of Agribusiness"[1] genannt. Man braucht diesem Ministerium keineswegs feindlich gesinnt zu sein, um zu erkennen, wie treffend diese Bezeichnung ist. Die Hauptaufgabe des Landwirtschaftsministeriums ist es, einer einzelnen Gruppe amerikanischer Geschäftsleute – den Farmern – zu dienen. Natürlich ist es noch mit anderen Pflichten belastet, einschließlich der Versorgung der Verbraucher und damit aller amerikanischen Bürger. In erster Linie ist es jedoch den Farmern und der landwirtschaftlichen Interessengruppe verpflichtet und wird von dieser Seite auch am häufigsten unter Druck gesetzt.

Die moderne Technisierung hat die Schwierigkeiten, die dem Landwirtschaftsministerium im Wege stehen, wenn es seinen Verpflichtungen gegenüber der Landwirtschaft nachkommt, genauso erhöht, wie sie die Aufgaben aller anderen Aufsichtsbehörden der Regierung kompliziert hat. Das gehört zu dem Dilemma unserer Zeit. Das Landwirtschaftsministerium ist nicht das erste, das sich, ehe es merkte, was geschehen war, auf eine Reihe widersprüchlicher Standpunkte festgelegt sah. Dies gilt besonders für seine Bemühungen, sich mit dem Pestizidproblem auseinanderzusetzen. Wir wollen versuchen, uns ein Bild von den Nöten der Landwirtschaft zu machen.

Als die USA noch ein Volk von kleinen Farmern waren, hatte das Landwirtschaftsministerium enorme Verpflichtungen. Durch seine Forschungsarbeit und finanzielle Unterstützung, seinen fachkundigen Rat

[1] zusammengezogen: agriculture und business (= Geschäft)

und Einfluß auf die landwirtschaftliche Gesetzgebung spielte es eine unentbehrliche Rolle in der Entwicklung der leistungsfähigsten – wenn auch gelegentlich die Umwelt zerstörenden – Landwirtschaft, die die Welt jemals gesehen hat.

Manchmal, besonders nachdem man die überschwenglichen Schriften der chemischen Industrie gelesen hat, fällt es schwer, sich ins Gedächtnis zurückzurufen, daß die gewaltig ansteigende Kurve der landwirtschaftlichen Produktion in den USA schon in den dreißiger Jahren begann. Damals war DDT nur eine Formel auf einem Stück Papier, das in einem verstaubten Aktenordner steckte. Zu dem gesteigerten Ertrag amerikanischer Farmen trugen viele Umstände bei – Düngemittel, neue Maschinen, Wasserregulierungen und verbessertes Saatgut. Auch Schädlingsbekämpfungsmittel hatten die Farmer zur Verfügung. Um ihre verschiedenen Schädlingsprobleme zu lösen, griffen sie zu Arsen- und Fluorverbindungen, Petroleum, Schwefelkalk, Dinitroverbindungen und Pflanzenstoffen wie Echte Meerzwiebeln, Rotenon, Pyrethrum und Nikotin. Hier und da erlitten die Farmer Verluste, aber die Gesamterträge nahmen zu, Überschüsse sammelten sich an, und man pflügte sogar Feldfrüchte unter. Hand in Hand mit technischen Neuerungen traten unterdessen noch folgenreichere Veränderungen ein. Gegen Ende des Zweiten Weltkrieges hatte sich die Landwirtschaft von einer Lebensform zu einer Industrie entwickelt. Der Farmer machte sich die Auffassungen und die Lebenshaltung des Fabrikanten zu eigen. Die kleine Familienfarm, die einst eine Vielfalt von Früchten, Gemüsen und Milchprodukten erzeugt hatte, schloß sich nun mit einem Dutzend anderer Farmen zusammen und bildete mit ihnen eine einzige riesige ‚Fabrik-Farm', die nur eine Feldfrucht anbaute. Im Interesse der Wirtschaftlichkeit diente jede Maßnahme, ja die Konstruktion jeder Maschine dem Zweck, diese Feldfrucht anzupflanzen, hochzupäppeln und zu ernten, ob es sich nun um Sellerie, Äpfel, Mais oder Sojabohnen handelte. Und in die Lexika wurde ein neues Wort – Monokultur – aufgenommen.

Monokultur ist ein Wort, das den Ökologen schaudern läßt. Die beständigste natürliche Gemeinschaft ist eine kompliziert zusammengesetzte. Das unendlich verwickelte Gewebe des Lebens in der Natur bildet ein Kontroll- und Gleichgewichtssystem, das für gewöhnlich die Massenvermehrung einer bestimmten Spezies unterdrückt und den Untergang einer anderen verhindert. Die üblichen ökologischen Untersuchungen stellen einen tropischen Regenwald als eine stabile Gemeinschaft dar, in der eine fast unbegrenzte Vielfalt von Pflanzen und Tieren in dem dynamischen ‚Geben und Nehmen' gedeiht, das wir manchmal ‚das natürliche Gleichgewicht' nennen; umgekehrt betrachtet man eine arktische Tundra als eine unbeständige Gemeinschaft, in der die fehlende Mannigfaltigkeit von Zeit zu Zeit den dramatischen Zusammenbruch von Tierpopulationen auslöst.

Monokultur ähnelt also ein wenig einer Bombe: Sie ist geschaffen worden, um einen Gewinn zu erzielen und trägt die Elemente einer Katastrophe in sich. Werden Kartoffeln in niemals unterbrochener Einförmigkeit angebaut, verringert sich die Mannigfaltigkeit der Insekten und der anderen Organismen, die einst die Landschaft bewohnten. In die Lücke schlüpft eine geringe Anzahl von Lebewesen – wie der Koloradokäfer, die Kartoffelzikade, der sogenannte Kartoffel-Flohkäfer, dessen Larven die Knollen angreifen, während die Käfer selbst die Blätter fressen, und andere mehr; sie alle haben eine Vorliebe für Kartoffelpflanzen miteinander gemein. Wie die Made im Speck gedeihen die Neuankömmlinge üppig. Aber dabei überschreiten sie jene Grenzlinie, die das unbekannte Insekt vom Schädling scheidet.

Ein Bericht des Ribicoff-Unterausschusses erklärt (1966): „Die Population eines Lebewesens vermehrt sich infolge einer Störung der Umwelt bis zu der wirtschaftlich untragbaren Schwelle, an der ein Schädling daraus wird. Bekämpfungsmaßnahmen bedeuten eine weitere Störung."

Kulturpflanzen, die ja von Natur aus biologische Schwächlinge sind, finden im Zusammenschluß keine Sicherheit. Monokultur setzt sie nur einem noch konzentrierteren Angriff aus. Populationen von Insekten, die zuvor von der ‚Resistenz' der Umwelt in Schach gehalten wurden, vermehren sich explosionsartig. Kein Wunder also, daß die Praktiker der Monokultur am Ende des Zweiten Weltkrieges kritiklos die Einführung von DDT akzeptierten und es als Allheilmittel für die von ihnen selbst heraufbeschworenen Probleme ansahen.

„Jedermann überschlug sich vor Begeisterung über DDT", sagt ein Fachmann im Landwirtschaftsministerium. „Man vergaß bewährte Ackerbaumethoden. Ein Farmer braucht einige chemische Bekämpfungsmittel, aber er braucht auch andere Dinge. Bei der Bekämpfung von

Fliegen etwa bemühten sich viele Farmer nicht einmal mehr, den Dung wegzuschaffen. Laßt das DDT die Arbeit machen, meinten sie. Glaubt ein Farmer, Chemikalien könnten versprüht werden, um schlechte landwirtschaftliche Praktiken zu überdecken, ist er schon geschlagen, bevor er anfängt."

Daß das Landwirtschaftsministerium sich übermäßig für die neuen Pestizide begeisterte, läßt sich leicht verstehen. Der erfolgreiche Farmer als Geschäftsmann mit riesigen Ländereien, mit einer College-Ausbildung und modernen Maschinen war nicht mehr so sehr vom Landwirtschaftsministerium abhängig wie der wenig gebildete einfache Bauer, der sich noch bis zwei Jahrzehnte zuvor mit seinem kleinen Stückchen Land abgeplagt hatte.

Das Landwirtschaftsministerium handelte daher in der althergebrachten Art aller Bürokratien, die ihre Stellung durch schwindende Verpflichtungen bedroht fühlen. Sein Drang, Programme zu ersinnen, die ihm die Illusion von emsiger Geschäftigkeit gaben, war besonders offensichtlich auf dem Gebiet, mit dem wir uns hier befassen. Mit Feuereifer förderte es die Anwendung von Pestiziden und war kampfbereit, sobald von einem Schädling gemunkelt wurde. Aber ein Insekt als einen Schädling zu brandmarken, wenn es in so geringen Mengen auftritt, daß es dem Menschen nicht ernstlich lästig wird, ist ebenso naturwissenschaftlich wie sprachwissenschaftlich falsch.

Zu dem hier geschilderten Verhalten des Landwirtschaftsministeriums trug noch ein anscheinend unausrottbarer Mangel an wissenschaftlicher Betrachtungsweise bei vielen seiner Angestellten bei. Der Ökologe Frank Egler hat ihn treffend gekennzeichnet:

„... Wir müssen uns darüber im klaren sein, daß Agronomen auf eine bestimmte Spezies eingestellt sind. Sie bemühen sich innerhalb eines Jahres oder sogar binnen mehrerer Monate die reichsten Früchte mit den geringsten Kosten anzubauen und zu ernten. In ihrer Ausbildung und in ihrem Denken stehen sie in Zeit und Raum dem komplexen Ökosystem fremd gegenüber. Sie erstreben eine vereinfachte, wenn auch äußerst labile Umwelt."

Allzu viele Beamte des Landwirtschaftsministeriums betrachten Warnungen vor der wahllosen Anwendung von Pestiziden als eine Bedrohung ihrer selbst und der amerikanischen Landwirtschaft. Und die Veröffentlichungen dieses Ministeriums lesen sich häufig, als hätten die Public-Relations-Abteilungen bestimmter chemischer Firmen sie zusammengestellt. Kaum ein anderes Ministerium versteht es so gut, sich der Öffentlichkeit gegenüber in Szene zu setzen. Besonders die Außendienststellen haben die Farmer unentwegt mit Ratschlägen und Instruktionen überschüttet, die in manchen Fällen von Naturschutzvertretern – aber auch von klugen Landwirten – als sehr problematisch beurteilt werden.

„Außendienststellen sind mehr als alle anderen Kräfte für das heutige Bild der Landnutzung verantwortlich", schrieb 1960 Ian McMillan, der kalifornische Viehzüchter und Naturforscher in ‚The Condor'. „Sie haben – wenn auch noch so arglos – ohne Rücksicht auf Endergebnisse zur unverzüglichen maximalen wirtschaftlichen Ausbeutung des Landes ermutigt und geraten ... Niemals habe ich bei ihnen echte Sorge um die Zukunft bemerkt. Dank ihrem Einfluß und ihrer Bevormundung sitzen heute in den lokalen Büros auf den führenden Posten unverbesserliche Ignoranten."

Das Landwirtschaftsministerium hat immer darauf gedrungen, daß sich die Leute, die Pestizide anwenden, dabei der richtigen Verfahren bedienen. Bei den eigenen Programmen gegen den Japanischen Käfer und die Feuerameise hat es sich bestimmt an diese Anweisung gehalten, doch beide Programme endeten mit ökologischen Katastrophen. Nur ein Entrüstungsschrei der Öffentlichkeit zwang das Ministerium, sie abzuändern. Zu Beginn des Feldzugs gegen die Feuerameise etwa bombardierte es dieses Insekt und alles andere, was gerade in die Quere kam, in ausgedehnten Gebieten des Südostens mit 2,24 Kilo Heptachlor pro Hektar. Rachel Carson schilderte den Feldzug als „eine Maßnahme, deren Notwendigkeit man stark übertrieb und die man nach solcher Begründung unüberlegt begann, ohne die Dosis des Giftes, das zur Vernichtung des Insekts erforderlich war oder die Wirkungen auf andere Lebewesen wissenschaftlich einwandfrei festzustellen".[2] Infolge der Angriffe verringerte das Ministerium die Dosierung auf 1,4 Kilo und dann auf 0,28 Kilo pro Hektar, die man in Abständen von drei bis sechs Monaten anwandte. Schließlich wurde, nach den eigenen Worten des Land-

[2] ‚Der stumme Frühling', S. 152

wirtschaftsministeriums „Heptachlor ersetzt durch den viel weniger giftigen Mirex-Köder, der erheblich ungefährlicher ist als Heptachlor".

LaMont Cole hat die berufliche Unsicherheit des Farmers kurz zusammengefaßt:

„Moderne Farmer bauen riesige Flächen mit einer einzigen Spielart einer Feldfrucht an, denn sie glauben, daß dieses Verfahren wegen der Mühelosigkeit des Anpflanzens, Bestellens und Erntens die Ertragsfähigkeit erhöht. Die moderne Entwicklung läuft auch auf unkrautfreie Kultivierung hinaus, auf die Beseitigung von Hecken zwischen den Feldern und die Vernichtung von Gesträuch am Straßenrand. Alle diese Praktiken verringern die Vielfalt der Arten und bewirken mit Sicherheit, daß der Mensch mit Arten, die diesen Verhältnissen gut angepaßt sind, in einen Konkurrenzkampf um die Ernte geraten muß. Bemüht er sich, Schädlinge in der Form zu bekämpfen, daß er ein Pestizid mit breitem Wirkungsspektrum anwendet, vermindert sich die Mannigfaltigkeit der Arten noch weiter und die dem System von Natur aus innewohnende Stabilität nimmt ab. Und ist das Pestizid ein Mittel, das Rückstände hinterläßt, so daß der Boden gifthaltig wird, beginnt sich das Land dem ökologischen Zustand eines Salzsees zu nähern, es wird zu einer Umwelt, der sich nur wenige Arten anzupassen vermögen, in der jedoch diejenigen, denen dies gelingt – vorausgesetzt, daß ein reichlicher Futtervorrat für sie vorhanden ist –, dazu neigen, ungeheuer große Populationen aufzubauen."

Das ergibt eine Fülle von Problemen. Selten beseitigen Pestizide die Population, die das Angriffsziel bildet. Ein paar Schadinsekten, vor allem jene, die sich gegenüber der besonderen chemischen Verbindung, die angewendet wird, als genetisch resistent erweisen, bleiben am Leben.

Alle Insekten – wenn sie nicht wie die Bienen reichlich bewiesen haben, daß sie mit uns zusammenarbeiten – werden vom Landwirtschaftsministerium oft als Feinde in einen Topf geworfen. Das fordert besonders hohe Opfer unter den räuberischen Insekten. Sie sind aus einer Reihe von Gründen selten so resistent gegen Chemikalien wie die Pflanzenschädlinge; sie sind weniger zahlreich und haben daher statistisch geringere Aussichten zu überleben; wird ihr Futter, die Schädlingsart, knapp, haben räuberische Formen weniger Nachkommen und somit auch geringere Möglichkeit, sich zu vermehren und eine resistente

Spielart hervorzubringen; und schließlich speichern räuberische Arten, wenn sie große Mengen von bereits vergifteten Schadinsekten verzehren, eine kräftige Dosis der tödlichen chemischen Verbindung und werden ausgerottet. Dadurch entfällt eine wichtige Kontrolle der schwer angeschlagenen Populationen von Schädlingen, die nun eine Gelegenheit erhalten, sich noch einmal bis zur Höchstmenge zu vermehren. Wie Robert L. Rudd sagt, „führt die Insektenbekämpfung meist weder zu völliger Beseitigung der Schädlingsart noch wird die Notwendigkeit, sie zu bekämpfen, geringer".

Selbst unsere ‚Mitarbeiter', die für unsere Wirtschaft lebenswichtigen Insekten, werden oft in dem Durcheinander niedergemacht. Organismen, die notwendig sind, um Böden gesund zu erhalten, verschwinden unter einem Regen von Pestiziden. Blüten bestäubende Insekten, von denen der Fortbestand unserer meisten Ackerpflanzen, die keine Gräser sind, abhängt, gehen ebenfalls zugrunde. Daß die Einstellung des Landwirtschaftsministeriums zum Gebrauch von Pestiziden in der Praxis versagt hat, zeigt sich nirgends so kraß wie in der Unfähigkeit, die bestäubenden Insekten zu schützen.

Über die Gefahren, die für wildlebende Tiere durch die zunehmende Anwendung von chemischen Pestiziden in der Landwirtschaft bestehen, ist viel geschrieben worden. Der Farmer oder der Beamte, der seinen Kreuzzug gegen Insekten in der Hoffnung führt, damit die Nahrungsproduktion zu erhöhen, läßt diese Gefahren oft außer acht. Er bezeichnet seine Kritiker verächtlich als ‚Vogelnarren' oder ‚Mystiker'. Dabei ist er derjenige, der den Kopf in den Sand steckt. Der Verlust eines Vogels infolge von Umweltverseuchung versetzt dem gesamten Lebensfundament einen Stoß. Ökologen wissen heute, daß es ein Anzeichen für eine Erkrankung der Umwelt ist, wenn Vögel, Eidechsen oder beliebige Geschöpfe den Machenschaften des Menschen zur Unterjochung der Natur in großer Zahl zum Opfer fallen. Am Ende werden wir alle in Mitleidenschaft gezogen werden.

Heute haben wir jedoch noch etwas anderes erkannt, das vielleicht für manche Leute von sogar noch größerem Interesse ist: Die vernichtenden Praktiken, die Singvögel und Fische töten, treffen auch unsere Wirtschaft. Man tut gut, sich zu vergegenwärtigen, daß Verunreinigung aller Art – ob sie nun in Kloakenwasser aus Häusern, Fabrikabwässern oder chemischen Pestiziden besteht – der Bevölkerung eine erhebliche Menge Geld kostet.

Erst neuerdings hat die Besorgnis über die Gefahren von Pestiziden für nützliche Insekten und somit für die Landwirtschaft selbst, immer weiter um sich gegriffen. Bis heute mußte sich der Entomologe, der aufrichtig besorgt war über die wahllose Vernichtung von Insekten, hauptsächlich darauf verlassen, daß im entrüsteten Protestgeschrei gegen den Mißbrauch von Insektiziden der Vogelbeobachter und der Fischer die Führung übernahmen. Nebenbei bemerkt werden von den drei Millionen dem Menschen bekannten Insektenarten nur 30 000 oder ein Prozent als Schädlinge angesehen. Plötzlich hat das Gemetzel einen solchen Umfang angenommen, daß die Auseinandersetzung darüber von der ökologischen auf die ökonomische Sphäre übergriff. Die ‚Agribusiness-Clique' darf daher ihr Augenmerk nicht mehr ausschließlich auf die ‚echten Segnungen' der Pestizidanwendung richten, sondern muß vor allem deren Kosten bedenken.

Die Vernichtung nützlicher Insekten – besonders von Bienen – durch Insektizide ist nicht ein ausschließlich modernes Problem. Bleiarsenat zerstörte unzählige Bienenvölker, die Apfelbäume bestäubten, weil es angewendet wurde, ehe die Bäume blühten. Die Entwicklung von Ölen, die während der Winterruhe gespritzt wurden, löste dieses Problem teilweise, weil der Bauer nun die Anwendung von Bleiarsenat aufschieben konnte. Aber die lawinenartige Zunahme des Gebrauchs von Insektiziden in den letzten Jahren hat die Probleme des Imkers in ähnlichem Grade vermehrt. Ein Beispiel für die wachsende Schwierigkeit, Bienenvölker in Ackerbaugebieten zu halten, ist die Einführung von Sevin, wie ein Handelsname für Carbaryl, ein Insekten vertilgendes Carbamat, lautet.

Da sich Sevin in der Umwelt leicht zersetzt, wird es im allgemeinen von Naturschutzvertretern mit Wohlwollen betrachtet. Ja, es wurde überall mit Beifall begrüßt, wenn es an die Stelle von beständigen Pestiziden wie DDT trat. Doch gerade weil Sevin nicht beständig ist, muß es während der Wachstumszeit wiederholt angewendet werden und kommt so unvermeidlich mit Bienen in Berührung. Da Sevin in ausgedehntem Maße benützt wurde, um in bestimmten Gebieten Schwammspinner, in anderen Ohrwürmer zu bekämpfen, hat es sich als ein Fluch für Bienenzüchter erwiesen. Der Staat Washington ist ein typisches Beispiel für das landwirtschaftliche Dilemma, das sich daraus ergab. Catherine May, die Kongreßabgeordnete aus Washington, brachte das Problem 1968 vor dem Abgeordnetenhaus zur Sprache:

„In meinem Staat hat die Anwendung des chemischen Pestizids Sevin zur Bekämpfung von Ohrwürmern auf Zuckermais zur Folge, daß Bienen, die für die Bestäubung vieler Feldfrüchte notwendig sind, vergiftet werden. Ohne die Anwendung eines Pestizids verursacht der Ohrwurm beträchtlichen Schaden an Zuckermais, und gegenwärtig scheint Sevin das einzige verfügbare Bekämpfungsmittel für diesen vernichtenden Schädling zu sein ... Diese Situation hat ernste Folgen für die amerikanische Landwirtschaft, denn die Produktion von Feldfrüchten kann offenbar von zwei Seiten bedroht werden. Ohne die Anwendung dieses besonderen Pestizids wird die Feldfrucht geschädigt, gebraucht man es aber, wird dadurch ein Insekt, das für andere Feldfrüchte lebenswichtig ist, vernichtet.“

In den USA gibt es etwa fünf Millionen Bienenvölker. Im Jahre 1967 wurden nach Clarence L. Benson vom Amerikanischen Imkerverband[3] 10 Prozent dieser Bienenstöcke durch Pestizide ausgetilgt. Über 70 000 Bienenvölker gingen in Arizona, 76 000 in Kalifornien zugrunde. In den letzten zwanzig Jahren nahm die Anzahl der Bienenstöcke stetig ab, obwohl die Landwirtschaft dringend Bienen zur Bestäubung braucht und nach Schätzung des Landwirtschaftsministeriums das Zwanzigfache der vorhandenen Bienenvölker nötig wäre, um den Bedarf zu decken.

Es dauerte lange, bis sich das Landwirtschaftsministerium mit diesem Problem auseinandersetzte, und in Wirklichkeit war dabei das Innenministerium führend. Im Sommer 1964 forderte Innenminister Udall in einem Erlaß an sein Ministerium Vorsichtsmaßnahmen, um eine Schädigung bestäubender Insekten zu vermeiden. Doch Landwirtschaftsminister Orville Freeman äußerte sich am Ende des gleichen Jahres in einer Bekanntmachung über die Pestizidpolitik viel weniger präzise zu dieser Frage, obwohl sein Ministerium für Untersuchungen auf dem Gebiet der Bienenzucht zuständig war.

[3] American Beekeeping Federation

Kürzlich hat das Landwirtschaftsministerium einige seiner Pestizidprogramme – so etwa in den Staatsforsten – im Hinblick auf die zunehmende Vernichtung von Bienen überprüft. Aber sein Personal arbeitet ja nur im geringen Maße mit Insektiziden, verglichen mit deren Anwendung durch unabhängige Farmer. Auf diesem allgemeinen Gebiet hat das Ministerium seine Verpflichtungen unzweifelhaft vernachlässigt, wie Clarence Benson 1968 auf einem Treffen von Imkern und Kongreßabgeordneten darlegte:

„Ein solches auf die Vernichtung der Honigbiene abzielendes Trommelfeuer von Chemikalien hat es in der Geschichte bisher nicht gegeben. Aber wie sieht es denn in Wirklichkeit aus?

Das Bundesgesetz verlangt, daß Insektizide registriert werden und macht ganz bestimmte Vorschriften für die Etikettierung. Verstoßen Aufschriften nicht gegen dieses Gesetz, wird sich in ihnen eine Warnung finden, daß der Stoff für Bienen giftig ist. Der Wortlaut ist verschieden, aber auf dem Etikett wird etwa stehen: ‚Nicht auf Feldfrüchte in Blüte anwenden!' Niemand könnte sich daher mit Unkenntnis der Wirkungen dieser Stoffe auf Bienen entschuldigen ... Im Gegensatz zu solchen Instruktionen empfiehlt die Bundesregierung in einer Veröffentlichung nach der anderen, diese Stoffe auf ‚Feldfrüchte in Blüte' anzuwenden.

So enthält das Landwirtschaftliche Handbuch Nr. 331 auf Seite 11 folgende Empfehlungen für die Amerikanische Kohleule: ‚Parathion nach Bedarf auf die Blätter'. ‚Farmers Bulletin' Nr. 2086 über den ‚Anbau verschiedener Kürbisarten' widmet dem Anpreisen von Insektiziden sieben Seiten. Nicht unterrichtet wird der Landwirt über die Bestäubungsbedingungen, obwohl bekannt ist, daß diese Feldfrüchte von Insekten bestäubt werden müsssen, um überhaupt Früchte hervorzubringen. Ebenso weiß man, daß diese Kürbisarten auch ohne Insektizide Früchte getragen haben ...

Die Bundesregierung empfiehlt aber nicht nur den Farmern, Insektizide entgegen den Vorschriften auf dem Etikett anzuwenden; sie befaßt sich auch selbst mit verschiedenen Programmen, bei denen man sich im Gebrauch von Insektiziden nicht an diese Anweisung hält. So war die Abteilung für die Bekämpfung von Pflanzenschädlingen in Zusammenarbeit mit dem Staat Kalifornien und dem Staat Arizona für die Vernichtung Tausender von Bienenvölkern verantwortlich. Abgesehen von dieser unmittelbaren Förderung und Anwendung von Insektiziden seitens der Bundesregierung, benutzen die verschiedenen staatlich subventionierten Colleges und die Außendienststellen des Staates Bundesgelder, um die Anwendung dieser Mittel entgegen den Instruktionen auf dem Etikett zu propagieren."

In letzter Zeit war das Landwirtschaftsministerium im allgemeinen geneigt, viele seiner Pestizidprogramme zu revidieren. Gleich anderen Bundesbehörden machte es sich unabhängiger von beständigen Pestiziden. 1965 verpflichtete sich auch der diesem Ministerium unterstellte Forstdienst bedingt dazu. Er kündigte an, daß er die Anwendung von DDT in seinen Sprühmaßnahmen auf ein Mindestmaß verringern werde, aber er versprach nicht, dauernd darauf zu verzichten.

Das Landwirtschaftsministerium hat auch eine löbliche Bereitwilligkeit gezeigt, mit anderen Bundesstellen zusammenzuarbeiten, um die Pestizidgefahren zu vermindern. Offensichtlich nahm es, von Orville L. Freeman geleitet, unter den Präsidenten Kennedy und Johnson eine solche Zusammenarbeit ernst.

Während seine Verbindlichkeiten der Landbevölkerung gegenüber abgenommen haben, erfüllt das Landwirtschaftsministerium weiterhin viele Pflichten. Zu ihnen gehört die Registrierung von Pestiziden, die in den USA auf den Markt kommen, und die Überwachung der Aufschrift auf Pestizidbehältern. Nachdem ‚Der stumme Frühling' erschienen war, führte das Ministerium ein strengeres System ein, um alle Anträge für die Herstellung und den Verkauf von Pestiziden zu überprüfen.

Noch sind Probleme vorhanden. Trotz guter Absichten an den höchsten Stellen des Ministeriums, werden Mißstände nur langsam beseitigt. Hat man auch nicht mehr vollkommen freie Hand, bleibt doch die Neigung bestehen, auf dem Ackerland alles Getier auszurotten, und häufig muß die amerikanische Landschaft Mengen von chemischen Sprühmitteln über sich ergehen lassen, die sie keineswegs braucht. Fähige Minister wie Freeman haben es schwer, Einstellungen und Methoden, die bei langjährigen Angestellten tief eingewurzelt sind, zu ändern. Und die auf dem Lande arbeitenden Angestellten werden wahrscheinlich nicht zu befreundeten Farmern sagen: „Also Jungs, wie sich herausstellt, hab' ich euch in den letzten zehn Jahren mit miesem Giftzeug übers Ohr gehauen!"

Ende 1968 wurde das Landwirtschaftsministerium vom Obersten Amt für das Rechnungswesen [4] angegriffen, weil es nicht energisch genug handele, um die Öffentlichkeit vor Pestiziden zu schützen, die „unter falscher Bezeichnung in den Handel gebracht, verfälscht oder nicht registriert" worden waren. Das Amt, das dem Kongreß als eine Art Wachhund dient, berichtete ihm, daß das Landwirtschaftsministerium das Bundesgesetz über Insektizide, Fungizide und Rodentizide durchdrücken wolle.

Der Bericht warf dem Landwirtschaftsministerium vor, 1. daß dessen Forschungsdienst [5] versäumt habe, einige möglicherweise schädliche Pestizide aus dem Verkauf zu ziehen; 2. daß es keine Verfahren habe, um zu bestimmen, wann Personen, die vermutlich gegen die Vorschriften verstoßen hätten, dem Justizministerium zur strafrechtlichen Verfolgung gemeldet werden sollten; und 3. daß es keinen der in den letzten dreizehn Jahren von ihm entdeckten Verstöße gemeldet habe. Allein 1967 wären bei den 4958 Proben, die man Pestiziden entnommen habe, 1147 Verstöße gegen die Vorschriften zu melden gewesen.

In einem Fall handelte es sich zum Beispiel darum, daß man ein Desinfektionsmittel an Krankenhäuser verkauft hatte, mit der Behauptung, es vernichte eine Bakterie *(Staphylococcus)*, die schwere Infektionen verursacht. Obwohl ein Bericht vom Januar 1965 erwies, daß das Produkt nicht zuverlässig war, verklagte das Landwirtschaftsministerium die schuldige Handelsgesellschaft nicht und hob zwei Jahre lang die Registrierung des Produktes nicht auf. Einige Monate, nachdem die Registrierung rückgängig gemacht worden war, verfrachtete die Handelsgesellschaft das Erzeugnis noch immer.

Als verhätschelter Schützling des Landwirtschaftsministeriums hat sich zum Farmer noch die chemische Industrie gesellt. Es ist schwierig, Loyalität auszurotten, die durch Tradition und gegenseitiges ‚Um-den-Bart-Streichen' gefestigt worden ist. Soll jedoch der Gedanke eines Ausschusses der Bundesregierung für Schädlingsbekämpfung überhaupt Gültigkeit haben, dann müssen die verschiedenen Bundesbehörden, gestützt auf feste Bewertungsmaßstäbe, so einstimmig sprechen, wie es

[4] General Accounting Office
[5] Agricultural Research Service

erforderlich ist, um unsere Umweltschwierigkeiten zu bewältigen. Bis dahin wird der Verwaltungsapparat, der regelnd eingreift und dazu ersonnen ist, die Öffentlichkeit zu schützen, an kritischen Punkten immer wieder zusammenbrechen.

XX. SPRÜHEN IST DAS EINZIG RICHTIGE

„Ich wunderte mich, wozu die Mausefalle da war", sagte Alice. „Es ist nicht sehr wahrscheinlich, daß auf dem Rücken des Pferdes Mäuse auftauchen."

„Vielleicht nicht sehr wahrscheinlich", sagte der Weiße Ritter; „aber sollten sie nun doch kommen, wäre es mir nicht lieb, wenn sie überall herumliefen."

Mrs. Darnell M. Hanna, eine Naturschutzvertreterin aus Sioux City, Iowa, schreibt: „Ich glaube, unser größtes Problem in Iowa ist die Politik der Staatsuniversität in Ames." Sie spielt auf eine – schließlich erfolgreiche – Kampagne an, die man 1967 dort einleitete, um ein brauchbares Programm zur Bekämpfung des Ulmensterbens aufzustellen.

„Die Universität hat die Anwendung von DDT gegen das Ulmensterben im ganzen Staat tatkräftig gefördert und sie hat ja unbeschränkte Möglichkeiten für ihre Propaganda", heißt es weiter in dem Brief. „Sie hat einen brandneuen Film herausgebracht, der die Anwendung von DDT empfiehlt, und kündigt die Vorführung überall an. Das Schlimmste daran ist, daß die Leute in den Städten ihrem Rat glauben und ihn befolgen."

Die leitenden Männer von Landwirtschaftsministerien einzelner Staaten, von Außendienststellen und Landwirtschaftscolleges haben mit dem Weißen Ritter ihren Eifer gemein, stets vorbereitet zu sein. Sie bieten jedem, der ‚Grünzeug' anpflanzen möchte – von Tausenden von Morgen Mais bis zu kleinen Rosengärten – ihren Rat an. Und dieser Rat lautet: Sprühen! Sei natürlich vorsichtig, aber sprühe. Sprühe, bevor die Pflanzen hervorsprießen; sprühe in diesem und jenem Wachstumsstadium;

sprühe beim ersten Anzeichen von Ungeziefer. Unvermeidlich richtet sich das Sprühen mehr nach dem Kalender als nach dem Bedarf.

Auf dieser örtlichen Ebene, wo die Mehrzahl der Menschen am stärksten von Programmen zur Schädlingsbekämpfung betroffen ist, finden wir wahrscheinlich die ärgsten Übelstände. Grundlagen für diese Programme sind meist nicht wissenschaftliche Prinzipien, sondern Staatszuschüsse, die aus politischen Erwägungen für lokale Zwecke abgezweigt wurden, und ein rühriger Vertrieb von Chemikalien. Besitzer von Baumschulen und gewerbsmäßige Sprüher haben sich, überfüttert mit Literatur der chemischen Industrie, genauso hinters Licht führen lassen wie viele Ärzte von den übertriebenen Behauptungen der Arzneimittelfabrikanten. Die gewerbsmäßigen Sprüher setzen ihrerseits vor jeder ‚Sprüh-Saison' die Stadtverwaltungen unter Druck. Wie Hausierer, die Patentmedizinen verkaufen, haben sie für jedes Übel ein Heilmittel bereit. Städtische Beamte machen ihrerseits bei den Firmen die Runde, um für ihr Geld die Höchstmenge Sprühmittel zu bekommen.

„Die größten Befürworter wahllosen Sprühens sind die aus der Schule entlassenen Burschen, und deren Kenntnisse beschränken sich gewöhnlich auf das, was ihre Professoren ihnen erzählt haben", meint ein städtischer Förster. „Meiner Meinung nach müssen manche dieser Professoren entweder Faulpelze sein oder chemischen Firmen so nahestehen, daß sie nicht imstande sind, ihren Studenten die richtigen Ansichten über die Bekämpfung von Pflanzenkrankheiten und von Insekten beizubringen. Ich habe einen jungen Absolventen zu einer Gruppe sagen hören, daß man nicht viel über Krankheiten und Insekten zu wissen brauche – man wende sich einfach an eine chemische Firma und die werde dann ein Programm zusammenstellen."

Und ob sie das machen wird!

Die so entworfenen Programme werden aufs Geratewohl abgewickelt, ohne eine Ahnung von der Wirkung, die sie auf die Umwelt haben.

Viele Gemeinden geben im Jahr Tausende von Dollars aus für den Versuch, Moskitos mit DDT auszurotten, selbst wenn von einem Gesundheitsproblem nicht die Rede sein kann. In manchen Fällen geschieht nicht mehr, als daß die Bürger eine kleine Behelligung gegen eine ernste Gefahr für die Umwelt abwägen und sich für die Gefahr entscheiden; meist glauben sie gar nicht, daß die Gefahr ernst ist.

Manchmal bringen eher wirtschaftliche als wissenschaftliche Erwägungen eine Gemeinde wieder zur Vernunft. Etwa von 1956 an ging am berühmten Sebago-See in Maine der Fang von Amerikanischen Süßwasserlachsen drastisch zurück. Der Rückgang fiel mit einer beträchtlichen Zunahme von DDT-Anwendung zusammen; damit hatten Eigentümer von Lagern und Erholungsstätten ihre angelnden Gäste vor Insektenstichen zu schützen gesucht.

Eine gründliche Untersuchung von staatlichen Biologen bestätigte das häufige Vorkommen von DDT-Rückständen in den Lachsen und die signifikante Abnahme von Größe und Zahl der gefangenen Fische. Diese Nachricht, verbunden mit Beschwerden der dortigen Kaufleute und Hotelbesitzer, daß sie seit Beginn des schlechten Fischfangs Geld eingebüßt hätten, machte endlich den Weg frei für einen Verzicht auf DDT in der Nähe des Sees.

Versuche, den Schwammspinner zu bekämpfen, haben manche staatliche Forstämter übertrieben stark beschäftigt. Dieses Insekt, das vor einem Jahrhundert in die USA gelangte, gedieh üppig, da keine räuberischen Arten vorhanden waren, die es in seiner Heimat Europa für gewöhnlich in Schach hielten. Alle Bemühungen, den Schwammspinner auszurotten, sind fehlgeschlagen. F. J. Trembley, ein Biologe an der Lehigh-Universität, schildert die Einbürgerung dieses Schmetterlings in unserem Land, wo die Raupe durch Fraß am Laub von Waldbäumen zum Schädling wurde:

„Schon seit langer, langer Zeit sind Schadinsekten auf der Erde umhergezogen ... Überleben eingewanderte Insekten überhaupt in ihrer neuen Heimat, vermehren sie sich meist ein paar Generationen lang übermäßig stark, dann sinkt ihre Zahl drastisch ab. Die neuen Einwanderer werden in das Ökosystem aufgenommen. Schädlinge wie die Schwammspinner können für die Bäume, auf denen sie hausen, nicht dauernd so vernichtend sein, wie sie anfangs erscheinen, sonst könnten sie nicht überleben."

Stephen Collins, außerordentlicher Professor der Biologie am Staatlichen College von Connecticut, hat angedeutet, warum man diese „kosmetischen" Programme fortsetzt; oft werden sie geplant, weil Staatsbeamte fürchten, das Auge der Touristen könnte vom Anblick einer teilweise entlaubten Landschaft beleidigt werden.

„Ich war fünf Jahre lang an der Staatlichen Landwirtschaftlichen Versuchsstation angestellt", erklärt Collins. „Viele ihrer ‚Forschungsprogramme' dienten einer ausgesprochenen Beschönigung des wahren Sachverhaltes. Wurde Beweismaterial entdeckt, das die Schädlichkeit der Pestizide zeigte, so erfuhr die Öffentlichkeit davon nichts. Die Konflikte in meiner Arbeit dort machten mich physisch krank, denn ich mußte mitansehen, wie meine Berichte über den Schaden, den diese beständigen Pestizide anrichteten, in der Versenkung verschwanden."

Man neigt dazu, Beschwerden über viele Sprühprogramme mit der Bemerkung abzutun, daß es „die Experten am besten wissen". Weitere Nachforschung könnte so tröstliche Annahmen untergraben. Bei einem Programm in Maine, das im Jahre 1966 405 Quadratkilometer mit DDT bedeckte, um den Fichtentriebwickler zu bekämpfen, ereignete sich eine geradezu lächerliche Panne. Der Leiter des Forstamtes rechtfertigte die Anwendung von DDT mit einem Bericht, der während eines früheren DDT-Programmes über Vogelpopulationen zusammengestellt worden war.

Diese ‚Forschungsarbeit' hatte, wie nach Abschluß des Programmes von 1966 herauskam, ein Schüler der obersten Klasse einer Mittelschule geleistet. Der junge Mann, der später im College Biologie studierte, erzählte Aaron M. Bagg, dem Präsidenten der Ornithologischen Wilson-Gesellschaft[1], daß er „gehofft habe, der Bericht werde für immer unbekannt bleiben. Unglücklicherweise war dies mein erster Versuch, mit wissenschaftlicher Objektivität zu arbeiten, und ich habe nicht das Gefühl, daß er ganz gelungen ist".

Kein Kreuzzug gegen Schädlinge hat die Leidenschaften so angefacht oder ist mit so wenig Berechtigung geführt worden wie das Programm gegen das Ulmensterben. Seit am Ende des Zweiten Weltkrieges DDT auf dem Markt war, hat man das Fortschreiten der Krankheit damit einzudämmen versucht; man wendete es an, um die Käfer zu töten, die den schädlichen Pilz von Baum zu Baum tragen. Die Luft in den von Ulmen eingesäumten Straßen alter Städte wurde vernebelt, als die Bekämpfungstrupps einen Schwaden DDT nach dem anderen niedergehen ließen. Aber immer noch rückte die Krankheit quer über das Land vor. Bei der Bekämpfung des Ulmensterbens hat DDT oft traurig versagt.

[1] Wilson Ornithological Society

Einige der frühesten Anklagen, die gegen diese Chemikalie und deren langfristige Wirkungen erhoben wurden, waren das Ergebnis wissenschaftlicher Untersuchungen, besonders in Gebieten, wo Kenner des Ulmensterbens arbeiteten. Heute ist die Reihenfolge wohlbekannt: Die Blätter unter den Bäumen werden durch das Sprühen verseucht, Regenwürmer, die sehr resistent gegen DDT sind, es aber in ihren Geweben speichern, fressen die Blätter, und Wanderdrosseln verzehren ihrerseits große Mengen von verseuchten Würmern. Die betroffenen Gebiete verloren daher den Großteil ihrer Wanderdrosseln.

Die deshalb angegriffenen Verteidiger von DDT haben das Problem so einfach dargestellt, als habe man zwischen Ulmen und Wanderdrosseln zu wählen. Das ist, wie Roland C. Clement von der Audubon-Gesellschaft schrieb, „kindischer Unsinn". Clement ging dann dem Problem auf den Grund:

„Sosehr wir alle die anmutige Ulme lieben, müssen wir erst einmal zugeben, daß wir zu viele davon angepflanzt haben: Wir haben uns schuldig gemacht, alles auf eine Karte zu setzen... Abwechslungsreiche Verteilung ist, genauso wie bei der Zusammenstellung eines Aktienpaketes, auch die Methode der Natur, sich vor einer Katastrophe zu schützen. Wir sollten daher den gegenwärtigen Verlust an Ulmen als eine Gelegenheit betrachten, das Gleichgewicht dadurch wiederherzustellen, daß wir eine abwechslungsreichere Vielfalt von Schattenbäumen – einschließlich verstreuter Ulmen – anpflanzen, weil höchstwahrscheinlich die meisten Ulmen schließlich dieser Pilzkrankheit erliegen werden."

Richard J. Campana von der Abteilung für Botanik und Pflanzenpathologie an der Universität von Maine hat diesen Gesichtspunkt ebenfalls beleuchtet: „Der Begriff der Bekämpfung wird von der Öffentlichkeit mißverstanden", erklärte er. „Sprühen, selbst wenn es in richtiger Weise geschieht, schützt nur eine begrenzte Anzahl von Ulmen. Es ist nicht möglich, alle in einer Gruppe zu erhalten. Hochwertige Bäume wie die in Parks, auf Laubpromenaden und um öffentliche Gebäude sollten am stärksten berücksichtigt werden. Unter keinen Umständen empfehle ich jedoch, DDT anzuwenden."

Der brauchbarste Rat ist heute die Sanierung, das heißt, die Entfernung erkrankter Bäume und die Verbrennung von abgestorbenem Holz oder eine Kombination von Sanierung und Sprühen mit Chemikalien.

Das Landwirtschaftsministerium und eine Reihe von staatlichen Behörden empfehlen dafür nicht mehr DDT; manche Staaten wie etwa Maine und Massachusetts haben es für diesen Zweck verboten. Die am häufigsten erwähnte, sonst zur Wahl stehende Chemikalie ist Methoxychlor, ein chlorierter Kohlenwasserstoff, der zwar sehr giftig ist, aber nicht die für verwandte Stoffe charakteristische Beständigkeit hat.

DDT wird in diesen Programmen immer benützt, weil es billiger ist als andere Chemikalien. Überdies merken selbst Städte mit besten Absichten, daß sie auf das Angebot eines Vertreters hereingefallen sind und ungeheure Mengen DDT „wesentlich ermäßigt" eingekauft haben. In diesem Falle glauben städtische Beamte, daß die „Vergeudung" von großen DDT-Vorräten, die sie noch zur Hand haben, nicht zu rechtfertigen ist. Die Stadt New York, die lange Zeit von diesem Problem geplagt wurde, verbannte DDT erst 1969 endlich aus ihren Parkanlagen! Washington, D. C., dagegen hält aus einem für Naturschutzvertreter unerfindlichen Grund immer noch an DDT fest. Die Folgen wahllosen Sprühens im Gebiet von Washington hat Louis J. Halle treffend geschildert. Er kehrte 1969 nach zehn Jahren im Ausland zu einem Besuch dorthin zurück:

„Rachel Carsons ‚Stummer Frühling' schien bereits teilweise Wirklichkeit geworden zu sein. Überall war als häufiger Rasenvogel der Star an die Stelle der Wanderdrossel getreten. Wie schon von anderer Seite festgestellt, wird das allmähliche Verschwinden einer Art, weil es ein negatives Ereignis ist, wahrscheinlich weniger bemerkt als das Auftauchen und die Zunahme einer neuen Art. Ich sah, daß meine Washingtoner Freunde sich nicht so stark bewußt waren wie ich, was mit unserer Vogelwelt geschehen war, denn für sie hatte es sich allmählich abgespielt. Ich dagegen war Rip van Winkle, der zu seinen alten Lieblingsplätzen zurückkam, und was ich erblickte, erschien mir als die Katastrophe, die es tatsächlich ist."

Selbst in der Allee vor dem Kapitol hat man stark und dauernd mit DDT gesprüht.

„Man verwendet nicht nur weiterhin DDT", schreibt Shirley A. Briggs, „sondern man tut es zu jeder falschen Jahreszeit und bei jedem ungeeigneten Wetter. Als man dem verantwortlichen Mann vorwarf, daß er zum Höhepunkt des Waldsänger-Zuges sprühe, meinte er, das mache nichts aus, denn Vögel zögen nicht über die Stadt, sondern nur über das freie Land!"

Diese Neuigkeit dürfte erfahrene Ornithologen und Vogelbeobachter überraschen; sie glauben nämlich, daß das Herrlichste am Frühling von Washington der Waldsänger-Zug, nicht aber die Kirschbaumblüte ist.

In Form von hochwissenschaftlichem Beweismaterial sind sozusagen Warnsignale aufgestellt worden, um Staatsbeamte und die mit der Überwachung der Pestizidanwendung beauftragten örtlichen Behörden entsprechend aufzuklären. Doch allzuoft paßt ihnen das nicht in den Kram. Keineswegs sollte aber dem Bürger nun die Verantwortung aufgebürdet werden, wissenschaftliche Informationen zu sammeln und seiner Regierung vorzulegen, damit sie ernste Mißstände abstellt. Im Idealfall sollten richtige politische Maßnahmen und Informationen vom Staat ausgehen und allmählich zu lokalen Verwaltungen hinunterdringen. Aber sind die Staaten auch gerüstet, richtige Maßnahmen einzuführen und richtige Informationen zu verbreiten? Um diese Frage zu beantworten, müssen wir uns den Verwaltungsapparat näher ansehen, der vom Staat ausersehen ist, sich mit Pestizidproblemen zu befassen.

Eine Hauptquelle für örtliche Informationen über Pestizide ist der Außendienst in den Staaten[2]. Im Jahre 1966 dehnte das Landwirtschaftsministerium seine Programme für den kooperativen Außendienst in den Staaten[3] auf alle 50 Staaten und Puerto Rico aus. Gemäß diesem Programm ernennt das Landwirtschaftsministerium für jeden Staat einen Pestizid-Koordinator. Die Koordinatoren arbeiten Lehrmaterial aus und sorgen in den ihnen zugeteilten Staaten für Ausbildungsschulen, in denen Pestizid-Kurse für Farmer und andere, die diese Mittel anwenden, abgehalten werden.

Wie eine solche Ausbildung etwa in Rhode Island aussieht, läßt sich nach einem Artikel beurteilen, den der Pestizid-Koordinator jenes Staates unter dem Titel ‚Die Vögel singen noch immer, obwohl das Schädlingsbekämpfungsprogramm weiterläuft' für eine Zeitung in Providence schrieb. Nach einem Hinweis auf Rachel Carsons Buch suchte dieser

[2] State Extension Service

[3] Cooperative State Extension Service

Beamte zu beweisen, daß der Frühling 1967 schwerlich ‚stumm' sei, und zählte die verschiedenen Vögel auf, die er in seinem Garten gesehen hatte. Weil er munter und glücklich dahinlebte und auf seinem stark gesprühten Grund und Boden nicht über die Kadaver von verendeten Vögeln stolperte, meinte er, in seiner ‚keimfreien' Welt sei alles in Ordnung.

Diese Art der Beweisführung übersieht natürlich völlig, daß die Lücke in der Natur schnell von anderen Vögeln gefüllt wird, die in Gebieten mit ausreichendem Vorrat an Futter bald an die Stelle der verendeten treten, und daß vor allem sehr scharfsinnige biologische Methoden erforderlich sind, um diese Verluste überhaupt zu entdecken. Wollte man die Beweisführung des Artikels auf die menschliche Welt übertragen, müßte man, wenn die Wohnung eines Ermordeten später von einem anderen Mieter übernommen wird, daraus den Schluß ziehen, daß überhaupt kein Mord verübt wurde. Der Verfasser schließt mit einer Bitte um „gefahrlosen Gebrauch". Seinem Gefühl nach scheint das lediglich zu bedeuten, daß man beim Sprühen Schutzkleidung trägt, Pestizide wegschließt, wenn man sie nicht verwendet und die Behälter, sobald sie leer sind, vergräbt.

Andere Staaten lassen sich von ihren Universitäten über Pestizide unterrichten und beraten. Am Anfang dieses Kapitels hörten wir, daß die Staatsuniversität von Iowa sich gegen die Naturschutzvertreter stellte, die in Sioux City die Anwendung von DDT zur Bekämpfung des Ulmensterbens verboten wissen wollten. In Delaware hört man gelegentlich, daß Naturschutzvertreter Rat und Information der Akademiker über Pestizide nicht sonderlich schätzen, weil dort zwischen der Universität und dem größten chemischen Konzern E. I. du Pont de Nemours and Company eine enge Beziehung besteht. Im Jahre 1968 waren neun der vierzehn Treuhänder des Verwaltungsrates der Universität Mitglieder der Familie du Pont oder mit der Handelsgesellschaft assoziiert.

„Nach Meinung vieler Mitglieder des Lehrkörpers und der Studentenschaft", schrieb ein Reporter kürzlich in ‚Science' „ist die Universität von Delaware ... durch die Anwesenheit von du Pont ‚verdorben' und ‚eingeschüchtert' worden ... Es überrascht vielleicht nicht, daß ein Fakultätsmitglied keine Gewissensbisse empfand, als es Rachel Carsons Angriffe auf Pestizide und die chemische Industrie kritisierte. Aber als zwei Fakultätsmitglieder um Erlaubnis baten, bei einem Hearing über Verunreinigung eine Aussage zu machen, von der man annahm, daß sie nachteilig für die Industrie sein werde, riet ihnen die Universitätsverwaltung tatsächlich, ihre Aussage schriftlich zu unterbreiten, aber nicht persönlich aufzutreten."

Dale F. Bray, der Leiter der Abteilung für Entomologie und angewandte Entomologie an der Universität, weiß allerdings nichts von einem Druck, den du Pont auf seine Abteilung ausübe. Er meint: „Wenn ein solcher Druck existiert, ist er viel zu subtil, als daß ich und meine Kollegen ihn entdecken könnten."

Obwohl das Pestizidproblem immer unkontrollierbarere Ausmaße annimmt, glauben Naturschutzvertreter, daß die Schaffung von staatlichen Pestizid-Kontrollkommissionen im allgemeinen ein Schritt auf einem richtigen Weg ist. Zur Zeit besitzen nur 32 der 50 Staaten eine Pestizidkommission, und die meisten sind nur beratende Gremien. Das mindeste, das sie tun können, ist, die Öffentlichkeit über Pestizide unterrichten und die verschiedenen staatlichen Stellen darauf hinweisen, daß hier ein Problem vorliegt. Günstigstenfalls können sie die Zusammenarbeit und Forschung, die der Ausschuß der Bundesregierung für die Schädlingsbekämpfung in manchen Fällen angeregt hat, vorantreiben.

Mehrere Staaten, darunter Massachusetts, haben ihrer Pestizid-Kontrollkommission bestimmte Befugnisse übertragen. Sie ist ermächtigt, Personen, die beruflich Pestizide anwenden und sie vom Flugzeug aus oder „mit anderen Verfahren auf Land eines Dritten" verbreiten, die behördliche Genehmigung zu erteilen. Dies geschieht auf Grund von Prüfungen, die die Kommission vorbereitet und abhält. Die Pestizidkommission setzt sich zusammen aus den Regierungskommissaren des Staates für Landwirtschaft, für Naturschätze und für öffentliche Arbeiten und dem Vorsitzenden des staatlichen Beschwerdeausschusses; sie ist beauftragt, sich mit der derzeitigen Pestizidforschung zu beschäftigen und die Ergebnisse dieser Studien verschiedenen Staatsbehörden und der Öffentlichkeit bekanntzugeben.

„Die Kommission verhütet, daß die Sprühflugzeuge über einer Stadt zusammenstoßen, viel mehr bringt sie nicht fertig", sagt Wayne Hanley von der Audubon-Gesellschaft in Massachusetts. Und über eine Prüfung der Kommission, der er beiwohnte, bemerkt er kritisch: „Die meisten dieser Leute arbeiten unter der Woche in den städtischen Kläranlagen für Abwässer und sprühen an den Samstagen Bäume. Bei den Prüfungen stehen sie in kleinen Gruppen herum und spähen sich gegenseitig über die Schulter, um die Antworten auf die Fragen herauszubekommen. Das Schlimmste ist, daß die meisten, wenn sie das Zeug zum Spritzen zusammenmischen, nicht einmal die nötigen Berechnungen für das richtige Verhältnis der Zutaten anstellen können."

Die Legislative des Staates Maine setzte eine Pestizid-Kontrollkommission ein, bewilligte aber keinerlei Gelder für deren Tätigkeit. In Connecticut wurde der Vizepräsident eines öffentlichen Versorgungsbetriebs zum Vorsitzenden der Pestizid-Kontrollkommission ernannt; und das, obwohl der Betrieb dafür berüchtigt war, daß er entlang der ihm unterstellten Straßen ‚Braunstreifen' mit Herbiziden geschaffen hatte. New York hat als erster Staat einen Ökologen in die Kommission berufen; es ist George Woodwell, der jedoch nur eine beratende Stellung einnimmt.

„Aber der Berater wird der Kommission bei ihrem Vorgehen, wenn irgend möglich, die Richtung weisen", sagte Woodwell. „Die Majorität einer solchen Kommission besteht aus Männern in staatlichen Verwaltungsstellen, und die sind immer politischen Angriffen ausgesetzt. Sie haben ein berechtigtes Interesse daran, das Schiff nicht ins Wanken zu bringen und der Verwaltung keine Schwierigkeiten zu machen. Aber Sie müssen bedenken, daß es keine wirkliche Pestizid-*Kontroll*kommission ist. Sie ist eine beratende Kommission und als solche größtenteils erfolglos."

Im Idealfall sollte eine staatliche Pestizid-Kontrollkommission die notwendige Gesetzgebung vorschlagen. Sie dürfte nicht bei der Untersuchung von Problemen stehenbleiben, sondern müßte auf Grund ihrer Feststellungen staatliche Programme, Vorschriften und Maßnahmen abzuändern suchen. Nur wenn sie die Legislative den Bedürfnissen des Staates gemäß berät, und die Gesetzgeber selbst sich an sie um Rat wenden, werden Pestizid-Kontrollkommissionen dem Zweck dienen, zu dem sie geschaffen worden sind.

Hier und da kommt es vor, daß ein Staat vernünftige Pestizidprogramme anstrebt. So haben sich seit einigen Jahren die Behörden Kaliforniens, besonders das Landwirtschaftsministerium und das Ministerium für Fischerei und Jagdwesen, an ein Programm gehalten, das ein Vorbild für andere Staaten sein sollte.

„Kalifornien war, glaube ich, immer führend in bezug auf Vorschriften und Überwachung", sagte kürzlich Robert L. Rudd. „Ich behaupte das nicht als Lokalpatriot. Nirgendwo, den Verwaltungsapparat der Bundesregierung nicht ausgenommen, gibt es so akzeptable Beratergruppen und Kontroll-Einrichtungen wie bei uns. Fast alle Staaten nehmen sich für ihre Vorschriften ein Beispiel an Kalifornien, und das zweite Vorbild ist New York. Ich sehe nur eine Schwierigkeit: Die Erkenntnis der wahren Größenordnung des Pestizidproblems."

Natürlich wendet Kalifornien enorme Mengen Pestizide an. Die Landwirtschaft dort, von riesigem Ausmaß, ist zugleich intensiv und in ständigem Wandel begriffen. In einem der letzten Jahre wurden rund 5,3 Millionen Hektar mit Pestiziden behandelt. Ungefähr 2,4 Millionen Hektar wurden in Land- und Forstwirtschaft im Durchschnitt 2,2mal behandelt. Schätzungsweise $^1/_{15}$ allen Landes, das in den USA unter Kultur steht, liegt innerhalb der Grenzen Kaliforniens, während $^1/_5$ der amerikanischen Pestizidanwendung auf diesen Staat entfällt.

Im Jahre 1963 berief Gouverneur Edmund G. Brown, alarmiert durch Fälle von Fischsterben und andere Umweltkatastrophen, einen ständigen Ausschuß zur Untersuchung von Methoden der Schädlingsbekämpfung und Pestizidwirkungen. Der Ausschuß wurde dem staatlichen Administrator für Naturschätze unterstellt. Im Jahre 1964 schränkte das kalifornische Landwirtschaftsministerium den Gebrauch vieler beständiger Pestizide dadurch ein, daß es für die Anwendung auf Feldern eine vorherige Genehmigung verlangte. Es schaffte auch, um die in Jagdfasanen gefundenen Rückstände zu verringern, die Gepflogenheit ab, Reis-Saatgut vor dem Pflanzen mit DDT zu behandeln. Ein den ganzen Staat umfassendes Telefonnetz – ein ‚heißer' Draht – hält die Leute des Landwirtschaftsministeriums und des Ministeriums für Fischerei und Jagdwesen über Pestizidprobleme auf dem laufenden; eine Meldung von Verlusten an Wildtieren löst eine sofortige Untersuchung aus.

Wird eine der Chemikalien verwendet, die von der Regierung auf die

Liste der schädlichen Mittel gesetzt worden sind, verlangt der Staat, daß an allen normalen Zugangswegen zu dem behandelten Grundstück deutlich sichtbar die Aufschrift ‚Nicht betreten' angebracht wird. Dieses Warnschild verzeichnet auch das benützte Pestizid und das Datum der Anwendung und ersucht „alle Personen ... für zwei Wochen fernzubleiben".

Kalifornien war bahnbrechend in der Anwendung sogenannter integrierter Bekämpfungsmethoden. In ‚Pesticides and the Living Landscape', schildert Rudd den Feldzug gegen die Gefleckte Alfalfa- oder Luzerne-Blattlaus *(Therioaphis maculata)* auf den Luzernefeldern Kaliforniens: Chemische Pestizide erwiesen sich als unheilvoll, da die räuberischen Feinde der Blattlaus ausgerottet wurden. Nach geringem anfänglichem Erfolg einer Bekämpfung der Blattläuse mit Parathion und Malathion war die Population zu katastrophalen Mengen angewachsen und bedrohte die gesamte Luzerne-Ernte.

„Man muß wieder in stärkerem Maße zu natürlichen Bekämpfungsmethoden zurückkehren", schreibt Rudd. „In vielen Versuchen verminderte ein systemisches Insektizid (Systox) die Blattlauspopulationen, während es den natürlichen Feinden sehr wenig schadete. Überdies brauchte für eine befriedigende Bekämpfung die durch das Insektizid herbeigeführte Sterblichkeit nicht 100 Prozent zu erreichen. Man konnte geringere Dosierung anwenden. Mittlerweile wurden neue Feinde – parasitische Insekten und Pilze – erfolgreich eingebürgert.

Die kombinierten Wirkungen eines selektiven Insektizides und natürlicher heimischer wie auch eingebürgerter Feinde halten heute die Blattlauspopulationen hinreichend in Schach. Das gelingt ohne übermäßige Kosten und ohne große Vergiftungsgefahr oder die Entwicklung von Populationen, die gegen Insektizide resistent sind."

Seit 1923 sind in Kalifornien etwa 20 schädliche Insekten- und Unkrautarten ausschließlich mit biologischen Mitteln bekämpft worden. Weitere 30 Insekten, Milben und Unkrautarten sind im Augenblick auf dem Gebiet der biologischen Kontrolle noch Gegenstand wissenschaftlicher Untersuchungen. Der Bericht des wissenschaftlichen Beratungsausschusses von 1965[4] schildert ein solches Bekämpfungsprogramm in

[4] ‚Wiederherstellung der Qualität unserer Umwelt', S. 267 f.

Kalifornien, das sich als biologischer wie auch finanzieller Erfolg erwiesen hat:

„Im Jahre 1922 wurde der Fillmore-Citrus-Schutzdistrikt[5] geschaffen; eine Anzahl von Citrus-Pflanzern schloß sich zusammen, um mit chemischen Methoden die Kalifornische Rote Schildlaus auszurotten. Von 1922 bis Anfang der fünfziger Jahre verwendete man Räucherung mit Cyaniden und Sprühöle. Bis 1961 wurde ein Parathion-Programm fortgesetzt, dann stellte sich der Distrikt auf ein Programm totaler biologischer Bekämpfung um. Parasiten und räuberische Arten wurden im privaten Insektarium von einem Biologen und einem Techniker, die der Distrikt bezahlte, gezüchtet. Im Jahre 1964 zog das Insektarium 10 Millionen *Metaphycus helvolus*, eine Erzwespenart, auf, ließ sie frei und setzte sie gegen die Schwarze Citrus-Schildlaus ein, ebenso 13 Millionen *Aphytis melinus* aus der gleichen Schlupfwespenfamilie gegen die Kalifornische Rote Schildlaus.

Im Jahre 1964 hatte der Distrikt 311 Pflanzer mit und 3238 Hektar Citrusbäumen. Die Umlage für die Mitglieder betrug 1960, dem letzten Jahr des chemischen Programms, 24 Dollar pro 0,4 Hektar. Im Jahre 1961 sank die Zahl drastisch pro 0,4 Hektar auf 6 Dollar, 1962 und 1963 auf 8 Dollar. Die jährlichen Einsparungen, die auf das biologische Bekämpfungsprogramm zurückgehen, werden auf 300 000 Dollar für den Distrikt und auf etwa 40 Dollar pro 0,4 Hektar geschätzt. In den Jahren 1963-64 beliefen sich einschließlich der Umlage die durchschnittlichen Kosten der Bekämpfung von Citrus-Schädlingen auf etwa 20 Dollar pro 0,4 Hektar. In anderen Gebieten war dieser Betrag sehr hoch – allein für Milben 50 Dollar pro 0,4 Hektar – und erreichte im Durchschnitt im ganzen Staat 80 bis 100 Dollar."

Aber nicht alles in der landwirtschaftlichen Struktur des Staates ist gut. Sowohl das College für Landwirtschaft der Universität von Kalifornien – das selbst vom Land subventioniert wird – als auch die Landwirtschaftliche Versuchsstation sind in Schwierigkeiten. Was unmittelbar ins Auge fällt, sind Schwierigkeiten finanzieller Art. Die Legislative des Staates nimmt beträchtliche Kürzungen der Geldmittel für Forschung und Außendienst vor. Aber es gibt auch schwerer erfaßbare Schwierig-

[5] Fillmore Citrus Protective District

keiten an der Universität, Schwierigkeiten, die ihre Wurzeln in einer sich wandelnden Welt haben und sich in den vieldiskutierten Demonstrationen in Berkeley äußerten.

„Das Hauptproblem ist gar nicht finanzieller Art, sondern besteht in der Neudefinierung gesellschaftlicher Rollen", sagte Rudd kürzlich. „Heute wie schon immer ist die Kernfrage der Universität die Eingliederung in diesen Prozeß, der Einsatz für etwas; aber für wen? Dienen wir Erzeugern und Verteilern oder dienen wir – außerdem – Verbrauchern, Farmarbeitern und, deutlich gesagt, Minoritätengruppen? Wir kennen Abteilungen für landwirtschaftliche Nationalökonomie, für Viehzucht und so weiter. Aber warum keine landwirtschaftliche Soziologie, keine auf den Menschen bezogene Wirtschaftsführung? Sicherlich wandelt sich die traditionelle Rolle der landwirtschaftlichen Zweige im staatlich subventionierten College-System sehr schnell. Rachel Carson und ich haben frühzeitig recht unsanft auf einen Gesichtspunkt der notwendigen Veränderungen hingewiesen."

FÜNFTER TEIL

EIN LICHT AM ENDE DES WEGES

XXI. AUF DEM WEG ZU EINEM ‚GERICHT DER LETZTEN INSTANZ'

Rachel Carson schrieb: „Wir haben eine große Anzahl von Menschen ohne ihre Zustimmung und oft ohne ihr Wissen in enge Berührung mit diesen Giften gebracht. Wenn die Bill of Rights keine Garantie dafür enthält, daß ein Bürger gegen todbringende Gifte, die von Privatleuten oder öffentlichen Beamten verbreitet werden, geschützt sein soll, so kommt das sicherlich nur daher, daß unsere Vorväter trotz ihrer beachtlichen Weisheit und Voraussicht sich ein solches Problem nicht vorstellen konnten." [1]

Ein wortgewaltiger, kluger Rechtsanwalt namens Victor J. Yannacone junior, hinter dem eine Gruppe äußerst aktiver junger Naturwissenschaftler steht, zog in den letzten Jahren aus, um dieses Versehen der Gründer der USA zu berichtigen. Yannacone betrachtet Leute, die unsere Umwelt verunreinigen, mit echtem Abscheu und Naturschutzvertreter, die der Herde nachlaufen, mit schlecht verhüllter Verachtung, die nur durch Mitleid gemildert wird. Zuerst brachte sein Kampfgeist selbst unerschrockene Naturschutzvertreter aus der Fassung. Schließlich jedoch überzeugten Yannacones erfolgreiche Sturmangriffe auf die mächtige chemische Industrie auch die zimperlichsten, daß man im Kampf gegen die beständigen Pestizide vielleicht doch die beste Aussicht auf einen Fortschritt habe, wenn man in seinen respektlosen Schlachtruf „Verklagt die Schweinehunde!" einstimme.

Wie starke Worte sind auch starke Taten längst überfällig. Allzulange schon ist der Bürger, der eine saubere und gesunde Umwelt als sein verfassungsgemäßes Recht beansprucht, gegen eine Mauer von

[1] ‚Der stumme Frühling', S. 12

Gesetzgebung und Verwaltung angerannt. Er hat nach außen hin seine Rechte in Anträgen, öffentlichen Versammlungen und Protestbriefen vertreten. Der für die Verunreinigung Verantwortliche übt seine Macht hinter den Kulissen aus. Das ist ein ungleicher Kampf.

Natürlich ist der Fall des Bürgers, dessen Rechte durch verwirrende soziale Traditionen verschleiert werden, nicht ohne Beispiel. Die Amerikanische Union für Bürgerliche Freiheiten[2] und der Rechtsverteidigungsfond der Nationalen Gesellschaft für die Förderung der Farbigen[3] haben eine lange Reihe erfolgreicher Klagen vor Gericht aufzuweisen. Ein Gutteil des Fortschrittes der amerikanischen Rechtswissenschaft auf dem Gebiet der Bürger- und Menschenrechte entsprang diesen Prozessen. Auf dem Gebiet der Umweltverunreinigung gab es keine vergleichbare einflußreiche Macht. Um diese Lücke zu füllen, organisierten Yannacone und seine Kollegen den Umweltverteidigungsfond[4].

„Ein Billigkeitsgericht ist das einzige Forum, das eine vollständige Untersuchung von Fragen ermöglicht, die für die Umwelt von Bedeutung sind", erklärt Yannacone. „Nur im Zeugenstand, geschützt durch die Vorschriften des Beweisverfahrens, wenn auch dem Kreuzverhör ausgesetzt, kann ein Naturwissenschaftler frei sein, verschont von der Behelligung durch Vertreter der Legislative, die eine Wiederwahl oder ein höheres Amt anstreben; verschont von der Aufdringlichkeit von Nachrichtenmedien, die nach Streit förmlich fahnden; verschont von den Angriffen selbsternannter Experten, die unabdingbare wirtschaftliche Interessen vertreten, aber nicht ins Kreuzverhör genommen werden dürfen."

Wieder einmal war es eine Frau, die die Initiative ergriff. Im Frühling 1966 erfuhr Mrs. Carol Yannacone aus Patchogue auf Long Island von einem Fischsterben im nahegelegenen Yaphank-See. Das Fischsterben wurde auf die Anwendung von DDT in Moskito-Bekämpfungsmaßnahmen zurückgeführt. Mrs. Yannacone kannte das Gebiet seit ihrer Kindheit, als sie am Seeufer gespielt hatte.

Die meisten Menschen hätten den Vorfall mit einem Achselzucken

[2] American Civil Liberties Union

[3] Legal Defense Fund of the National Association for the Advancement of Colored People

[4] Environmental Defense Fund (EDF)

einfach als ein weiteres Symptom des ‚Fortschritts' abgetan. Aber Mrs. Yannacone ließ die Verseuchung des Yaphank-Sees keine Ruhe. Sie sprach mit ihrem Mann darüber, der bereits einige Erfahrung in Prozessen gegen Verunreinigung hatte und hier eine günstige Gelegenheit sah, diese Verschmutzung anzuprangern, die über uns alle hereinzubrechen scheint. Er reichte sofort eine Klage ein, um die Moskito-Bekämpfungskommission des Kreises Suffolk[5] von der Anwendung von DDT abzuhalten.

Yannacone wußte genau, daß er mehr brauchte als redliche Absichten, um seine Sache vor Gericht durchzukämpfen. Zum Glück wimmelte es in der Umgebung von Patchogue von Naturwissenschaftlern. Zu den nahegelegenen Institutionen gehörte die Universität des Staates New York in Stony Brook und das Staatslaboratorium der Atomenergiekommission in Brookhaven. Eine Anzahl von Wissenschaftlern willigte ein, Yannacone zu helfen, doch war man von Anfang an entschlossen, die Gruppe auf Wissenschaftler zu beschränken. Die für die Verunreinigung Verantwortlichen bezeichnen Naturschutzvertreter gern als ‚Mystiker' und ‚sentimentale Vogelbeobachter'; Wissenschaftler hingegen, die sich bei ihrem Auftreten vor Gericht auf eine Reihe von akademischen Graden und auf umfassende Forschungsarbeiten in ihren Spezialgebieten stützen können, kann man nicht so einfach lächerlich machen. Auf Grund von eidesstattlichen Erklärungen, die seine neuen Mitarbeiter vorlegten, erreichte Yannacone ein einstweiliges gerichtliches Verbot, demzufolge die Kommission kein DDT mehr anwenden durfte.

Amerikanische Rechtsanwälte ziehen es im allgemeinen vor, sich in Streitsachen außergerichtlich zu einigen. Yannacone ging von einem anderen Gesichtspunkt aus. Obwohl das amerikanische Recht einem Prozeß von privaten Bürgern gegen öffentliche Körperschaften traditionsgemäß ablehnend gegenübersteht, beschloß er aus zwei Gründen, sich nicht auf einen Kompromiß einzulassen:

1. In Fällen, bei denen es um ein Prinzip geht, ist eine Gerichtsverhandlung wünschenswert, damit wissenschaftliches Beweismaterial protokolliert werden kann; 2. Diejenigen, die weiter die Umwelt verseuchen wollen, müssen gezwungen werden, vor Gericht zu erklären, warum sie

[5] Suffolk Country Moskito Control Commission

das tun! Yannacones Methode ist öffentliche Bloßstellung. Sie bringt Personen, die unsere Umwelt verunreinigen, in Verlegenheit und unterrichtet die Öffentlichkeit.

So war es nur angemessen, daß der Prozeß zum Teil finanziert wurde vom Rachel Carson-Memorial Fund der Audubon-Gesellschaft, den einige ihrer Freunde und Bewunderer nach ihrem Tode gegründet hatten. Yannacone und die Naturwissenschaftler, die sich an der Aktion gegen die Moskito-Bekämpfungskommission beteiligten, gewannen wertvolle Erfahrungen in diesem Prozeß, für den es kaum einen Präzedenzfall gab. Gerichtliches Vorgehen zum Schutz der Umwelt vor Verunreinigung, so sagten sie, darf sich weder auf wirtschaftliche noch auf ästhetische Gründe stützen. Vielmehr muß der Kläger durch stichhaltiges wissenschaftliches Beweismaterial begründen, daß das beanstandete Programm lebenswichtigen oder einzigartigen Naturschätzen, die allen Menschen des Staates gehören, „ernsten, dauernden und nicht mehr zu behebenden Schaden" zufügt. Nur auf dieser Basis läßt sich durch eine gerichtliche Verfügung Abhilfe schaffen.

Der Kreis Suffolk verteidigte sich in Wirklichkeit gar nicht; Kreisbeamte machten geltend, daß sie mit der Bekämpfung von Moskitos kraft der ihnen vom Staat verliehenen Polizeigewalt nur ihre Pflicht erfüllten. Die Moskito-Bekämpfungskommission gestand, daß sie die Anwendung von DDT allmählich aufgebe, es aber noch auf bestimmten Gebieten zu gebrauchen wünsche.

„Hört man sich an, was wir so alles zu tun beabsichtigen, muß man zugeben, daß falscher Gebrauch von DDT gefährlich sein kann", erklärte ein Mitglied der Kommission. „Heute vormittag habe ich zum ersten Mal vernommen, daß es falsch ist, DDT anzuwenden."

Mit anderen Worten sorgte die Gerichtsverhandlung sogar für die Belehrung der Moskito-Bekämpfungskommission im Kreis Suffolk!

Die Kommission überließ ihre Verteidigung dem Staat New York. Das Landwirtschafts- und Handelsministerium berief sich dabei zum Teil auf die angeblich großartige Leistung von DDT bei der Beseitigung von Encephalitis [6] bei Pferden. Es unterstrich die Bedeutung von Pferden für den Staat New York, weil „Einnahmen aus Wetten lebensnotwendig

[6] Gehirnentzündung

für den Unterhalt der Staatsregierung sind". Anscheinend hatte, wie Roland C. Clement von der Audubon-Gesellschaft betonte, dem Ministerium noch niemand mitgeteilt, „daß billiger Impfstoff die Pferde vollauf schützen würde, auf die das Budget des Staates New York so sehr angewiesen zu sein scheint".

Ein Memorandum amicus curiae vom New Yorker Gesundheitsministerium stellte Behauptungen auf, die sich als falsch erwiesen.

Während der Gerichtsverhandlung kam zutage, daß James E. Dewey, ein hoher, für Pestizidfragen zuständiger Beamter, schon zehn Jahre zuvor empfohlen hatte, der Staat solle in Programmen zur Bekämpfung des Schwammspinners kein DDT benützen. Seine Empfehlung wurde in einem Aktenordner des Staates eingesargt. Obwohl das Dokument damals für viele Menschen vielleicht von großem Interesse gewesen wäre, erfuhr man von ihm erst, als Yannacone den Verfasser in den Zeugenstand holte, und er unter Eid aussagte.

Yannacone verlor die Schlacht, aber er gewann den Krieg. Am Ende der Verhandlung bestimmte der Richter, daß über das Verbot von DDT nicht vor Gericht, sondern durch staatliche Gesetzgebung entschieden werden müsse. Trotzdem ist DDT seither von der Moskito-Bekämpfungskommission des Kreises Suffolk nicht mehr angewendet worden. Noch wichtiger war: Yannacone und die Wissenschaftler hatten trotz der ungünstigen Entscheidung des Gerichts den Sieg erkämpft, da sie die Öffentlichkeit durch Nachrichtenmedien von der Billigkeit ihres Falls überzeugten. Unter dem danach einsetzenden Druck der Öffentlichkeit wurden die Veränderungen in der Politik herbeigeführt, deretwegen Yannacone in erster Linie vor Gericht gegangen war. Bei Hearings der Legislative oder der Verwaltung wären solche Enthüllungen und Berichtigungen grundlegender Art wahrscheinlich nicht gemacht worden; ebensowenig wäre die umfangreiche fachkundige Zeugenaussage von Naturwissenschaftlern über die Wirkung von Pestiziden auf die Umwelt – Aussagen, deren Wert in scharfem Kreuzverhör erwiesen wurde – zu Protokoll genommen worden, wodurch sie jetzt anderen Bürgern zur Verfügung stehen.

Aber der Kampf hatte damit erst begonnen. Yannacone und die Naturwissenschaftler schlossen sich nach dem Erfolg ihrer Gruppe zum Umweltverteidigungsfonds zusammen, für den Yannacone juristischer

Hauptberater und Charles F. Wurster junior Leiter des wissenschaftlichen Beratungsausschusses wurde. Wurster ist es größtenteils zu verdanken, daß der Umweltverteidigungsfonds über 100 führende Wissenschaftler zusammengebracht hat, die bereit sind, vor Gericht aufzutreten und mit ihrem Wissen und ihrem Ruf den Kreuzzug des Fonds für die Umwelt zu unterstützen. Wurster ist auf Grund seiner Forschungsarbeit über die Wirkungen bestimmter Pestizide im Laboratorium und in der freien Natur der tonangebende Sprecher im Zeugenstand.

„Für mich steht fest, daß er mehr über beständige Pestizide weiß als irgend jemand sonst auf der Welt", erklärte George M. Woodwell vom Brookhaven-Staatslaboratorium der Zeitschrift ‚Science'.

Der Umweltverteidigungsfonds hat seinen Erfolg im Osten weiter ausgebaut. Im Jahre 1967 erhob er Klage im westlichen Michigan, um neun Stadtbehörden von der Anwendung von DDT zur Bekämpfung des Ulmensterbens abzuhalten. Wiederum verlor der Fonds vor Gericht, erreichte jedoch sein Ziel. Der Kooperative Außendienst[7] der Staatsuniversität von Michigan zog die für den ganzen Staat gegebene Empfehlung von DDT für dieses Programm zurück und riet zu Sanierungsmethoden, verbunden mit ergänzender Anwendung von Methoxychlor.

Durch diesen Erfolg ermutigt, dehnte der Umweltverteidigungsfonds sein gerichtliches Vorgehen auf weitere 47 Städte von Michigan aus. Bis 1968 waren 50 von den 56 Stadtgemeinden, die geplant hatten, DDT anzuwenden, mit den gerichtlichen Beschlüssen einverstanden, die sie zwangen, andere Bekämpfungsmethoden zu gebrauchen. Gleichzeitig verhinderte eine Klage des Fonds vorübergehend die geplante Anwendung von 3 Tonnen Dieldrin, die im Kreis Berrien von Michigan zur Bekämpfung des Japanischen Käfers eingesetzt werden sollten. Wurster sagte als Zeuge aus, daß für jeden getöteten Käfer 10 bis 80 Vögel und Säugetiere bis zur Größe von Katzen oder sogar Schafen zugrunde gehen würden. Die Landwirtschaftsministerien von Michigan und den USA sprühten zwar schließlich trotzdem 1214 Hektar mit Dieldrin, obwohl, wie sie zugaben, nur etwa zwei Japanische Käfer auf einem Hektar Land vorkamen; aber der Umweltverteidigungsfonds hatte den Staat doch einer vernünftigen Pestizidpolitik etwas näher gebracht. Die berühmt

[7] Cooperative Extension Service

gewordenen Rechtshändel machten das überzeugende wissenschaftliche Tatsachen- und Beweismaterial gegen die beständigen Pestizide allgemein bekannt und brachten die Sprühprogramme in der Öffentlichkeit in Mißkredit.

Danach überstürzten sich im Gebiet der Großen Seen die Ereignisse. Als hohe DDT-Rückstände und starke Sterblichkeit unter der Fischbrut dort das kostspielige Silberlachs-Programm für Sportangler bedrohten, verdammte das Naturschutzministerium von Michigan die Anwendung von beständigen Pestiziden äußerst scharf. Ein weiterer Aufruhr erhob sich, als die DDT-Konzentrationen, die man in Fischen fand – es waren bis zu 19 Teilen pro Million in Lachsen, die vom Staat gefangen wurden –, die Handelsfischerei von Michigan lahmzulegen drohten. Im April 1969 wurde Michigan der erste Staat in der Union, der den Verkauf von DDT innerhalb seiner Grenzen gesetzlich verbot.

Zu diesem Zeitpunkt hatte der Umweltverteidigungsfonds den Krieg bereits nach Wisconsin hineingetragen. Die vordersten Linien standen zum Kampf bereit, als das Ministerium für Naturschätze von Wisconsin beschloß, ein Hearing der Verwaltung über die Wirkungen von DDT auf die Umwelt abzuhalten. Der Umweltverteidigungsfonds, finanziell vom Rachel Carson-Memorial Fund der Audubon-Gesellschaft und moralisch von der Izaak Walton-Liga und der Bürger-Gesellschaft für Naturschätze [8] unterstützt, unterbreitete das neueste weltweite Beweismaterial gegen DDT. Die chemische Industrie, die spürte, daß es für DDT in diesem Prozeß ums Ganze ging, bildete zur Verteidigung einen ‚Kampfverband‘. Er wurde aufgestellt von der Allied Chemical Corporation, Lebanon Chemical Corporation, Montrose Chemical Corporation of California – dem größten DDT-Fabrikanten der USA, der im gemeinsamen Besitz von Chris-Craft Industries und Stauffer Chemical Company ist – und von der Geigy Chemical Corporation. Alle diese Handelsgesellschaften stellen DDT her – außer der Firma Geigy, die das Pestizid in ihrer Schweizer Fabrik entwickelt hat.

Zu Beginn des Hearings ließ sich der ‚Kampfverband‘ von Louis A. McLean vertreten, dem Sprecher von Velsicol, der schon im Angriff auf jene Wissenschaftler, die den uneingeschränkten Gebrauch von

[8] Citizens Natural Resources Association

Pestiziden in Frage gestellt hatten, eine führende Rolle spielte. Prompt holte Yannacone seinen Gegner zur Aussage in den Zeugenstand. Er zwang McLean dort sitzenzubleiben, während er selbst Abschnitte aus dessen berüchtigtem Artikel in ‚BioScience' vorlas. Später deutete McLean höflich an, daß die wissenschaftlichen Zeugen des Umweltverteidigungsfonds nicht befugt seien, die Wirkungen von Pestiziden auf Wildtiere zu erörtern.

Persönlichkeiten verschwanden jedoch im Hintergrund, als Schlagzeilen wieder einmal der Welt verkündeten, was es bedeutet, DDT in die offenen Umwelt zu spritzen. Yannacone und seine Mitarbeiter gewannen an allen Fronten an Boden. Der Erfolg des doppelten scharfen Angriffs vor Gericht und in der Presse läßt sich vielleicht daran ermessen, daß die Veröffentlichungen aus der Geschäftswelt der Agrikulturchemie in wachsendem Maße reagierten. Im Jahre 1968 wunderte sich die Zeitschrift ‚Agrichemical West', warum der Umweltverteidigungsfonds ‚Steuerfreiheit' genoß und schlug seinen Lesern vor, sich bei ihren Kongreßabgeordneten darüber zu beschweren. – Wohlweislich erwähnte sie jedoch keine der vielen Steuer-Hintertürchen, die den Lobbyisten der chemischen Industrie offenstehen. „Schlimm genug, wenn man eine Schar von Verrückten in seiner Speisekammer auf ‚Hexenjagd' gehen sieht, ohne sie dafür zahlen zu lassen, daß sie einem die Nahrungsversorgung drosseln!"

Diese ‚hohe' Diskussionsebene wiederholte sich in der Zeitschrift ‚Farm Chemicals', die Namen und Adressen der Kuratoriumsmitglieder des Umweltverteidigungsfonds zweispaltig in Linienrahmung neben ihrem Artikel über die Organisation anführte. „Manche der Namen dürften Ihnen wohlbekannt sein", erzählte sie den Lesern in einer Plauderei voll hintergründiger Anspielungen. Später brachte sie einen Leitartikel, in dem sie den Umweltverteidigungsfonds unter ‚Kulte' einreihte, die die Existenz der chemischen Industrie bedrohen.

„Naturwissenschaftler haben Rachel Carson selbst buchstäblich geächtet", erklärte der Leitartikel, „und sie werden mit dieser zersetzenden Kraft innerhalb ihrer Reihen fertigwerden müssen."

Dieser geharnischte Ton erinnerte an den entrüsteten Aufschrei im Jahre 1962.

XXII. EINE KOMPLEXERE LEBENSGEMEINSCHAFT

Im Jahre 1964 nahm ein Biologe von Harvard, Carroll M. Williams, in seinem Laboratorium Karel Slama, einen jungen Entomologen auf, der auf Grund eines Stipendiums nach dem Doktorexamen aus der Tschechoslowakei an die Universität gekommen war. Slama brachte über 1200 Larven der Flügellosen Feuerwanze mit, eines unschädlichen europäischen Insekts, das sich unter anderem von den Säften abgefallener Lindenfrüchte nährt. Beide Wissenschaftler interessierten sich für die Wirksamkeit bestimmter Insektenhormone. Slama war im besonderen bestrebt, einige Fragen bezüglich dieser Hormone bei seinen Feuerwanzen zu klären, die er jahrelang erfolgreich in seinem Prager Laboratorium gezüchtet hatte.

Nachdem die zwei Männer die Larven in Brutschränken untergebracht hatten, warteten sie darauf, daß diese ihre Verwandlung, die sogenannte Metamorphose, vollendeten und die Geschlechtsreife erlangten. Für eine Weile ging alles so, wie sie angenommen hatten, weiter. Die Larven durchliefen die üblichen fünf Larvenhäutungen, die im Lebenszyklus der Feuerwanzen von der Natur ‚programmiert' sind. Dann geschah das Unerwartete. Statt sich in die erwachsenen, manchmal auch geflügelten Feuerwanzen zu verwandeln, machten mit einer einzigen Ausnahme die 1200 Larven eine sechste, einige sogar eine siebente Häutung durch. Diejenigen, die sich zum siebenten Male gehäutet hatten, erreichten eine für Feuerwanzen gigantische Größe. Da die Larven außerstande waren, die Metamorphose zu vollenden, endete der Prozeß unabänderlich mit dem vorzeitigen Tode.

Beide Männer waren verblüfft. Der junge Tscheche versicherte Williams, daß in Prag niemals etwas Derartiges vorgekommen sei. Slama ließ sich aus seiner Heimat einen weiteren Vorrat an Larven senden, die er in seiner Wohnung in Harvard sorgsam betreute; doch die bedauernswerten Insekten erlitten genau das gleiche Schicksal wie ihre Vorgänger.

Glücklicherweise ist Williams gerade für Hormone, die eine Rolle im Ablauf der Metamorphose spielen, eine Autorität ersten Ranges. Es gibt drei sogenannte Inkrete [1] oder Hormone, die das Wachstum und die Metamorphose eines Insekts vom Larven- zum Puppenstadium und zum Vollinsekt regulieren. Eines dieser Inkrete wird Juvenilhormon genannt. Es wird von zwei winzigen Drüsen im Kopf abgesondert.

„Eine noch unentwickelte Larve braucht unbedingt Juvenilhormon, wenn sie die üblichen Larvenstadien durchlaufen soll", erklärt Williams. „Um dann die heranwachsende Larve in das geschlechtsreife Vollinsekt zu verwandeln, muß der Hormonfluß aufhören ... Die Perioden, in denen das Hormon ausfallen muß, sind die ‚Achillesferse' von Insekten. Kommen in diesen Zeiten die Eier oder die Insekten mit dem Hormon in Berührung, dringt es sogleich in sie ein und verursacht eine tödliche Störung der weiteren Entwicklung. Die Folge davon ist, daß aus den Eiern keine Larven schlüpfen oder das unentwickelte Insekt stirbt, ohne sich fortzupflanzen."

Williams hatte in den fünfziger Jahren im Laufe seiner Forschungsarbeiten über Insektenhormone die Bedeutung dieser Vorgänge für die Anwendung in der Schädlingsbekämpfung erfaßt. Ließen sich die Juvenilhormone von Schädlingen in einem bestimmten Entwicklungsstadium gegen sie selbst anwenden, könnte man damit die zwei Hauptnachteile moderner Pestizide umgehen – die schädlichen Wirkungen auf Organismen, die nicht das Angriffsziel bilden, und die Entwicklung von Resistenz der Insekten gegen sie. Denn eine Insektenpopulation könnte gegen die eigenen, das Wachstum regulierenden Hormone keine Resistenz entwickeln, ohne sozusagen Selbstmord zu begehen.

Doch gab es für die kommerzielle Anwendung dieser Tatsachen Hindernisse: Da es undurchführbar ist, Juvenilhormone in großen Mengen aus den Insekten selbst zu gewinnen, müßten sie synthetisch hergestellt werden. Und obwohl das synthetische Hormon wahrscheinlich nicht auf andere Lebewesen als Insekten einwirken würde, müßte seine

[1] Produkte von Drüsen mit innerer Sekretion

Wirkung auf die Spezies, die man treffen will, beschränkt bleiben; sonst würden zugleich mit den Schädlingen Bienen und andere nützliche Insekten ausgerottet werden.

Williams beurteilte die Vernichtung der in Harvard in Gefangenschaft gehaltenen Feuerwanzen ganz richtig als Folge einer Berührung mit irgendeiner Quelle von Juvenilhormon. Gemeinsam mit Slama untersuchte er sorgfältig den Inhalt der Brutschränke. Vielleicht waren die Lindensamen oder die Wasserschalen, vielleicht sogar die Petrischalen, in denen die Larven aufgezogen wurden, mit Juvenilhormon, das man gerade anderswo im Laboratorium untersuchte, verunreinigt worden. Aber die Prüfung aller dieser Gegenstände führte zu einem negativen Ergebnis. Die zwei Männer beschäftigten sich nun mit den Streifen von Papierhandtüchern, die man in jede Petrischale gelegt hatte, um die für die Feuerwanzen verfügbare Oberfläche zu vergrößern.

„In Prag hatte man laufend Filtrierpapier für die Kulturen verwendet", sagt Williams. „Wir waren erstaunt, als wir entdeckten, daß das ganze Phänomen verschwand und alle Individuen sich normal entwickelten, wenn das Papierhandtuch durch ein entsprechendes Stück Filtrierpapier ersetzt wurde."

Daraus ergab sich für Williams eine ganze Reihe neuer Experimente. Die Larven wurden mit anderen Papiersorten in Berührung gebracht. Jedesmal, wenn das Papier aus Europa oder Japan stammte, vollendeten die Larven die Metamorphose, kam es aber aus Nordamerika, blähten sie sich zu ‚Ungeheuern' auf.

Erzeugnisse wie Kleenex, Doeskin-Gesichtstücher, Scotkins Papierservietten und Cut-Rite-Wachspapier zeigten alle eine Juvenilhormon-Wirkung. Als Williams Seiten der ‚New York Times', des ‚Wall Street Journal', von ‚Science' und ‚Scientific American' verwendete, stellte er fest, daß sie sogar noch wirksamer waren als Papierhandtücher oder Servietten. Die ‚London Times' jedoch war „vollkommen wirkungslos". Japanische Zeitungen verursachten eine vorübergehende Aufregung im Laboratorium, da sie sich als ebenso wirkungsvoll wie amerikanische erwiesen. Aber diese Entwicklung fügte sich in das Gesamtbild ein, als Williams erfuhr, daß die Japaner ihre Zeitungen auf kanadischem Zeitungspapier druckten.

Man hatte die Wegweiser für die weitere Forschung entdeckt. Man spürte nun dem ‚Papierfaktor' nach – so nannte Williams die Substanz, die das Juvenilhormon aktiviert – und gelangte zur Balsamtanne. Dieser immergrüne nordamerikanische Baum aus einer uralten Familie liefert ein gut Teil der Pulpe für die Papierherstellung in den USA und Kanada. Die Ahnen des Baumes erschienen schon vor den Insekten auf der Erde. Da Balsamtannen vom Wind bestäubt werden, gedeihen sie unabhängig von Insekten und haben bestimmte Terpene gebildet, die sie auffallend frei von den meisten Schädlingen halten. – Eine Ausnahme ist der Fichtentriebwickler.

Williams meint: „Die interessanteste Möglichkeit ist, daß der Papierfaktor eine biochemische Erinnerung an das Juvenilhormon eines früheren natürlichen Feindes des Baumes ist – einer Feuerwanze, die ihn angriff und aus einleuchtendem Grund entweder ausgestorben ist oder gelernt hat, die Balsamtanne zu meiden."

William und Slama hatten, unabsichtlich unterstützt von ihren Feuerwanzen, in Papiererzeugnissen einen großen Vorrat eines Insektizids entdeckt, dessen Wirkung sich auf eine Gruppe von Insekten beschränkte. Hier handelt es sich um jene spezifische Wirkung, die Kritiker der Schädlingsbekämpfungsmethoden in den letzten zwei Jahrzehnten immer wieder als dringend notwendig gefordert haben. Weitere, in ihrer Wirkung auf kleine Insektengruppen begrenzte Terpene sind seither sowohl in der Balsamtanne als auch in mehreren anderen immergrünen Bäumen Nordamerikas entdeckt worden. Japanische Naturwissenschaftler haben ähnliche Terpene in Eiben gefunden, während Europäer sie in einer Anzahl von niedrigen Pflanzen, darunter im Wurmfarn, feststellten, der schon seit langem ein volkstümliches Heilmittel gegen parasitische Würmer liefert. Synthetisches Juvenilhormon wurde in neuerer Zeit von Williams und seinen Mitarbeitern aus terpenähnlichen Stoffen hergestellt; es verhinderte das Ausschlüpfen von erwachsenen *Aedes aegypti*-Moskitos, den Überträgern des Gelbfiebers, und von Kleiderläusen, die Flecktyphus übertragen können. Die Substanz blokkierte auch die Entwicklung von deren Eiern. Williams glaubt sogar, daß synthetisches Juvenilhormon sich schließlich als höchst wirksames Vernichtungsmittel für solche Eier erweisen wird.

Hier ist ein Beispiel für jenen „anderen Weg", den Rachel Carson in ‚Der stumme Frühling' gefordert hat. Wendet sich der Mensch der biologischen Bekämpfung zu, benützt er eine intelligente Methode in der Behandlung der Schädlingsarten. Er schafft eine komplexere Gemeinschaft statt einer einfacheren – und daher weniger stabilen. Im allgemeinen sind biologische und chemische Bekämpfungsmethoden, die sich gegen nur einen bestimmten Schädlingsorganismus richten, nicht im großen Maßstab anwendbar; doch setzen das Landwirtschaftsministerium der USA, die Industrie und die Universitäten ihre Forschungsarbeit mit folgenden Zielen fort:

Sie suchen Verfahren zu entwickeln, um die Männchen von Insekten mit Chemikalien, Bestrahlung oder durch Kreuzung mit nahestehenden Arten unfruchtbar zu machen. Im Verlauf eines neueren Programms in Kalifornien warfen Flugzeuge des Landwirtschaftsministeriums der USA täglich 250 000 sterilisierte Männchen des Eulenfalters, dessen Raupe der gefürchtete Baumwollkapselwurm ist, auf Baumwollfelder im unteren San Joaquin Valley. Wenn sich diese Männchen, die der Strahlung von Kobalt 60 ausgesetzt und dadurch sterilisiert worden sind, mit den Weibchen in diesem Gebiet paaren, verdrängen sie die normalen Männchen und verhindern in der örtlichen Population der Falter die Fortpflanzung. Diese Methoden sind besonders wirksam, wenn die Schädlingspopulation zahlen- oder gebietsmäßig bereits begrenzt ist. Ihr mächtiger Sexualtrieb veranlaßt die Insekten dann, ihrer ums Dasein kämpfenden Population den Gnadenstoß zu versetzen.

Man entwickelt auch Methoden für eine genetische Manipulation; dabei werden Insekten, die in ihren Genen irgendeinen verhängnisvollen Makel aufweisen, freigelassen, um den Defekt an die Artgenossen weiterzugeben.

Ein weiteres Forschungsgebiet sind Duftstoffe, die das andere Geschlecht, vor allem die Männchen der Insekten, in der Paarungszeit irreführen und sie die Spur der Weibchen verlieren lassen; manchmal leiten solche Lockstoffe die Männchen auch in Fallen und zu vergifteten Ködern. Einmal haben Forscher des US-Landwirtschaftsministeriums auch die Chemikalie im Schweiß des Menschen isoliert, die *Aedes aegypti* anlockt. Naturwissenschaftler glauben, daß diese Chemikalie, die L-Milchsäure, synthetisch hergestellt werden könnte, um Moskitos in Fallen, statt auf die menschliche Haut zu locken.

Man entwickelt auch Methoden, um unter Insektenpopulationen

Krankheiten zu verbreiten. Einer der erfolgreichsten Krankheitserreger ist *Bazillus thuringiensis*, der bestimmte Insekten befällt und tötet.

Ebenso wird mit Bekämpfungsprogrammen experimentiert, bei denen man räuberische Insekten oder Parasiten freiläßt, damit sie Schädlingsarten nachstellen. Zum Beispiel wurden 1967 vom Staat New York winzige Fliegen eingesetzt, deren Maden an den Eiern von Schwammspinnern schmarotzen und verhindern, daß diese sich im nächsten Frühling entwickeln. Ein besonders einfallsreiches, auf Zusammenarbeit mit Forschern anderer Länder beruhendes Programm wird vom Landwirtschaftsministerium durchgeführt. Man verwendet dafür Geldmittel, die sich durch den Verkauf amerikanischer landwirtschaftlicher Erzeugnisse im Ausland ansammeln. Etwa die Hälfte der fast 200 derzeitigen Pflanzenschädlinge in den USA sind nicht in diesem Land heimisch. Das Landwirtschaftsministerium bezahlt daher ausländische Naturwissenschaftler, damit sie die Parasiten und räuberischen Arten ausfindig machen, die diese Schädlinge in ihrem Ursprungsland bekämpfen. In Polen und Jugoslawien etwa sucht man nach Parasiten für die sehr schädlichen Getreidelaubkäfer.

Die Arbeit von Carroll Williams mit Hormonen ist nur ein Teil der Forschung, die sich darum bemüht, den Lebenszyklus von schädlichen Pflanzen und Insekten zu verändern. An der Universität von Kalifornien haben Wissenschaftler synthetische Hormone benutzt, um Unkrautarten im Winter zum Wachsen zu veranlassen; die überlisteten Pflanzen sprießen hervor und werden von starken Frösten vernichtet.

Auch Bekämpfung durch Anbaumethoden, die bis zu einem gewissen Grade von den normalen abweichen, wird erforscht. So können Feldfrüchte zu Zeiten angepflanzt werden, die nicht mit dem Auftauchen schädlicher Raupen zusammenfallen; oder man baut im Fruchtwechsel an, um zu verhindern, daß einzelne Schädlingsarten, weil sie eine bestimmte Pflanze bevorzugen, riesige Populationen entwickeln. In vielen Ländern haben Wissenschaftler auch Pflanzenspielarten gezüchtet, die resistent gegen Schadinsekten und Krankheiten sind; so zeigt eine neue Spielart der Luzerne eine gewisse Resistenz gegen einen gefährlichen Rüsselkäfer, der sie befällt.

Den Naturwissenschaftlern steht noch viel Arbeit an diesen Problemen bevor. Im Augenblick glauben viele von ihnen, daß dem Juvenilhormon analoge Mittel die größte Chance bieten, schädliche Insekten zu bekämpfen, ohne die übrige Umwelt zu zerstören. Aber man muß wirksame Methoden ausarbeiten, um das Insekt, das Angriffsziel ist, zur rechten Zeit mit der Substanz in Berührung zu bringen. Als Forscher einen Kartoffelacker in Colorado mit Juvenilhormon sprühten, um den Colorado-Käfer zu bekämpfen, ging bei ihren Zeit- und Dosierungsberechnungen etwas schief. Die Folge davon war, daß sich verspätet und zu einem kritischen Zeitpunkt ein Heer von riesigen Larven entwickelte, die prompt die Kartoffelstauden auffraßen.

Offensichtlich muß man äußerst vorsichtig sein, wenn man chemische Sterilisierungsmittel oder Erreger von Insektenkrankheiten in der offenen Umwelt verbreitet. ‚Natürliche Bekämpfungsmethoden' sind nicht automatisch ‚ungefährliche Bekämpfungsmethoden'. Viele von ihnen sind sogar alles andere als ‚natürlich'. Es wäre verhängnisvoll, zu wiederholen, was seinerzeit bei den synthetischen chemischen Pestiziden geschah, und diese Bekämpfungsmittel auf die Umwelt loszulassen, ohne genau zu wissen, was wir tun.

NACHWORT

Die Probleme, die ‚Der stumme Frühling' behandelt, sind bis heute nicht gelöst worden. Angesichts der Kompliziertheit dieser Probleme erwartete auch niemand – am allerwenigsten Rachel Carson – eine schnelle Lösung. Bedauerlich ist, daß trotz der Entdeckungen der Naturwissenschaft die Pestizidkontroverse weitergeht. Positionen, in denen man sich vor Jahren verschanzt hat, werden immer noch hitzig verteidigt.

Dennoch anerkennen beide Seiten die Wirkung von Rachel Carsons Buch, das in der Regierung, in der akademischen Welt und in der Industrie so eingehend erörtert wurde und eine Reihe wichtiger Veränderungen eingeleitet hat.

In vielen Städten haben die Straßenverwaltungen ihre Torheit, entlang von Landstraßen mit Herbiziden ‚Braunstreifen' zu schaffen, bereut und stellenweise dafür gesorgt, daß sich den Vorüberfahrenden wieder ein etwas erfreulicheres Bild bietet.

Der Regen von beständigen Pestiziden, den man wahllos vom Himmel niedergehen ließ, hat etwas nachgelassen; so verbot etwa Connecticut das Sprühen von DDT aus der Luft.

Die massiven, schlecht geplanten Programme der Schädlingsbekämpfung werden nun einer genaueren Prüfung unterzogen. Größere Programme, an denen Stellen der Bundesregierung beteiligt sind, werden heute zuerst vom Ausschuß der Bundesregierung für Schädlingsbekämpfung überprüft.

In den letzten Tagen ihres Lebens wurde Rachel Carsons Sorge um die Flüsse Amerikas noch durch die genauen Informationen über das Fischsterben im Mississippi gerechtfertigt. Da ihr Buch das Pestizidproblem so vielen Menschen bewußt gemacht hatte, forderten nun Regierungsbeamte und viele Bürger wirksame Maßnahmen, um ähnliche Katastrophen zu verhüten.

Als Folge der durch den ‚Stummen Frühling' angeregten Kontroverse verbesserte das Landwirtschaftsministerium die Verfahren für die Registrierung chemischer Pestizide, und die Nahrungs- und Arzneimittelprüfstelle verbesserte ihre Methoden zur Festsetzung von erlaubten maximalen Pestizidrückständen in Lebensmitteln und Getränken.

Da Rachel Carson vor der unvorsichtigen Anwendung chemischer Pestizide im Haushalt so nachträglich gewarnt hat, scheint sich diesen Mitteln gegenüber eine neue Einstellung durchzusetzen. Das Landwirtschaftsministerium verbot 1969 die Verwendung des chlorierten Kohlenwasserstoffs Lindan in vielen Verdampfungsgeräten für die Wohnung und nannte sie „eine ernste Bedrohung der menschlichen Gesundheit". Bald darauf entschied sich das ‚Home Garden Magazine', für DDT und andere chlorierte Kohlenwasserstoffe, „die eine schädliche Wirkung auf den Menschen und dessen Umwelt haben könnten", keinerlei Anzeigen mehr anzunehmen. Die Zeitschrift forderte ihre Leser dringend auf, diese beständigen Pestizide nicht mehr zu gebrauchen. Überall interessierten sich Hausbesitzer wieder für Schädlingsbekämpfungsmittel, die keine chemischen Gifte enthielten. Zu den Methoden, die an deren Stelle treten, gehören auch Geräte, die unsichtbare, etwa ultraviolette Strahlen aussenden und Insekten anlocken, um sie dann zu vernichten – zu ertränken, zu zermalmen oder durch elektrischen Strom zu töten.

‚Der stumme Frühling' brachte weiten Kreisen der Regierung und der Öffentlichkeit zum ersten Mal zum Bewußtsein, daß zwischen allen Lebewesen wechselseitige Beziehungen bestehen und jedes auf eine gesunde Umwelt angewiesen ist, um überleben zu können. Ferner lieferte das Buch der Bundesregierung „den Begriff des totalen Umweltschutzes", wie Innenminister Udall es ausdrückte.

‚Der stumme Frühling' war der Anfang jenes Feldzuges, der Verwaltungsbeamte und Gesetzgeber davon überzeugte, daß die chemische Industrie nicht im öffentlichen Interesse handelt, wenn sie nicht durch strengere Vorschriften dazu gezwungen wird. Da die Industrie sich weigerte, ihre schädlichen Erzeugnisse vom Markt zurückzuziehen, haben viele amtliche Stellen im Interesse der Allgemeinheit dafür gesorgt, daß dies geschieht. Michigan und Arizona sind die ersten Staaten der USA, die DDT verboten; in Kalifornien ist seit 1. Januar 1970 die Anwendung von DDT in Haus und Garten untersagt. In November 1969 befürwortete die Regierung der USA, die Anwendung von DDT, abgesehen von ‚Notfällen', zwei Jahre lang auszusetzen. England hat, wie schon erwähnt, bereits vor mehreren Jahren etwas gegen einige der schädlichsten chemischen Pestizide unternommen. Schweden kündigte ein zweijähriges Verbot von DDT an, Dänemark hat es endgültig verboten. Ungarn untersagt die Anwendung von *allen* chlorierten Kohlenwasserstoffen zur Schädlingsbekämpfung. In der Befürchtung, daß steigende Konzentrationen von DDT-Rückständen zur Ablehnung seiner Exporte von Fleisch, anderen Erzeugnissen und Milchprodukten in Übersee führen könnten, kündigte Australien Ende 1968 an, daß diese Chemikalie so schnell wie möglich ausgeschaltet werde.[1]

Folgende der von Rachel Carson beleuchteten Probleme sind jedoch noch ungelöst:

Die neueste Forschung in den USA und Großbritannien gibt den Befürchtungen, die sie bezüglich der Raubvögel äußerte, neue Nahrung.

Ähnliche Forschungsarbeit in Flußmündungen und auf den großen Meeren bestätigt ihr Urteil, daß die Menschheit, wenn sie den gegenwärtigen Kurs weitersteuert, „überall die Verunreinigung des Wassers" heraufbeschwört. Immer wieder tauchen beständige Pestizide in Lebensmitteln auf, sobald Wissenschaftler sich auf die Suche danach machen. Allgegenwärtig sind Rückstände dieser Pestizide in Fischen und Jagdwild. In den ersten Monaten des Jahres 1969 hat die Nahrungs- und Arzneimittelstelle rund 900 000 Kilo importierten Käse in der Stadt New York beschlagnahmt: Camembert, Brie, Roquefort, Port-Salut, Parmesan und Provolone gehörten zu den ausländischen Käsesorten, die wegen ihres übermäßig hohen Pestizidgehaltes zurückgeschickt oder vernichtet wurden. Inzwischen hat das Ökologie-Zentrum[2] in Berkeley

[1] 1969 schlug die Audubon-Gesellschaft als einen Teil ihres im ganzen Land unternommenen Vorstoßes, DDT zu verbieten, Alternativen vor. Sie ist nicht gegen die in neuerer Zeit entwickelten kurzlebigen Pestizide. Wo etwa Sprühen ratsam ist, empfiehlt sie Methoxychlor, Malathion, Bidrin, Diazinon, Guthion, naled, Abate, Sevin, Pyrethrin, Rotenon oder Nikotinsulfat.

[2] Ecology Centre

die Zunahme von DDT in der Muttermilch anschaulich dargestellt. Es brachte ein Plakat heraus, das die hübsche, nackte Gestalt einer schwangeren jungen Frau zeigt; auf ihrem Busen trägt sie das Schild: „Vorsicht, außer Reichweite von Kindern halten."

Die von Rachel Carson aufgeworfenen Fragen über die Zukunft menschlichen Lebens in einer zunehmend mit Chemikalien vernebelten Welt bleiben unbeantwortet. Wie uns viele angesehene Wissenschaftler warnend erklären, wissen wir noch nicht, welche Wirkung Pestizide – auch in Kombination mit allen anderen Chemikalien, denen der Körper täglich ausgesetzt ist – letzten Endes auf die menschliche Gesundheit haben werden. Es könnte noch etliche Jahre dauern, bis endgültig erwiesen ist, ob Gefahr droht oder nicht.

Die herrschende Strömung richtet sich heftig gegen die Anwendung von DDT, doch selbst wenn es für immer verschwindet, dürfen sich unsere Gesetzgeber und Verwaltungsleute nicht zu der Annahme verleiten lassen, daß die Schlacht gewonnen ist. Dieldrin, Aldrin, Endrin und die übrigen beständigen Pestizide werden in steigenden Mengen verkauft. ‚Der stumme Frühling' hat zwar den Zufluß von Geldmitteln und das Tempo der Forschung auf dem ‚anderen Weg' zu vernünftigeren Bekämpfungsmethoden etwas beschleunigt; aber wir haben uns noch nicht einmal von den anrüchigsten Chemikalien unabhängig gemacht. „Mit den derzeit im Gebrauch befindlichen Substanzen kann das Problem nicht wirklich gelöst werden", schrieb kürzlich Carroll Williams.

Rachel Carson war keineswegs von Natur aus ein Mensch, der öffentlichen Streit suchte. Sie war am glücklichsten, wenn sie sich ausschließlich mit den Geschöpfen des Meeres beschäftigte. In ihrem letzten Buch aber äußerte sich ihre Ehrfurcht allem Leben gegenüber nicht in bewundernder Ehrerbietung, sondern in Zorn.

Und so wird ihr Name immer eng mit dieser für unsere Zeit so kennzeichnenden Krise verknüpft bleiben. Wortführer der landwirtschaftlich-chemischen Industrie verdrehten ihre Mahnung, indem sie unterstellten, dies führe nur dazu, daß man die Erde schädlichen Insekten ausliefere; aber Rachel Carson hat recht behalten und praktischer gedacht als nüchterne Geschäftsleute. Sie wußte genausogut wie diese, daß Insekten, die für den Menschen, für seine Haustiere und Feldfrüchte verderblich sind, bekämpft werden müssen. Sie war sich aber auch, im

Gegensatz zu ihren Kritikern, bewußt, daß es barbarisch ist, gegen Lebewesen in ihrer ganzen Vielfalt ein Trommelfeuer von lange haltbaren, unspezifischen Giften zu richten – ebenso barbarisch, als wenn man das blühende Dorf, das einen flüchtigen Guerilla-Kämpfer verbirgt, mit einer Fackel in Brand steckt. Seit ihrem Tode hat niemand die Lage treffender charakterisiert als ihr Freund, der Naturschutzvertreter Irston R. Barnes.

„Gibt es noch jemand, der an der Voraussicht Rachel Carsons zweifelt?" fragte er. „Wenn ja, so braucht er nur den ‚Stummen Frühling' nochmals zu lesen und festzustellen, wie viele Stimmen bereits im Frühlingschor ganz fehlen und wie viele andere spärlicher geworden sind. Die bittere Ironie ist, daß ein paar Leute, die ihre eigenen engstirnigen Interessen verfolgten, imstande waren, uns allen einen Teil unseres angestammten Erbes wegzunehmen."

SECHSTER TEIL

ANHANG

ANHANG I

Ungefährlichere Pestizide für Haus und Garten

von Shirley A. Briggs

Dieser Versuch[1] der vereinfachten Darstellung eines Themas, das eigentlich zu komplex dafür ist, wurde angeregt durch viele Anfragen von Menschen, die über die große Giftigkeit und Beständigkeit zahlreicher neuer, auf dem Markt befindlicher Pestizide sehr beunruhigt sind. Sie ersuchen die Audubon Gesellschaft um eine Übersicht über Pestizidarten und um die Angabe von Regeln, an die sie sich als Haus- und Gartenbesitzer bei den alltäglichen Insekten- und Unkrautproblemen halten können. Ihrer Meinung nach sollte man auf diesem wichtigen Stück Umwelt, wo nicht wirtschaftlicher Gewinn, sondern Gesundheit und Wohlbefinden der Familie im Vordergrund stehen, kein Risiko eingehen.

Natürlich kann eine solche Übersicht nicht umfassend sein auf einem Gebiet, auf dem sich die verfügbaren Chemikalien alljährlich um mehrere hundert vermehren. Unsere Empfehlungen gründen sich auf folgende Regeln: Zeigt sich beim Gebrauch eines Produktes irgendeine Gefahr, hat der Käufer, selbst wenn sie bei manchen Anwendungsarten unwahrscheinlich ist, ein Recht darauf, gewarnt zu werden. Beweisen Experimente, daß eine Chemikalie bei Versuchstieren krebserzeugend wirkt, sollte dies erwähnt werden, auch wenn noch kein schlüssiger Beweis vorliegt, daß dies auch für den Menschen gilt. Die meisten Tests für

[1] Genehmigter Abdruck aus ‚Atlantic Naturalist' Band 22, Nr. 2, April–Juni 1967. Die im Original geringfügig überarbeitete Fassung wurde für die deutsche Ausgabe um Angaben und Literaturhinweise gekürzt, die lediglich für amerikanische Leser von Interesse sind.

solche gefährlichen Wirkungen werden schließlich an Tieren gemacht, und bei Anwendung des Produkts sollte man sich mehr von der Möglichkeit als der Wahrscheinlichkeit einer Gefahr für den Menschen leiten lassen. Berücksichtigen muß man auch, daß ein Mittel Mißbildungen oder Krankheit bei Haus- und Wildtieren verursachen könnte. Hier ist das Kriterium nicht nur die unmittelbare Sicherheit eines bestimmten Menschen, der die Mittel gebraucht, sondern die Erhaltung einer gesunden Umwelt.

Dieser Artikel gibt keine Antwort auf die Frage, wie man einem besonderen Problem beikommen kann. Wenn Anweisungen in Gartenbüchern oder in amtlichen Broschüren irgendwelche der hier genannten ‚annehmbaren' Stoffe vorschlagen, fällt die Wahl leicht. Manchmal muß man aber Fachbücher ausfindig machen, die erschienen, ehe die vielen neuen Erzeugnisse ältere Methoden verdrängten.

Wie der wachsame Gärtner und Hausbesitzer weiß, lauern unter den Tausenden von neuen Pestiziden, die in den letzten Jahren auf den Markt gelangt sind und meist lange, unaussprechbare Namen tragen, viele ernste Gefahren. Genau zu ergründen, was in den uns aufgedrängten Pestiziden enthalten ist, was diese Chemikalien der Umwelt und uns selbst zufügen werden, und welche gefahrlosen Alternativen existieren, das ist ein unglaublich kompliziertes Problem geworden. Für jemand, der unnötige Risiken vermeiden will und der Erzeugnisse bevorzugt, die eben die Schwierigkeit, mit der er sich herumschlägt, wirkungsvoll beseitigen, können Anzeigen, ja sogar Ratschläge in ‚Gartenspalten' von Zeitungen verwirrend und irreführend sein. Die Unmenge verfügbarer Chemikalien, der unbegrenzte Spielraum ihrer Wirkungen und Nebenwirkungen sowie die geringe Forschungsarbeit, die geleistet worden ist, um derlei Wirkungen zu erfassen, erschweren dieses Problem. Der gewissenhafte Verbraucher irgendeines solcher Produkte muß ein bestimmtes Maß an ‚Heimarbeit' leisten, um festzustellen, was er erhält und was das Mittel bewirken wird. Will er sich wirklich vor einer unerwarteten Vergiftung schützen, muß er vielleicht auch seine Nachbarn belehren. Wir können Empfehlungen geben, eine Liste aufstellen, die in dem Irrgarten von landläufigen chemischen und handelsüblichen Namen eine Orientierungshilfe gibt, und ein paar warnende Anmerkungen hinzufügen. Im Zweifelsfalle haben wir uns zugunsten der Ungefährlichkeit entschieden.

Die meisten Chemikalien, mit denen wir uns befassen, sind in den letzten 20 Jahren in den Handel gekommen. Viele haben sich als hochgiftig für eine große Reihe von Organismen erwiesen, als sehr beständig im Boden, in Tiergeweben und Nahrungsketten und überdies fähig, sich in einem gewissen zeitlichen und räumlichen Abstand von der ursprünglichen Anwendung bis zu giftigen Konzentrationen anzureichern. Viele Arten, die, wie etwa Moskitos und Fliegen, Angriffsziel der Mittel sind, konnten gegen diese Gifte Resistenz entwickeln, während erwünschte und unbeabsichtigt zum Opfer gefallene Arten hochempfindlich dagegen blieben. Infolge der Anwendung dieser Chemikalien haben sich manche Probleme der Schädlingsbekämpfung nur verschlimmert.

Einige dieser Gifte wirken auf das Nervensystem ein, andere hemmen die Cholinesterase[2], manche sind allgemein für alles Protoplasma giftig. Bei mehreren gibt es Beweise dafür, daß sie krebserzeugend sind. Laufend entdecken wir viele komplizierte und unerwünschte Folgen ihrer Anwendung. Wir haben sehr stark wirkende Gifte in unsere Umwelt eindringen lassen, wo sie sich schnell unserer Kontrolle entziehen, doch wir haben sehr wenig Forschungsarbeit geleistet, um zu verstehen, welchen Schaden sie anrichten.

Ein paar dieser Chemikalien, die man meiden sollte, sind lange Zeit in Gebrauch gewesen, aber erst jetzt erkennen wir ihre langfristigen Wirkungen auf das Ökosystem. Quecksilber und Arsen sind ebenfalls sehr beständige Gifte, die alles Protoplasma angreifen und, einmal angewendet, in einer Umwelt verharren und sie durchsetzen. Obstgärten, die jahrelang mit Arsen gesprüht worden sind, werden so unfruchtbar, daß nichts mehr dort wächst – nicht einmal mehr junge Obstbäume. Dennoch drängt man uns immer noch, Rasenflächen mit starken Konzentrationen zu behandeln, um etwa Vogelknöterich oder Japanische Käfer in Schach zu halten, für die gute andere Methoden existieren. Thallium und 1080,

[2] Cholinesterase ist ein Enzym, das Acetylcholin spaltet. Letzteres spielt die Rolle einer Überträgersubstanz bei der Reizleitung und wird nach Erfüllung seiner Aufgabe von der Cholinesterase abgebaut. Geschieht dies nicht, wird ein anomaler anhaltender Reiz erzeugt.

beide zur berufsmäßigen Nagetierbekämpfung verwendet, sind ebenso giftig und beständig: Ein Tier, das dadurch getötet wird, vergiftet jedes weitere, von dem es gefressen wird, und das setzt sich ins Unendliche fort.

Diese zwei Mittel werden in den USA nicht für den Hausgebrauch zugelassen und sind unter allen außer den schärfstens überwachten Umständen von wahrlich zweifelhaftem Wert. Zwar erfolgt die Abgabe mancher derartiger Pestizide nur an Personen, die sie beruflich anwenden, doch werden viele hochgiftige Verbindungen an jedermann verkauft. Würde man die gleichen oder andere, ebenso giftige Substanzen in einer Apotheke erstehen, müßte man im Giftbuch unterschreiben; aber im Geschäft für Gartenbedarf gilt diese Vorsichtsmaßregel nicht.

Die akzeptablen Pestizide und anderen Bekämpfungsmethoden mögen nicht so schnell helfen, aber sie sind auf lange Sicht oft wirksamer. Es kostet vielleicht mehr Mühe und Sorgfalt, sie richtig anzuwenden, aber die Ergebnisse sind entsprechend besser. Und die Umwelt des eigenen Heimes ist zweifellos der Ort, wo äußerste Vorsicht geboten ist.

Einige allgemeine Regeln und Warnungen

Vermeide Behandlungen mit Pestiziden, die räuberische Insekten, Parasiten und andere nützliche Arten vernichten, darunter solche, die Blüten bestäuben.

Hüte dich vor jedem Erzeugnis, das fast alle deine Probleme ohne schädliche Folgen zu lösen verspricht. Vorerst bekommen wir noch nichts umsonst.

Wende die geringste Pestizidmenge und die geringste Anzahl von Behandlungen an, um den Bestand des Schädlings auf ein harmloses Maß zu vermindern. Sprühe niemals aus Prinzip, ehe du weißt, daß tatsächlich ein Problem vorliegt.

Gerate nicht in Panik, wenn Schädlinge auftauchen. Einfache Methoden führen vielleicht zum Ziel – schon wenn man Pflanzen mit einem dünnen scharfen Wasserstrahl bespritzt, vernichtet man manche dieser Geschöpfe. Überlege sorgfältig, ehe du ein hochgiftiges Mittel gebrauchst, ob die möglichen Gefahren der Kur nicht viel schlimmer sein könnten als die Krankheit. Wende kein beständiges Gift bei einer vorübergehenden Schwierigkeit an.

Spezifische biologische Bekämpfung sollte den Vorzug vor giftigen Chemikalien haben.

Vermeide Pestizide, deren Etikett einen Totenkopf mit gekreuzten Knochen zeigt. Diese Mittel sind am giftigsten und normalerweise in Haus und Garten das Risiko nicht wert. Zumindest beschränke dich auf jene, die sich, wie etwa Nikotin, schnell zersetzen. Prüfe gründlich, ob nicht weniger giftige Stoffe das Problem beheben könnten.

Lies das Kleingedruckte auf dem Etikett, damit du genau weißt, was in dem Schädlingsbekämpfungsmittel enthalten ist, wofür es sich eignet und welche Vorsichtsmaßnahmen geboten sind. Versuche, einfach zusammengesetzte Mittel zu bekommen, deren Zutaten alle auf der Liste annehmbarer Substanzen stehen. Vergewissere dich nach Möglichkeit, welche bekannten Mittel sich hinter einer komplizierten chemischen Bezeichnung verstecken. Berücksichtige ebenso die Eigenschaften von Lösungsmitteln, etwa von Kerosin, wie die des Pestizids selbst.

Kombinationen von Chemikalien können andere Wirkungen haben als man auf Grund der Wirksamkeit der einzelnen Substanzen erwarten würde. Diese sogenannte synergistische Wirkung hat man noch nicht genügend untersucht, und es ist daher sicherer, Pestizide mit der geringsten Anzahl wirksamer Bestandteile, am besten nur mit einem, zu wählen.

Über Symptome einer Vergiftung durch diese Stoffe und über Gegenmittel sollte man sich in der einschlägigen Literatur orientieren. Verwende keine Substanz, die für den Menschen giftig ist, ohne über diese Dinge Bescheid zu wissen, und denke daran, daß viele dieser Schädlingsbekämpfungsmittel leicht durch die Haut absorbiert werden können. Rufe in Notfällen den Arzt zu Hilfe.

Wähle das für die betreffende Schädlingsart geeignete Mittel. Vermeide Pestizide mit breitem Wirkungsspektrum, sogenannte Biozide.

Überschüssige Pestizide und leere Behälter müssen sehr sorgfältig beseitigt werden. Halte dich an die Vorschriften auf dem Etikett.

Benützst du ein Zusatzgerät zum Gartenschlauch, um Pestizide zu sprühen, vergewissere dich, daß eine Vorrichtung vorhanden ist, die ein Zurücklaufen in die Wasserleitung verhütet.

Teiche, Bäche, Quellen oder Feuchtlandgebiete in der Umgebung sollten vor jeder Verseuchung mit Pestiziden geschützt werden. Viele dieser Chemikalien sind besonders giftig für Fische oder können die Zahl der im Wasser lebenden Geschöpfe so verringern, daß der Futtervorrat für Fische bedenklich abnimmt.

In ganzen Gemeinden zu sprühen, ist selten bei einem Bekämpfungsprogramm gerechtfertigt und schon gar nicht bei der Bekämpfung des Ulmensterbens oder lästiger Stechmücken. Menschen mit Allergien oder mit besonderer Empfindlichkeit gegen diese Chemikalien können durch solches Sprühen ernstlich geschädigt werden. Hüte dich vor jedem starken Sprühen auf deinem Grundbesitz; protestiere gegen allgemeines Sprühen in deiner Nachbarschaft.

Die Haushaltpestizide, denen du ausgesetzt bist, beschränken sich nicht auf diejenigen, die du selbst anwendest. Wachs- und Schrankpapier sowie viele andere Erzeugnisse werden heute mit Pestiziden, oft sogar mit denen, die laut unserer Liste „zu vermeiden" sind, behandelt. Kleiderfabrikanten haben Wolle mit Dieldrin behandelt, um sie ‚dauernd mottensicher' zu machen, und chemische Reinigungsanstalten verwenden für diesen Zweck DDT oder Lindan, oft ohne selbst zu wissen, welche Chemikalie sie in ihrer Lösung haben. Alle diese Gifte sind kumulativ und werden durch die Haut absorbiert.

Neue Chemikalien werden oft als ungefährlich angesehen, da die üblichen Tests noch keine schädlichen Wirkungen nachgewiesen haben. Allzuoft haben gründlichere Untersuchung und Erfahrung später gezeigt, daß dieses Zutrauen verfrüht war. Im Zweifelsfall halte dich an ältere Stoffe, über die wir zuverlässiger Bescheid wissen.

Mannigfaltigkeit ist immer noch die Grundregel für ein stabiles und gesundes Ökosystem. Auch in deinem Garten wird eine bunte Mischung von Pflanzen besser als eine Monokultur Schädlingsprobleme vermindern, ohne daß man Zuflucht zu verzweifelten Maßnahmen nehmen muß. Suche Spielarten von Pflanzen aus, die gegen Schädlinge resistent und der Örtlichkeit angepaßt sind, und merze schwache und kranke Exemplare aus, da sie besonders leicht von Schadinsekten befallen werden.

Die folgende Liste gibt einige der gebräuchlicheren Pestizide an.

Einige annehmbare Pestizide

Zwar gehören dazu auch einige starke Gifte, doch bleiben sie nicht in Nahrungsketten oder allgemein in der Umwelt bestehen, und sie haben sich nicht als gefährlich für Wildtiere erwiesen, wenn dies nicht besonders erwähnt wird. Sie sind einigermaßen selektiv, d. h. sie greifen nur bestimmte Schädlinge an und breiten sich nicht in der ganzen Umwelt aus. Die meisten hat man schon seit langem angewendet und ihre Wirkungen sind im allgemeinen wohlbekannt. Manche davon können, wie jedes Pestizid, auf Menschen mit Allergien wie Reizstoffe wirken. Vermeide jedes Sprühen im großen Maßstab, sprühe oder stäube nie an windigen Tagen. Wende die Mittel stets so örtlich begrenzt wie möglich an.

Bordeaux-Mischung (Kupfersulfat-Kalziumhydroxyd), wenn nicht mit Blei- oder Kalziumarsenat verstärkt. Kupfer-Kalkmischungen	Fungizid und Insektizid
Pyrethrum (Allethrin ist eine analoge synthetische Verbindung)	Sei vorsichtig bei Anwendungsformen, die zu allergischen Reaktionen bei Menschen führen könnten.
Rotenon (Derris)	Giftig für Fische; vermeide Anwendung, wenn das Mittel in Teiche oder Flüsse gelangen könnte.
Ryania	
Sabadille	Giftig für Bienen, aber nicht in der üblichen niedrigen Dosierung.
Schwefel, Schwefelkalk	
Nikotinsulfat (mit Vorsicht gebrauchen!)	Hochgiftig, aber nicht beständig. Hat sich als nicht gefährlich für wildlebende Tiere erwiesen, muß aber mit größter Vorsicht gehandhabt werden, um Vergiftung von Menschen zu vermeiden.

Bakterielle Insektizide

Bazillus thuringiensis Berliner	Spezifisch für vielerlei Arten von Motten und bestimmte andere Schmetterlinge

Austrocknende Mittel

Silica-Gel Amerikanische Handelsnamen Dri-Die oder – mit Pyrethrum – Drione	Ein austrocknendes Pulver, besonders für die Anwendung im Haus geeignet, da es ungiftig für Menschen oder kleine Haustiere ist, obwohl es, zu stark eingeatmet, die Schleimhäute austrocknen kann. Wirkt auf Insekten, weil es ihr Außenskelett – den Chitinpanzer – durchdringt.
Diatomeen-Erde	Tötet ebenfalls durch Wasserentzug Insekten, mit denen sie in Berührung kommt.

Rodentizide

Anticoagulantien wie etwa Warfarin	Selektiv für Ratten und Mäuse; sie müssen jedoch wiederholt eine Dosis davon aufnehmen. Verwende geschlossene Köderfallen, in die kleine Kinder und kleine Haustiere nicht hineingeraten können.
Echte Meerzwiebel	

Einige Pestizide, die man meiden soll: beständige Pestizide mit breitem Wirkungsspektrum

Diese Mittel bleiben viele Jahre lang fast unverändert im Ökosystem bestehen, sammeln sich im Boden und in Organismen an und neigen dazu, sich in Tieren am Ende der Nahrungsketten zu konzentrieren. Sie sind für vielerlei Organismen giftig, und sind sie einmal in die Umwelt gelangt, kann ihre Wirkung nicht auf die Spezies begrenzt werden, die das Angriffsziel bildet.

Chlorierte Kohlenwasserstoffe

Aldrin Hexachlorcyclohexan (Lindan, BHC) Chlordan	Wirken als Nervengift und werden im Fett von Tieren gespeichert; sie können plötzlich in andere Gewebe abgegeben werden, wenn Überanstren-

DDD (TDE) DDT Dieldrin Endrin Heptachlor Toxaphen	gung oder Verminderung der Nahrungsaufnahme die Fettreserven erschöpft; so können sie lange, nachdem die Tiere ihnen ausgesetzt wurden, in wichtige Organe, wie etwa in das Gehirn, eindringen. Es handelt sich um synthetische Verbindungen, die vor ihrer verbreiteten Anwendung seit 1946 in der Natur überhaupt nicht zu finden waren. Auf den Stoffwechsel und andere Vorgänge im Körper üben sie noch wenig erforschte Wirkungen aus. Sie können die Bodenökologie völlig zerrütten und sind sehr beständig. Bei einigen liegen Beweise für karzinogene Wirkungen vor.

Methoxychlor ist weniger giftig für Warmblüter als die anderen Pestizide, aber es hat bekanntlich hormonale Wirkungen, die denen von Östrogenen ähneln. Bei normalem Gebrauch werden karzinogene Wirkungen für sehr gering gehalten. Es ist giftig für Fische.

Allgemeine Protoplasma-Gifte

Arsen in vielerlei Formen (die man als Insektizide, Herbizide und Rodentizide verwendet)	Ein kumulatives Gift, das sich in Tieren und im Boden ansammelt; es kann Böden für Pflanzen und Bodenorganismen unbewohnbar machen. Es ist karzinogen.
Quecksilber, in organischen und anorganischen Verbindungen	Wird in zunehmendem Maße als Fungizid gebraucht, oft auf Golfplätzen und Friedhöfen. In Schweden, wo es viel in Pestiziden verwendet worden ist, hat es in der wildlebenden Tierwelt und in der Nahrungsmittelversorgung mannigfaltige Probleme verursacht.

Dinitro-Verbindungen

Dinitrophenol (DNBP DNOSBP) Dinitrokresol	Kumulative Gifte, als Fungizide, Insektizide, Mitizide oder Herbizide verwendet. Sehr giftig. Sie können durch die Haut absorbiert werden.

Pentachlorphenol

Die Wirkung ist der von Dinitrophenolen ähnlich. Auch als Bakterizid gebraucht. Vergiftungssymptome, denen einer Vergiftung mit organischen Phosphaten ähnlich, aber sie müssen anders behandelt werden.

Rodentizide

Alpha-Naphthylthioharnstoff (ANTU)	Beweise für karzinogene Wirkungen liegen vor.
Phosphor, weißer oder gelber Natriumfluorazetat (1080) Thallium	Äußerst giftig; Gifte, die diese Bestandteile enthalten, sind nicht für den Hausgebrauch zugelassen; ausgenommen ist Phosphor, der wohl kaum auf oder in menschlicher Nahrung vorhanden ist.

Nicht beständige Pestizide mit breitem Wirkungsspektrum

Diese Pestizide sind ebenso neue synthetische Chemikalien wie die chlorierten Kohlenwasserstoffe. Zu ihnen zählen hochgiftige Verbindungen, aber sie dürften eine weniger totale Wirkung auf die Umwelt haben als die vorher genannten Mittel, weil sie ziemlich schnell zu ungiftigen Stoffen abgebaut werden. Ihre wahllosen Wirkungen machen sie jedoch für die Anwendung in Haus und Garten unerwünscht.

Organische Phosphate

Chlorthion Demeton Diazinon Dimethoat EPN Parathion Phosdrin Schradan Tepp	Eine Gruppe von Chemikalien, die ursprünglich als Mittel zur chemischen Kriegführung entwickelt wurden, giftig hauptsächlich durch Hemmung der Cholinesterase und dem daraus resultierenden Zusammenbruch von Nerven- und Muskelreaktion. Einige der Mittel können die Wirksamkeit anderer Stoffe erhöhen: Kombinationen mit anderen Chemikalien können um ein Vielfaches giftiger sein, als die ursprünglichen Kom-

ponenten vermuten lassen. Die subletalen Wirkungen und den vollen Einfluß auf die Umwelt kennt man noch nicht genau, was auch für die chlorierten Kohlenwasserstoffe zutrifft.

Malathion wird im Vergleich zu den übrigen Phosphaten meist als viel weniger giftig für Warmblüter eingestuft. Bei der Anwendung im Haus ist jedoch eine akute Vergiftung mit Malathion durchaus möglich und wahlloses Sprühen damit hat zu einem schweren Vogel- und Wildtiersterben geführt.

Carbamate

Carbaryl

Methylcarbamat-Herbizide

Die Carbamate werden noch erforscht, und obwohl das Beweismaterial bisher nicht auf eine ernste Gefahr bei ihrem Gebrauch hindeutet, sind noch nicht alle Zweifel darüber zerstreut. Die Mittel sind nicht kumulativ und wirken durch Cholinesterase-Hemmung; man nimmt derzeit an, daß sie von mittlerer Giftigkeit für Menschen sind. Für Bienen können sie sehr giftig sein.

Fungizide

Captan

Folpet

Setzt man Versuchstiere diesen Mitteln aus, deren chemischer Aufbau dem von Thalidomid ähnelt, zeigen unsere Experimente, daß sehr häufig bei den Jungen angeborene Mißbildungen auftreten.

Herbizide

Wachsender Verdacht, daß die früher als am ungefährlichsten angesehenen Herbizide doch die Gesundheit gefährden, hat neuerdings zu Beschränkungen für die Anwendung von 2,4,5-T geführt, und auch bezüglich des ähnlichen 2,4-D bestehen Zweifel. Alle Chemikalien, die auf den

Stoffwechsel einer Form des Protoplasmas einwirken, sollten gründlicher erforscht werden als zuvor, ehe man sie auf weite Gebiete unserer Umwelt anwendet. Andere, im Handel befindliche Herbizide sind als Krebs oder Mutationen auslösende Mittel verdächtig oder können die Embryonalentwicklung stören. Ältere Mittel wie Arsen sind zusätzlich noch wegen ihrer Beständigkeit gefährlich. In der häuslichen Umwelt, in der außer Bequemlichkeit keine zwingenden Gründe für chemische Bekämpfungsmittel existieren, sind daher Anbaumethoden zur Vernichtung unerwünschter Pflanzen bei weitem vorzuziehen. Sachkundige Botaniker haben 2,4-D, 2,4,5-T und Dalapon-Natriumsalze erfolgreich und relativ gefahrlos zur sehr selektiven Bekämpfung von Pflanzenwuchs gebraucht, indem sie die Chemikalien genau auf die anfälligen Teile einzelner Pflanzen anwendeten. Allgemeines Sprühen oder Verstreuen von Substanzen, die Herbizide enthalten, wird von diesen Fachleuten nicht empfohlen. Es ist oft nicht viel mühsamer, solche Pflanzen mit anderen Mitteln zu entfernen.

In üblicher Weise angewandt, können Herbizide, wenn sie verweht werden, ernste Probleme heraufbeschwören und unbeabsichtigt andere Pflanzen vernichten. Selbst an windstillen Tagen läßt sich ein solches Sprühmaterial weit entfernt vom Anwendungsort entdecken und kann noch über eineinhalb Kilometer abseits davon Schaden anrichten. Gefährlich kann auch der Gebrauch von Mitteln zur Verschönerung von Rasen werden, wenn sie Herbizide wie 2,4-D und 2,4,5-T in Körnchenform enthalten. Bei heißem Wetter können sich diese Herbizide verflüchtigen und empfindliche Pflanzen in der Nähe angreifen. Die Rasenbehandlung des Nachbarn kann besonders bei starker Dosierung des Mittels deine Rosen, Weintrauben oder Tomaten deformieren. Hausbesitzer sollten grundsätzlich Anweisungen für Chemikalien, die sie im Garten benützen, von den Angaben für kleine Flächeneinheiten auf die in der Landwirtschaft übliche Dosis pro Hektar umrechnen. Es gibt keine Vorschriften der Bundesregierung, die zulässige Mengen für die Anwendung in Haus und Garten nennen, daher werden manchmal beängstigend große empfohlen. Manche Unkrautvertilgungsmittel für den Hausgebrauch haben das Sechzigfache des für die Anwendung in der Landwirtschaft erlaubten Anteils an Arsenverbindungen enthalten.

Noch mehr Probleme können sich aus der Anwendung von sogenannten Unkrautbarren ergeben, die meist aus 2,4-D und Wachs bestehen. Legt man diese Barren etwa in die Nähe von Rosen, Weintrauben oder Petunien oder schleift sie daran vorbei, kann das den Pflanzen sehr schaden. Man hat Herbizide für weniger gefährlich gehalten als beständige Chemikalien, da sie in der Umwelt ziemlich schnell zerfallen. Sind ihnen Pflanzen jedoch einmal ausgesetzt gewesen, kennt man kein Mittel, den Schaden zu heilen, und man kann nur hoffen, daß er nicht vernichtend ist.

ANHANG II

Die von der US-Regierung vorgeschriebenen Bedingungen für eine Eintragung von Pestiziden ins Handelsregister

von Harold G. Alford[1]

Die Abteilung für Pestizidvorschriften des Landwirtschaftsministeriums der USA ist für die Ausführung des einzigen Bundesgesetzes zuständig, das sich unmittelbar mit als Pestiziden dienenden Produkten im zwischenstaatlichen Handel befaßt.

Alle Produkte, die zur Anwendung gegen irgendwelche Schädlinge bestimmt sind und nicht als Arzneimittel für Menschen oder Tiere dienen, werden durch das Bundesgesetz über Insektizide, Fungizide und Rodentizide als wirtschaftlich angewandte Gifte definiert. Zwischenstaatliche Verfrachtung solcher Erzeugnisse muß gemäß diesem Gesetz erfolgen.

Die Bezeichnung ‚wirtschaftlich angewandte Gifte'[2] gilt für jede Substanz oder Mischung von Substanzen, die bestimmt sind zur Verwendung als Insektizide, Fungizide, Rodentizide, Nematozide, keimtötende Mittel, oder als Mittel zur Steuerung von Pflanzenwuchs, zur Entlaubung und Austrocknung von Pflanzen sowie Produkte, die zur Anwendung gegen Amphibien, Reptilien, Vögel, Fische oder Säugetiere bestimmt sind.

Dieses Gesetz verlangt, daß alle Produkte, die zur Verwendung als wirtschaftlich angewandte Gifte bestimmt sind, ehe sie in den zwischenstaatlichen Handel gehen, ordnungsgemäß beschriftet und registriert werden.

[1] Abteilung für Pestizidvorschriften, Landwirtschaftlicher Forschungsdienst, Landwirtschaftsministerium der USA. In die deutsche Ausgabe wurde der Text nur auszugsweise übernommen.

[2] economic poisons

Um die Registrierung zu erreichen und ein Pestizid im zwischenstaatlichen Handel verfrachten zu können, muß ein Hersteller solcher Produkte einen Antrag stellen, Kopien des von ihm vorgeschlagenen Etiketts, eine Erklärung über die vollständige Zusammensetzung des Produktes und entsprechende Daten über den vorgeschlagenen Verwendungszweck unterbreiten.

Anträge für eine Registrierung werden unter Berücksichtigung von drei grundlegenden Fragen überprüft:

1. Wird das Produkt wirksam sein für die auf dem Etikett angegebenen Zwecke und kann es wirkungsvoll angewendet werden ohne der Feldfrucht oder dem Grundstück, auf das es angewendet wird, Schaden zuzufügen?

Zusätzlich zur Wirksamkeit muß die vorgeschlagene Anwendung relativ frei von ungünstigen Nebenwirkungen sein.

2. Trägt das Etikett Angaben über Vorsichtsmaßnahmen, die, wenn man sich daran hält, geeignet sind, Schaden für den, der das Produkt anwendet, für andere Personen oder für nützliche Tiere, die ihm ausgesetzt sind, zu verhüten?...

3. Hat die vorgeschlagene Anwendung des Produkts etwas mit Nahrungsmitteln zu tun?

Produkte mit Anweisungen für die Anwendung auf Nahrungs- oder Futtermittel werden auf Grund von begrenzten Toleranzmengen[3] oder Befreiung von der Notwendigkeit einer Toleranz registriert, um irgendwelche Rückstände, die sich wahrscheinlich aus dem in der Anweisung empfohlenen Gebrauch ergeben, zu erfassen...

Landwirtschaftliche Verwendungszwecke, bei denen es nicht um Nahrungsmittel geht, werden als Anwendungen, die keine Nahrungsmittel betreffen, auch weiterhin ohne Angabe von genau begrenzten Toleranzmengen registriert...

Die Forderung nach begrenzten Toleranzmengen von geringer Höhe ist derzeit in Kraft für Anträge auf Registrierung mit einer neuen Gebrauchsanweisung, bei der es sich um Anwendung auf Nahrungsmittel handelt...

[3] Unter Toleranz versteht man das zulässige Abweichmaß von der vorgeschriebenen, nicht schädlichen Maßgröße.

Um die erforderliche Toleranz mit Sicherheit festzustellen, muß der Hersteller ein Gesuch an die Nahrungs- und Arzneimittelprüfstelle richten, um die Festsetzung der Toleranz ersuchen und die notwendigen Daten, die diese Toleranz rechtfertigen, liefern...

Ist einmal von der Nahrungs- und Arzneimittelprüfstelle eine angemessene Toleranz oder eine Befreiung davon festgesetzt worden, kann von unserer Abteilung die Registrierung erledigt werden, vorausgesetzt, daß die Fragen 1 und 2 bejaht worden sind. Mit anderen Worten, wenn das Produkt und sein Etikett den Bedingungen bezüglich Wirksamkeit und Ungefährlichkeit genügen, kann das Produkt registriert und im zwischenstaatlichen Handel verkauft werden.

Damit die Registrierung dem beabsichtigten Zweck dient, muß das Gesetz zur Anwendung gelangen und diejenigen, die es verletzen, müssen vor den Richter gebracht werden. Unser Durchführungsprogramm wird ständig erweitert, um mit dem zunehmenden Umfang und der Komplexität der Pestizid-Industrie Schritt zu halten...

Obwohl Industrie und Regierung sehr viel Mühe darauf verwenden, für eine geeignete Etikettierung von Pestiziden zu sorgen, liegt die letzte Verantwortung für die ordnungsgemäße Anwendung beim Verbraucher.

Wir meinen, daß die registrierte Etikettierung die beste Anleitung für eine ungefährliche und wirkungsvolle Anwendung gibt. Um den eigentlichen Zweck des Gesetzes zu erfüllen, muß der Verbraucher das Etikett lesen und sich danach richten. Dies stellt ein erzieherisches Problem dar, mit dem sich die Regierung wie auch die Industrie auseinandersetzen müssen.

ANHANG III

In memoriam

Kurz vor ihrem Tode im Jahre 1964 schrieb Rachel Carson: „Seit ‚Der stumme Frühling' erschien, habe ich mich, so weit es meine Zeit erlaubte, vor allem auf die eine oder andere Weise mit dem ungeheuren öffentlichen Interesse an diesem Thema beschäftigt, aber sehr lange kann ich das nicht mehr tun. Einige von uns haben die Möglichkeit erörtert, eine Art Komitee zu organisieren, das die Funktion haben würde, die Öffentlichkeit laufend über neue Entwicklungen zu informieren und außerdem die vielen Briefe zu erledigen, die ständig eintreffen; manche davon schildern Spezialprobleme, andere stammen von Menschen, die ungeduldig auf Beratung bei einem persönlichen oder von einer Gruppe geplanten Vorhaben warten, das zur Lösung des Problems beitragen soll. Dieses Interesse ist so weit verbreitet und so echt, daß es wirklich sehr bedauerlich ist, nicht gebührend darauf einzugehen, aber ich glaube, daß dies die Fähigkeit einer kleinen Anzahl von Leuten weit übersteigt."

Nach Rachel Carsons Tod bemühten sich Freunde und Kollegen, mit denen sie diese Möglichkeit erörtert hatte, eine solche Organisation zu schaffen. Im Dezember 1965 wurde die Rachel Carson-Stiftung für die lebende Umwelt[1] gegründet. Ihr Ziel ist, die gute Sache und die Weltanschauung, für die Rachel Carson gelebt und gearbeitet hat, zu fördern; dies geschieht, indem sie das öffentliche Interesse an und die Kenntnis von unserer Umwelt fördert, sinnvolle Naturschutzmaßnahmen unterstützt und als Informationszentrum für Wissenschaftler wie auch für Laien dient. Die erste, für alle weitere Aktivität grundlegende Tätigkeit

[1] Rachel Carson Trust for the Living Environment

der Stiftung ist die Erfassung, Ordnung und Aufbewahrung von veröffentlichten Daten der Umweltforschung. Diesem Unternehmen hat die Stiftung den unbedingten Vorrang gegeben, weil bisher eine solche Sammlung jederzeit verfügbarer Daten an einer Stelle nicht existierte. Die Stiftung hofft, sich zu einem ausgesprochenen Informationszentrum für Umweltprobleme zu entwickeln, das ebenso dem forschenden Gelehrten wie der Allgemeinheit offensteht, und von dem auch verschiedene Broschüren, Nachrichtenblätter und andere Schriften herausgegeben werden sollen, um aktuell wissenswerte Tatsachen einem möglichst großen Kreis zugänglich zu machen.

Ein weiteres Projekt, an dem laufend gearbeitet wird, ist ein stets auf den neuesten Stand gebrachtes ‚Gelbbuch' über bedrohte Umwelten auf der ganzen Erde, das regelmäßig erscheinen soll – ähnlich dem ‚Rotbuch' über gefährdete Tierarten, das die Internationale Union für Naturschutz und Erhaltung von Naturschätzen [2] veröffentlicht.

Die Rachel Carson-Stiftung wird von einem Direktorium geleitet; es setzt sich aus hervorragenden Naturwissenschaftlern und Naturschutzvertretern zusammen, die sich aktiv am Kampf für eine saubere Umwelt beteiligt haben.

Viele Tausende Menschen, die Rachel Carson nicht persönlich gekannt, aber ihr Werk und die Sache, um die es ihr ging, bewundert hatten, waren nach ihrem Tod bestrebt, dieses Werk fortzusetzen. Margaret Owings, eine berühmte kalifornische Naturschutzvertreterin, organisierte diese überströmende Hilfsbereitschaft und gründete den Rachel Carson Memorial Fund. Er wird von der Audubon-Gesellschaft verwaltet und von einem Rachel Carson-Kollegium hervorragender Wissenschaftler und Naturschutzvertreter beraten. Eines der Hauptziele ist, Regierungsmaßnahmen und Programme der Industrie zu überprüfen und kritisch zu beurteilen sowie ungefährlichere Methoden der Schädlingsbekämpfung zu fördern.

Der Rachel Carson Memorial Fund hat sich bereits einen guten Ruf erworben, da er Bürger in ihrem Kampf unterstützte. Er spendete einen großen Teil des Geldes, das den Wissenschaftlern des Umweltverteidi-

[2] International Union for the Conservation of Nature and Natural Recources

gungsfonds Ende der sechziger Jahre die Möglichkeit gab, auf Long Island, später in Michigan und Wisconsin den Kampf gegen DDT fortzusetzen.

Rachel Carson selbst hinterließ dem Sierra-Klub und der Nature Conservancy Legate für die Erhaltung von Naturgebieten. Im zweiten Fall erklärte sie ausdrücklich, was sie wünschte: Sie hoffe, das Legat werde zur Stiftung eines Fonds führen, um Naturgebiete an der Küste von New England zu erhalten. Ihr Legat bildet heute das Stammkapital des Rachel Carson Seacoast Fund.

LITERATURVERZEICHNIS

Da dieses Buch für Leser geschrieben wurde, die keine Spezialisten sind, sollte der Text möglichst wenig mit Anmerkungen oder ausführlichen Literaturangaben belastet werden. Die drei wichtigsten Bücher über das Thema und die Personen, die Informationen für den Autor beisteuerten, sind in der Einleitung genannt. Für Leser, die an weiterem Material interessiert sind, folgt hier eine Liste der vom Autor für jedes Kapitel zu Rate gezogenen Hauptquellen.

VORWORT

S. X C. R. Harris, Sitzungsberichte der Ontario Pollution Control Conference. Toronto, Dez. 1967.

S. XI Réné Dubos, ‚Adapting to Pollution', *Scientist and Citizen*, Jan.–Feb. 1968.

S. XII Barry Commoner, ‚Science and Survival' New York 1966

S. XIV Virginia Apgar, Ansprache an die National Field Staff Conference. The National Foundation-March of Dimes; San Diego, 14. Sept. 1967.

I. DIE ENTSTEHUNGSGESCHICHTE

Dieses und die folgenden fünf Kapitel beruhen zum Großteil auf Abhandlungen und der nicht katalogisierten Korrespondenz von Rachel Carson; beides befindet sich jetzt im Besitz ihrer literarischen Nachlaßverwalterin Marie Rodell in New York, N.Y. Die Schriftstücke werden später der Bibliothek der Yale-Universität übergeben. Eine große Hilfe bei der Niederschrift dieser Kapitel waren auch Interviews und der Briefwechsel mit Shirley A. Briggs, Roland C. Clement, Clarence Cottam, John L. George und Paul Knight.

S. 3 Henry Beston, *The Freeman*, 3. Nov. 1952.

S. 16 E. G. Hunt and A. I. Bischoff, ‚Inimical Effects on Wildlife of Periodic DDD Applications to Clear Lake', *California Fish and Game*, Vol 46 (1960) Nr. 1

Roy J. Barker, ‚Notes on Some Ecological Effects of DDT Sprayed on Elms', *Journal of Wildlife Management*, Vol. 22 Nr. 3.

II. MÜHSAME VORARBEITEN. DIE SYNTHESE DER FAKTEN

S. 31 *Reader's Digest*, Juni 1959.

III. EINE HÖCHST MERKWÜRDIGE ANGELEGENHEIT

Dieses Kapitel stützt sich hauptsächlich auf Gespräche mit Clarence M. Cottam und auf Material, das er geliefert hat. Der gesamte Bericht erschien unter dem Titel ‚Pest Control and Wildlife Relationships' in den Veröffentlichungen der Nationalen Akademie der Wissenschaften und des Nationalen Forschungsrates 920–A, 920–B und 920–C; Washington 1962, 1963. Die Kritiken von Roland C. Clement erschienen in *Audubon*, Nov.–Dez. 1962 und Jan.–Feb. 1964, die Kritik von Frank E. Egler im *Atlantic Naturalist*, Okt.–Dez. 1962.

IV. DER GEGENANGRIFF

Die wichtigsten in diesem Kapitel zitierten Kritiken stammen von: William J. Darby (*Chemical and Engineering News*, 1. Okt. 1962); Clarence M. Cottam (*Sierra Club Bulletin*, Jan. 1963); LaMont C. Cole (*Scientific American*, Dez. 1962); Loren Eiseley (*Saturday Review*, 29. Sept. 1962); und Robert L. Rudd (*Pacific Discovery*, Nov.–Dez. 1962).

V. DIE AUSEINANDERSETZUNG IN DER ÖFFENTLICHKEIT

Für dieses Kapitel lieferten Dr. William H. Drury, junior, Mitglied des Panel on the Use of Pesticides of the President's Advisory Committee, und Paul Knight, Mitglied des Secretary of the Interior's Program Support Staff, viele wertvolle Informationen.

S. 71 *Time*, 28. Sept. 1962
S. 72 Roland C. Clement, ‚Education in the Use of Pesticides', eine Ansprache an die Natural Resources Conference (unter der Schirmherrschaft der Garden Club Federation of Pennsylvania), 10. März 1964.
S. 75 Sylvia Porters ständige Kolumne (in *New York Post* usw.) vom 20. April 1964.
S. 81 *Chemical and Engineering News*, 20. Mai 1963.
Science, 24. Mai 1963.

VI. DER PROTEST ZIEHT IMMER WEITERE KREISE

Viele Informationen über Ereignisse in Großbritannien wurden dem Autor von Lord Shackleton, Stanley Cramp, N. W. Moore und Peter Scott geliefert. Ebenfalls von unschätzbarem Wert waren C. J. Briejèrs Briefe an Rachel Carson und den Autor.

S. 83 Julian Huxley, Brief an die *New York Times*, 19. April 1964.
S. 88 Kenneth Mellanby, ,Pesticides and Pollution'. London 1967.

VII. RACHEL CARSONS ALPTRÄUME WERDEN WAHR

Dieses Kapitel beruht weitgehend auf Aufzeichnungen von der Conference on the Pollution of Interstate Waters (Lower Mississippi River), geleitet vom United States Public Health Service in New Orleans am 5.–6. Mai 1964. Donald I. Mount und Murray Stein, früher beim Public Health Service, heute bei der Federal Water Pollution Control Administration, lieferten hilfsbereit ergänzendes Material.

S. 96 Barry Commoner, ,Science and Survival'. New York 1966.
S. 103 Lucille F. Stickel, ,Organochlorine Pesticides in the Environment', mimeographische Kopie. Patuxent Wildlife Research Center, Laurel, Md., 1968.
S. 107 Innenminister, ,Memorandum to Heads of Bureaus and Offices'. 7. Mai 1964.
S. 108 ,Pesticides and Public Policy'. Bericht des Committee on Government Operations, Subcommittee on Reorganisation and Internal Organisation. US-Senat 21. Juli 1966 (Der sogenannte Ribicoff-Bericht).

VIII. VERGIFTETE GEWÄSSER

IX. „WIR SIND ZU FOLGENDEN SCHLÜSSEN GELANGT"

Diese Kapitel befassen sich mit dem neuesten Beweismaterial gegen Pestizide, die aus chlorierten Kohlenwasserstoffen bestehen, und sind eine Rechtfertigung von Rachel Carsons ,Der stumme Frühling'. Daher wird hier eine ausführlichere Liste der einschlägigen Literatur angegeben. Diese Bibliographie wurde von Charles F. Wurster zusammengestellt und mit seiner Genehmigung verwendet.

Abbott, D. C., Harrison, R. B., Tatton, J. O. G., & Thomson, J. (1965), ,Organochlorine pesticides in the atmospheric environment', *Nature* 208, 1317–8.

Amès, P. L. (1966), ,DDT residues in the eggs of the Osprey in the northeastern United States and their relation to nesting success', *J. Appl. Ecol.* 3 (Suppl.), 87–97.

Bowman, M. C., Acree, F., & Corbett, M. K. (1960), ,Solubility of carbon 14 DDT in water', *J. Agr. Food Chem.* 8, 406–8.

Bowman, M. C., Acree, F., Lofgren, C. S., & Beroza, M. (1964), ,Chlorinated insecticides: fate in aqueous suspensions containing mosquito larvae', *Science* 146, 1480–1.

Burdick, G. E., et al. (1964), ,The accumulation of DDT in lake trout and the effect on reproduction', Trans. Am. Fish. Soc. 93, 127–36.

Butler, P. A., & Springer, P. F. (1963), ,Pesticides – new factor in coastal environments', Trans. 28th North Amer. Wildl. Nat. Res. Conf., Mar. 4–6, 378–90.

Butler, P. A. (1966), ,Pesticides in the marine environment', *J. Appl. Ecol.* 3 (Suppl.), 253–9.

Cairns, J., & Scheier, A. (1964), ,The effect upon the pumpkinseed sunfish *Lepomis gibbosus* (Linn.) of chronic exposure to lethal and sublethal concentrations of dieldrin', *Notulae Naturae*, No. 370, 1–10.

Chant, D. A. (1966), ,Integrated control systems', Nat. Acad. Sci. Nat. Res. Council Publ. 1402, 193–218.

Cole, J., Barry, D., Frear, D. E. H., & Bradford, A. (1967), ,DDT levels in fish, streams, stream sediments, and soil before and after aerial spray application for fall cankerworm in northern Pennsylvania', *Bull. Environ. Contam. Toxicol.* 2, 127–46.

Conney, A. H. (1967), ,Pharmacological implications of microsomal enzyme induction', *Pharmacol. Rev.* 19, 317–66.

Edwards, C. A. (1966), ,Insecticide residues in soils', *Residue Rev.* 13, 83–132.

Elson, P. F. (1967), ,Effects on wild young salmon of spraying DDT over New Brunswick forests', *J. Fish. Res. Bd. Canada* 24, 731–67.

Grosch, D. S. (1967), ,Poisoning with DDT: effect on reproductive performance of Artemia', *Science* 155, 592–3.

Guenzi, W. D., & Beard, W. E. (1967), ,Anaerobic biodegradation of DDT to DDD in soil', *Science* 156, 1116–7.

Herbert, R. A., & Herbert, K. G. S. (1965), ,Behavior of Peregrine Falcons in the New York City Region', *Auk* 82, 62–94.

Herman, S. G., Garrett, R. L. & Rudd, R. L. (1968), ,Pesticides and the Western Grebe', First Rochester Conf. Toxicity, Univ. of Rochester, 4–6 June 1968.

Hickey, J. J., Keith, J. A., & Coon, F. B. (1966), ,An exploration of Pesticides in a Lake Michigan ecosystem', *J. Appl. Ecol.* 3 (Suppl.), 141–54.

Hickey, J. J., Ed. (1968), ,Peregrine Falcon populations, their biology and decline', Univ. of Wisc. Press, Madison.

Hunt, L. B. (1960), ,Songbird breeding populations in DDT-sprayed Dutch elm disease communities', *J. Wildl. Mgmt.* 24, 139–46.

Ide. F. P. (1967), ‚Effects of forest spraying with DDT on aquatic insects of salmon streams in New Brunswick', *J. Fish. Res. Bd. Canada* 24, 769–805.

Johnson, H. (1968), Press release, Mich. State Univ., Mar. 7.

Keith, J. A. (1966), ‚Reproductive success in a DDT-contaminated population of Herring Gulls', *J. Appl. Ecol.* 3 (Suppl.), 57–70.

Keith, J. O., & Hunt, E. G. (1966), ‚Levels of insecticide residues in fish and wildlife in California', Trans. 31st North Amer. Wildl. Nat. Res. Conf., Mar. 14–16, 150–77.

Kupfer, D. (1967), ‚Effects of some pesticides and related compounds on steroid function and metabolism', *Residue Rev.* 19, 11–30.

Macek, K. J. (1968), ‚Reproduction in Brook trout (Salvelinus fontinalis) fed sublethal concentrations of DDT', *J. Fish. Res. Bd. Canada* 25, 1787–96 (siehe auch: 2443–51).

Matthysse, J. G. (1959), ‚An evaluation of mist blowing and sanitation in Dutch elm disease control programs', *Cornell Misc. Bull.* 30, N.Y. State Coll. Agr., Ithaca, N.Y., 16 Seiten.

Nash, R. G., & Woolson, E. A. (1967), ‚Persistence of chlorinated hydrocarbon insecticides in soils', *Science* 157, 924–7.

O'Brien, R. D. (1967), ‚Insecticides, action and metabolism', *Academic Press*, N.Y., 332 Seiten.

Ogilvie, D. M., & Anderson, J. M. (1965), ‚Effect of DDT on temperature selection by young Atlantic salmon, *Salmo salar*', *J. Fish. Res. Bd. Canada* 22, 503–12.

Peakall, D. B. (1967), ‚Pesticide-induced enzyme breakdown of steroids in birds', *Nature* 216, 505–6.

Porter, R. D., & Wiemeyer, S. N. (1969), ‚Dieldrin and DDT: effects on sparrow hawk eggshells and reproduction', *Science* 165, 199–200.

Quinby, G. E., Hayes, W. J., Armstrong, J. F., & Durham, W. F. (1965), ‚DDT storage in the U.S. population', *J. Am. Med. Assoc.* 191, 175–9.

Ratcliffe, D. A. (1967), ‚The peregrine situation in Great Britain 1965–66', *Bird Study* 14, 238–46.

Ratcliffe, D. A. (1967), ‚Decrease in eggshell weight in certain birds of prey', *Nature* 215, 208–10.

Risebrough, R. W. (1968), ‚Chlorinated hydrocarbons in marine ecosystems', First Rochester Conf. Toxicity, Univ. of Rochester, 4.–6. June.

Risebrough, R. W., Huggett, R. J., Griffin, J. j., & Goldberg, E. D. (1968), ‚Pesticides: transatlantic movements in the northeast trades', *Science* 159, 1233–6.

Simkiss, K. (1961), ‚Calcium metabolism and avian reproduction', *Biol. Rev.* 36, 321–67.

Sladen, W. J. L., Menzie, C. M., & Reichel, W. L. (1966), ‚DDT residues in Adelie penguins and a crabeater seal from Antarctica: ecological implications', *Nature* 210, 670–3.

Warner, R. E., Peterson, K. K., & Borgman, L. (1966), ,Behavioral pathology in fish: a quantitative study of sublethal pesticide toxication', *J. Apl. Ecol.* 3 (Suppl.), 223–47.

Woodwell, G. M. (1961), ,The persistence of DDT in a forest soil', *Forest Sci.* 7, 194–6.

Woodwell, G. M., Wurster, C. F., & Isaacson, P. A. (1967), ,DDT residues in an East Coast estuary: a case of biological concentration of a persistent insecticide', *Science* 156, 821–4.

Wright, B. S. (1965) ,Some effects of heptachlor and DDT on New Brunswick woodcocks', *J. Wildl. Mgmt.* 29, 172–85.

Wurster, D. H., Wurster, C. F., & Strickland, W. N. (1965), ,Bird mortality following DDT spray for Dutch elm disease', *Ecology* 46, 488–99.

Wurster, C. F., & Wingate, D. B., (1968), ,DDT residues and declining reproduction in the Bermuda Petrel', *Science* 159, 979–81.

Wurster, C. F. (1968), ,Chlorinated hydrocarbon insecticides and avian reproduction: how are they related?' First Rochester Conf. Toxicity, Univ. of Rochester, June 4–6.

Wurster, C. F. (1968). ,DDT reduces photosynthesis by marine phytoplankton', *Science* 159, 1474–5.

X. DIE OPFER AN MENSCHENLEBEN

Zu den Hauptquellen dieses Kapitels zählen: D. E. Weeks, ,Endrin Food Poisoning', *Bulletin of the World Health Organisation,* Vol. 37 (1967) Nr. 4; G. A. Reich, ,Pesticides and Public Health', *Proceedings of the Seminars on Pesticides in Our Environment,* Univ. von Maine, 17–18. Okt. 1967; Clyde M. Berry, ,Industrialisation of Agriculture', *Atlantic Naturalist,* Jan.–März 1962; ,Toxic Hazards in Aerial Application', *Federal Aviation Agency,* April 1962; ,Central Nervous System Effects of Chronic Exposure to Organophosphate Insecticides', *Federal Aviation Agency,* Okt. 1963; ,Briefs of Accidents Involving Aerial Application Operations', Civil Aeronautics Board 1964; G. M. Woodwell, ,Toxic Substances and Ecological Cycles', *Scientific American,* März 1967; Irma West, ,Detection and Control of Pesticide Poisoning', First Rochester Conference on Toxicity, Univ. v. Rochester, 4.–6. Juni 1968; Lamont C. Cole, *Scientific American,* Dez. 1962; William H. Drury junior: Interviews mit dem Autor.

XI. DER UNBEKANNTE FAKTOR

S. 146 Réné Dubos, ,Adapting to Pollution', *Scientist and Citizen,* Jan.–Feb. 1968.

S. 147 Morton Mintz, *Washington Post*, 24. April 1968.
Clair C. Patterson, ‚Hearings before a Subcommittee on Air and Water Pollution of the Committee on Public Works', US-Senat, 7., 8., 9., 14. und 15. Juni 1966.

S. 148 Louis Lasagna, ‚The Diseases Drugs Cause', *Perspectives in Biology and Medicine*, Sommer 1964.
Audubon Leader's Conservation Guide, 15. Dez. 1967.

S. 149 Bill Kovach, *New York Times*, 10. Juli 1969.

S. 150 *Medical World News*, 14. März 1969.

S. 151 Victor Cohn, *Washington Post*, 28. April 1968.

S. 152 *Medical World News*, 26. April 1968.
Virginia Apgar, Ansprache an die National Field Staff Conference. The National Foundation March of Dimes, San Diego, 14. Sept. 1967.

S. 153 Göran Löfroth with Margaret E. Duffy, ‚Birds Give Warning', *Environment*, Mai 1969.

XII. AUF DER WAAGSCHALE

S. 155 J. Headley and J. Lewis, ‚The Pesticide Problem: An Economic Approach To Public Policy', Resources for the Future, Washington 1967.
Roland C. Clement, ‚The Pesticide Problem', *National Resources Journal*, Januar 1968.

S. 158 Kevin P. Shea, ‚Cotton and Chemicals', *Scientist and Citizen*, Nov. 1968.

S. 159 ‚Safe Use of Pesticides in Public Health', World Health Organisation Technical Report Series Nr. 356, Genf 1967.

S. 160 f. Beruht auf Quellenmaterial, das dem Autor von Charles F. Wurster junior und N. W. Moore geliefert wurde.

S. 162 G. M. Woodwell, Radioactivity and Fallout: ‚The Model Pollution', mimeographische Abschrift, Brookhaven Laboratory 1968.

XIII. DIE GETRÜBTEN QUELLEN

S. 168 Barry Commoner in: Report on Session III, Symposium on Secrecy, Privacy and Public Information. AAAS, Annual Meeting Dez. 1967.

S. 169 G. G. Simpson, ‚Biology and the Public Good', *American Scientist*, Juni 1967.
Philip Abelson, ‚Are the Tame Cats in Charge?', *Saturday Review*, 1. Januar 1966.

S. 170 f. Beruht auf Material, das dem Autor von Robert L. Rudd geliefert wurde.

S. 174 Frank E. Egler, ‚Pesticides on Our Ecosystem', *Bioscience* Nov. 1964.

S. 175 L. W. Boulanger, ‚Pest Control, Past, Present and Future', *Proceedings of the Seminars on Pesticides in Our Environment,* Univ. von Maine, 17.–18. Oktober 1967.

S. 176 Kevin P. Shea, ‚Cotton and Chemicals', *Scientist and Citizen,* Nov. 1968.

XIV. DIE BOTSCHAFT

Dieses Kapitel stützt sich hauptsächlich auf folgende Veröffentlichungen: ‚Effects, Uses, Control, and Research of Agricultural Pesticides', A Report by the Surveys and Investigations Staff, Subcommittee on Department of Agriculture of the Committee of Appropriations. House of Representatives, Washington 1966. Jamie L. Whitten, ‚That We May Live', Princeton, N.Y. 1966.

XV. WASHINGTON BEGINNT AUFZUWACHEN

Dieses Kapitel beruht hauptsächlich auf Interviews mit einer Reihe von Regierungsbeamten in Washington.

XVI. RAUBTIERE UND GIFTE

S. 195 f. G. G. Simpson, ‚Biology and the Public Good', *American Scientist,* Juni 1967.

S. 199 Richard M. Leonard, Telegramm an den Innenminister am 10. Juni 1967.

S. 200 ff. Advisory Board on Wildlife Management, ‚Report on Pedrator and Rodent Control'. Bericht an den Innenminister vom März 1964.

S. 204 f. John Madson, ‚Dark Days in Dogtown', *Audubon,* Jan.–Feb. 1968.

XVII. DAS GIFTREICH DES MARS

S. 209 George R. Harvey and Jay D. Mann, ‚Picloram in Vietnam', *Scientist and Citizen* Sept. 1968.

S. 210 Walter Sullivan, *New York Times,* 13. Feb. 1968.

XVIII. DIE ZWEI GESICHTER DES STAATLICHEN GESUNDHEITSDIENSTES

Dieses Kapitel stützt sich hauptsächlich auf den Artikel ,The Aedes aegypti Eradication Program', *Atlantic Naturalist* Okt.–Dez. 1965.

XIX. „BIOLOGISCHE SCHWÄCHLINGE UND UNVERBESSERLICHE IGNORANTEN"

Dieses Kapitel stützt sich hauptsächlich auf Material, das S. C. Billings vom US-Landwirtschaftsministerium, Hon. Catherine May und Robert L. Rudd dem Autor zur Verfügung stellten, außerdem auf verschiedene Veröffentlichungen des Landwirtschaftsministeriums, einschließlich der *Annual Review*.

S. 228 Frank E. Egler, ,Pesticides in our Ecosystem', *American Scientist*, März 1964.

S. 230 LaMont C. Cole, ,The Complexity of Pest Control in the Environment', *Scientific Aspects of Pest Control*, Nationale Akademie der Wissenschaften – Nationaler Forschungsrat 1966.

S. 235 f. *New York Times*, 17. Sept. 1968.

XX. SPRÜHEN IST DAS EINZIG RICHTIGE

Dieses Kapitel beruht hauptsächlich auf Material, das dem Autor zur Verfügung gestellt wurde von: Dale F. Bray, Shirley A. Briggs, Roland C. Clement, Stephen Collins, Wayne Hanley, Alfred L. Hawkes, Allen Morgan, Robert L. Rudd, F. J. Trembley und G. M. Woodwell.

S. 243 Louis J. Halle, ,Men and Birds: The Changing Relationship', *Atlantic Naturalist*, Sommer 1969.

S. 245 f. Philip M. Boffey, ,Du Pont and Delaware: Academic Life Behind the Nylon Curtain', *Science*, 10. Mai 1968.

XXI. AUF DEM WEG ZU EINEM GERICHT DER LETZTEN INSTANZ

Dieses Kapitel stützt sich hauptsächlich auf Material, das Roland C. Clement, Charles F. Wurster junior und Victor J. Yannacone junior dem Autor übergaben.

S. 262 *Agrichemical West*, April 1968.
Farm Chemicals, Jan. 1968.

XXII. EINE KOMPLEXERE LEBENSGEMEINSCHAFT

Dieses Kapitel beruht hauptsächlich auf: Carroll M. Williams, ‚Third Generation Pesticides', *Scientific American*, Juli 1967; Lawrence Lessing, ‚A Molecular Bomb for the War Against Insects', *Fortune*, Juli 1968.

NACHWORT

S. 274 Irston R. Barnes, ‚Perspectives', *Atlantic Naturalist*, Sommer 1969.

NAMEN- UND SACHREGISTER

RACHEL L. CARSON

DER STUMME FRÜHLING

37. Tausend. XVI, 355 Seiten

„Eine Biologin klagt an! Seit Jahrzehnten versucht der Mensch, das Gleichgewicht in der Natur – vorwiegend aus kommerziellen Gründen – zu verändern. Dabei vergißt er vielfach, daß das Leben auf der Erde auf Wechselwirkung zwischen Geschöpfen und ihrer Umwelt beruht. Unter dem Mäntelchen der Produktionssteigerung versucht der Mensch mit radikalen Mitteln in den Naturvorgang einzugreifen. Diese Untersuchungen sind für Europa um so bedeutungsvoller, als hier die Kulturlandschaft sehr fortgeschritten ist und langjährige Eingriffe in die Natur besonders große Erfolge haben. Erfreulicherweise hat inzwischen auch in Deutschland die Diskussion über dieses Thema begonnen, wozu dieses Buch einen ausgezeichneten Beitrag bietet." *Die Bücherkommentare*

CORNELIS JAN BRIEJÈR

SILBERNE SCHLEIER

Gefahren chemischer Bekämpfungsmittel. Aus dem Holländischen von Marga Baumer-Thierfelder. Vorwort von Werner Schuphan. XI, 274 S.

„Es war höchste Zeit, daß das brennende Thema Rachel Carsons vom ‚Stummen Frühling' wieder aufgenommen wurde, und es ist besonders erfreulich, daß dies der in Fachkreisen weltbekannte Biologe Briejèr getan hat. Seine wissenschaftlichen Forschungsergebnisse fügt der Verfasser in den Rahmen einer Weltsicht, die allein heute den entscheidenden Lebensfragen gerecht werden kann. Das Buch wendet sich an einen breiten Leserkreis." *Boden und Gesundheit*